高等职业教育系列教材

Android 移动应用开发项目教程

主　编　范美英

副主编　石　刚

参　编　刘力维　林志红　丁其鹏　等

机械工业出版社

本书以 Android 开发技术为主线，以实际的 Android 应用为原型，采用多样化的教学资源，由浅入深、循序渐进地向读者介绍了 Android 应用程序开发的核心技术和相关概念。本书的主要内容包括 Android 开发环境的配置、常见资源的使用、常用的视图组件、线程编程、SQLite 数据库技术、系统功能调用、文件存储技术、Android 应用程序的四大组件的使用方法、第三方 API 的使用以及网络编程等。为了方便读者使用，在各项目中的关键点和复杂技术点处提供了相应的视频资源。

本书适合作为高职院校计算机及相关专业的教材，也可作为广大 Android 应用开发人员的参考书。

本书配有微课视频、电子课件和源代码，微课视频可通过扫描书中二维码直接观看，其他资源可登录 www.cmpedu.com 免费注册、审核通过后下载，或联系编辑索取（微信：15910938545，电话：010-88379739）。

图书在版编目（CIP）数据

Android 移动应用开发项目教程 / 范美英主编. —北京：机械工业出版社，2020.7

高等职业教育系列教材

ISBN 978-7-111-65445-2

Ⅰ. ①A… Ⅱ. ①范… Ⅲ. ①移动终端-应用程序-程序设计-高等职业教育-教材 Ⅳ. ①TN929.53

中国版本图书馆 CIP 数据核字（2020）第 068364 号

机械工业出版社（北京市百万庄大街 22 号　邮政编码 100037）
策划编辑：王海霞　　责任编辑：王海霞　曹帅鹏
责任校对：张艳霞　　责任印制：常天培

北京虎彩文化传播有限公司印刷

2020 年 6 月·第 1 版·第 1 次印刷
184mm×260mm·16.25 印张·398 千字
0001－2000 册
标准书号：ISBN 978-7-111-65445-2
定价：55.00 元

电话服务　　　　　　　　　　　　　　网络服务
客服电话：010-88361066　　　　　　机　工　官　网：www.cmpbook.com
　　　　　010-88379833　　　　　　机　工　官　博：weibo.com/cmp1952
　　　　　010-68326294　　　　　　金　书　网：www.golden-book.com
封底无防伪标均为盗版　　　　　机工教育服务网：www.cmpedu.com

前　言

Android 平台采用了整合的策略思想，包括底层的 Linux 操作系统、中间层的中间件和上层的应用程序。Android 最早的发布版本始于 2007 年 11 月的 Android 1.0 beta，迄今为止已经发布了多个更新版本。从 2007 年至今，由于 Android 系统固有的开源、免费等特征，在手机及其他移动设备应用市场中的占有率居高不下。

近年来，随着教学改革的不断深入，大部分高职院校的计算机等专业均在开展专业课程的项目教学。与其他教学方法相比较，项目教学的优势在于，它强调以学生为主体，以教师为主导，师生之间密切互动。实施项目教学有利于在教学中把课程理论与实践教学有机地结合起来，充分发掘学生的创造潜能，培养学生发现问题、分析问题和解决问题的能力，培养学生独立探索、自主学习、合作学习的能力；有利于培养学生的关键专业技术能力、社会交往能力与综合职业能力。

然而，在项目教学的开展过程中，因缺乏必要的教材等资源，导致师生在项目的选择、设计及实施等方面受到了诸多阻碍。在此背景下，本书的编者凭借多年的教学与实践经验，以当前应用市场上比较流行的若干 Android 应用程序为项目原型，取其精华，合理裁剪，以符合教学规律、教学周期、教学进程等需要为前提，撰写了本项目教程，旨在向实施项目教学的师生提供可参考使用的立体化项目资料。

本书的七个项目以 Android API Level 15 及以上的版本为开发平台，使用 Android Studio 2.0 及以上的版本为开发环境，以 Java 为开发语言，比较详尽、完整地介绍了 Android 开发环境的配置方法，Android 应用开发中使用到的布局等常见资源，Android 开发中常见的基本视图组件与高级视图组件，Android 应用程序的四大组件（Activity、Service、ContentProvider 和 BroadcastReceiver），相册、相机、录音等系统功能调用，SQLite 数据库、File 与 SharedPreferences 等数据存储技术，第三方 API 的使用与编程技术，线程编程以及网络编程等技术。

本书重点讲解的各个项目均包含了项目原型（项目 6 除外）背景的简要介绍、项目需求分析与概要设计、项目开发与实现的详细步骤、项目涉及的相关知识及开发技术讲解以及项目的拓展练习。为了方便初学者自学，编者还为各个项目中的关键、复杂技术点录制了相应的视频资源。这样的组织结构和资源支撑一方面有利于帮助教师开展项目教学，另一方面有利于学生课后自我学习和拓展。

学生在使用本书时，应具有基本的界面设计常识，了解面向对象程序设计的基本思想，熟悉 Java 程序设计语言开发技术。对于以自学为主的初学者而言，在使用本书学习 Android 开发技术之前，建议先以机械工业出版社出版的《Android 移动应用开发案例教程》为参考资料进行案例学习。在掌握了界面设计的要领，且对 Android 应用程序在用户体验及 MVC 等开发模式拥有初步的认识和体会之后再进行项目开发会更加游刃有余。

本书的主要特点在于向读者提供了立体化的教学资源，包括各个项目使用到的素材资源、操作步骤与知识讲解的相关电子课件、关键技术点与易错操作的微课视频（扫描书中编号为 V1～V106 的二维码可观看）、项目与习题对应的源代码（部分源代码扫描书中编号为 C1～C22 的二维码可下载）等。此外，本书选取了 Android 开发中最基本、最常见、最重要的内容来讲解和介绍，其余的自定义视图、传感器开发等技术可以在学完这些基础知识之后，根据需要结合 Google 提供的 API（Application Programming Interface，应用程序接口）等文档自行学习。

　　本书的主要编者均具有丰富的一线教学经验和企业项目开发的实践经验，这两方面的有效结合保证了教程的质量，使得学习成果更具有实际意义。可以说，本书是校企结合的结晶和优秀范例。

　　在编写过程中，由范美英担任主编，石刚担任副主编，刘力维、林志红、丁其鹏、李子豪参与编写。其中，项目 1、项目 2 由范美英编写，项目 3 由丁其鹏编写，项目 4 由范美英和李子豪合作编写，项目 5 由石刚编写，项目 6 由刘力维编写，项目 7 由林志红编写，全书由范美英统稿。此外，本书涉及的项目素材、各项目对应的电子课件和视频等资源的制作得到了孙宇等人的支持和帮助，项目代码经由团队成员聘请企业专家审核与验证，在此一并感谢。由于编者水平有限，书中错误与疏漏之处在所难免，敬请读者批评指正。

编者

目　录

V

项目 1　Hello, Android

本章要点
- Android 操作系统的发展简史及系统架构。
- 搭建与配置 Android Studio 开发环境的步骤。
- 创建 Android 应用程序的步骤。
- 创建模拟器并在其中运行应用程序的方法与步骤。
- Android 项目结构中的重要文件及文件夹的功能和作用。
- Android Studio 开发环境的偏好设置方法。

1.1　Android 简介

1.1.1　Android 发展简史

Android 平台采用了整合的策略思想，包括底层的 Linux 操作系统、中间层的中间件和上层的应用程序。从 2007 年至今，Android 经历了多种版本，由于其固有的平台特征，如今在手机市场中的占有率居高不下。

Android 最早发布的版本是 2007 年 11 月的 Android 1.0 beta，迄今为止已经发布了多个更新版本。这些更新版本是以前一个版本为基础修复并添加新功能。

从 2009 年 4 月开始，Android 操作系统改用甜点名称来作为版本代号，这些版本按照大写字母的顺序来进行命名，具体有：纸杯蛋糕（Cupcake）、甜甜圈（Donut）、闪电泡芙（Éclair）、冻酸奶（Froyo）、姜饼（Gingerbread）、蜂巢（Honeycomb）、冰淇淋三明治（Ice Cream Sandwich）、果冻豆（Jelly Bean）、奇巧（Kit Kat）、棒棒糖（Lollipop）、棉花糖（Marshmallow）、牛轧糖（Nougat）、奥利奥（Oreo）、馅饼（Pie）。此外，Android 操作系统曾经还有两个预发布的内部版本，它们分别是铁臂阿童木（Astro）和发条机器人（Bender）。

截至 2018 年 9 月，Android 发布的各版本编号、中/英文名称、发布时间以及 API Level 的对应关系如表 1-1 所示。

表 1-1　Android 版本进程

Android 版本编号	英文名称	中文名称	发布时间	API Level
1.0	Bender	发条机器人	2009 年	API Level 1
1.1	—		2009 年	API Level 2
1.5	Cupcake	纸杯蛋糕	2009 年	API Level 3
1.6	Donut	甜甜圈	2009 年	API Level 4
2.0.x	Éclair	闪电泡芙	2009 年	API Level 5/6
2.	—		2010 年	API Level 7

Android 版本编号	英文名称	中文名称	发布时间	API Level
2.2	Froyo	冻酸奶	2010 年	API Level 8
2.3.x	Gingerbread	姜饼	2010 年	API Level 9/10
3.0	Honeycomb	蜂巢	2011 年	API Level 11
3.1	—	—	2011 年	API Level 12
3.2	—	—	2011 年	API Level 13
4.0.x	Ice Cream Sandwich	冰淇淋三明治	2011 年	API Level 14/15
4.1	Jelly Bean	果冻豆	2012 年	API Level 16
4.2	—	—	2012 年	API Level 17
4.3	—	—	2012 年	API Level 18
4.4.x	Kit Kat	奇巧	2013 年	API Level 19/20
5.x	Lollipop	棒棒糖	2014 年	API Level 21/22
6.0	Marshmallow	棉花糖	2015 年	API Level 23
7.x	Nougat	牛轧糖	2016 年	API Level 24/25
8.x	Oreo	奥利奥	2017 年	API Level 26/27
9.0	Pie	馅饼	2018 年	API Level 28

1.1.2 Android 系统架构

Android 系统架构如图 1-1 所示。从图中可以看出 Android 系统架构分为 4 层，从下到上分别是 Linux 内核层、系统运行库层、应用程序框架层和应用程序层。图中的每一层都使用其下面各层所提供的服务。

Android 以 Linux 操作系统内核为基础，借助 Linux 内核服务实现硬件设备驱动、进程和内存管理、网络协议栈、电源管理、无线通信等核心功能。

内核驱动和用户软件之间还存在硬件抽象层（Hardware Abstract Layer，HAL）。它对 Linux 内核驱动程序进行了封装，将硬件抽象化，屏蔽了底层的实现细节。它将 Android 应用程序框架层与 Linux 内核层的设备驱动隔离，使应用程序框架的开发尽量独立于具体的驱动程序，从而减少了对 Linux 内核的依赖。HAL 规定了一套应用层对硬件层读写和配置的统一接口，本质上就是将硬件的驱动分为用户空间和内核空间两个层面：Linux 内核驱动程序运行于内核空间，硬件抽象层运行于用户空间。因为在 Android 官方系统架构图中没有标明 HAL，所以该层在图 1-1 中用虚线框表示。

系统运行库层由系统类库和 Android 运行时构成。其中，大部分系统类库用 C/C++语言编写，它们提供的功能通过 Android 应用程序框架为开发者所使用。Android 运行时包含核心库和 Dalvik 虚拟机两部分。核心库主要提供 Android 的核心 API（Application Programming Interface，应用程序接口）。Dalvik 虚拟机是能适应低内存、低处理器速度的移动设备环境的基于 Apache 并被改进的 Java 虚拟机。它依赖于 Linux 内核，实现了进程隔离与线程调试管理、安全和异常管理、垃圾回收等重要功能。需要注意的是，Dalvik 虚拟机并非传统意义上的 Java 虚拟机（Java Virtual Machine，JVM），它不仅没有按照 Java 虚拟机的规范来实现，而且两者不兼容。从本质上来看，Dalvik 虚拟机基于寄存器，而 JVM 基于栈。一般认为，基于寄存器的实现虽然更多依赖于具体的 CPU 结构，硬件通用性稍差，但其使用等长指令，在效率速度上较传统 JVM 更有优势。

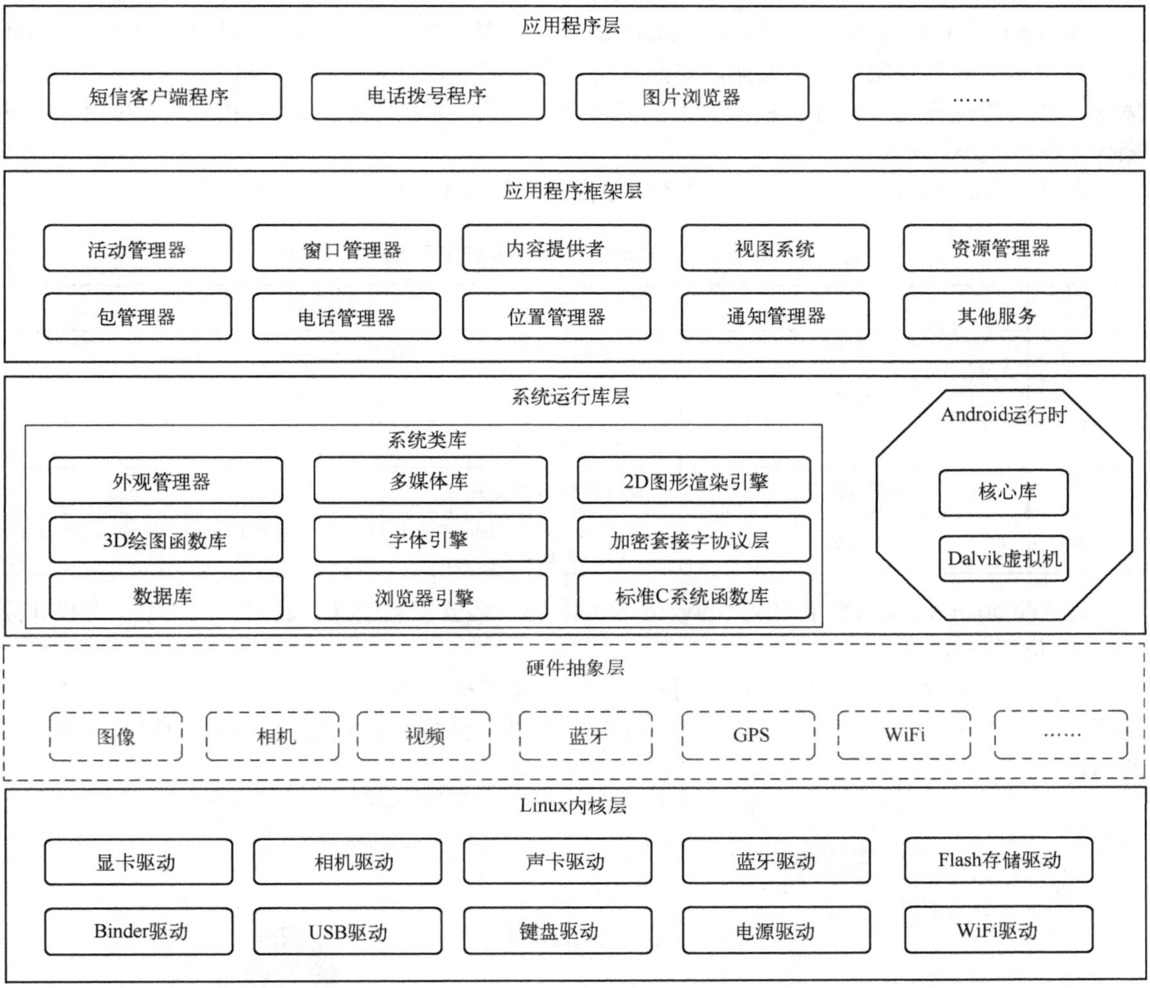

图 1-1　Android 系统架构

应用程序框架层提供开发 Android 应用程序所需的一系列类库，使开发人员可以进行快速的应用程序开发，方便重用组件，也可以通过继承实现个性化的扩展。

Android 平台的应用程序层包括各种与用户直接交互的应用程序，或用 Java 语言编写的运行于后台的服务程序。例如，智能手机上实现的常见基本功能程序，诸如短信客户端程序、电话拨号程序、图片浏览器、日历、游戏、地图、Web 浏览器以及开发人员开发的其他应用程序。

1.2　Android 开发平台（Java+Android Studio）

截至 2015 年底，Eclipse 一直是 Android 开发者们的神器，但是为了降低 Android 的开发难度，在 2016 年正式发布了 Android Studio 后，Google 便停止了 Eclipse 等集成开发环境的插件更新。

1.2.1　下载软件前的准备工作

Android Studio 是第一个官方的 Android 开发环境。在使用它开发 Android 项目前，首先从官方网站下载所需软件。下载前，要注意查看系统配置是否满足 Android Studio 所需的最低需求，然后再选择与目标计算机所匹配的操作系统平台下载相关软件。本书中所有项目使用的操作系统都是 Windows。

Android Studio 对 Windows 操作系统的最低需求如表 1-2 所示。

表 1-2　Android Studio 对 Windows 操作系统的最低需求

编号	名称	最低需求指标
1	操作系统	Windows 10/8/7/Vista/2003（32 位或 64 位）
2	硬盘空间	至少 1GB 可用于 Android SDK、模拟器系统镜像及缓存
3	RAM 内存	2GB，推荐 4GB
4	屏幕分辨率	1280 像素×800 像素
5	处理器	支持 Intel VT-x、Intel EM64t（Intel 64）以及 Execute Disable（XD）Bit 功能的 Intel 处理器

在 Windows 操作系统下安装 Android Studio 时，还要注意选择正确的系统类型，即操作系统是 32 位还是 64 位。

在桌面上右键单击"我的电脑"图标（或"计算机"图标），然后在弹出的快捷菜单中选择"属性"命令，在打开的"系统"窗口中即可看到操作系统的"系统类型"，如图 1-2 所示。

图 1-2　查询操作系统类型的"系统"窗口

V1 下载 Java 和
Android Studio

1.2.2　下载 Java 和 Android Studio

Java 对所有操作系统来说都是必要的，必须安装 Java SE（Standard Edition）Development Kit（即 JDK）。

在明确操作系统的类型之后，从 Oracle 官网（https://www.oracle.com/technetwork/java/index.html）下载需要的 JDK 版本。JDK 下载页面如图 1-3 所示。

图 1-3　JDK 下载页面

再从安卓中文网站（http://www.android-studio.org）下载 Android Studio。Android Studio 下载页面如图 1-4 所示。

图 1-4　Android Studio 下载页面

对于 64 位的 Windows 操作系统，在下载 Android Studio 时，可以选择下载 exe 格式的安装文件，也可以选择 zip 格式的压缩文件直接解压安装。对于 32 位的 Windows 操作系统而言，则只能选择 zip 压缩文件安装。选择 Android Studio 安装包类型的页面如图 1-5 所示。

图 1-5　选择 Android Studio 安装包类型页面

在安装开发环境时，使用到的软件名称及对应版本如表 1-3 所示。

表 1-3　安装开发环境的软件列表

编号	软件名称	软件版本
1	操作系统	Windows 7 64 位
2	JDK	1.8.0_76
3	Android Studio	3.2

1.2.3　安装和配置 Java

V2 安装和配置
Java

在 Windows 上安装 Java 时，双击下载得到的 exe 安装文件后即可打开安装向导，在接受许可、选择好需要安装的组件和安装路径后，向导即可自动完成安装。

在安装完 JDK 后，需要在环境变量 Path 中加入 JDK 文件夹下 bin 的路径。设置环境变量的步骤如下。

1）右键单击"我的电脑"图标（或"计算机"图标），在弹出的快捷菜单中选择"属性"命令，打开"系统"窗口。

2）在"系统"窗口中选择"高级系统设置"，弹出"系统属性"对话框。

3）在"系统属性"对话框中切换到"高级"选项卡，在该选项卡中单击"环境变量"按钮，弹出"环境变量"对话框。

4）在"环境变量"对话框中选择"系统变量"列表框中的"Path"，然后单击下方的"编辑"按钮，弹出"编辑系统变量"对话框。

5）在"编辑系统变量"对话框的"变量值"结束处添加";"符号和 JDK 文件夹中的 bin 路径。例如，假设将 JDK 安装在 D:\JDK 目录中，那么"变量值"中要加的内容为";D:\JDK\bin"。

要确定已安装的版本是否正确，可以单击操作系统的"开始"按钮，选择"运行"命令，在弹出的对话框中输入"cmd"命令，打开命令行窗口，并在其中运行"java -version"命令。如果显示类似下面的信息，则表示 JDK 安装成功。

```
C:\>java -version
java version "1.8.0_144"
Java(TM) SE Runtime Environment (build 1.8.0_144-b01)
Java HotSpot(TM) 64-Bit Server VM (build 25.144-b01, mixed mode)
```

V3 安装和配置
Android Studio

1.2.4　安装和配置 Android Studio

在下载 Android Studio 时，如果选择了 exe 格式的安装文件，双击此文件按照向导提示安装即可。如果选择了 zip 格式的压缩包文件，则需要先将此文件解压缩。假设解压缩后该文件被置于 D:\AndroidStudio3 目录下，其目录结构如图 1-6 所示。

安装和配置 Android Studio 的操作步骤如下。

1）在图 1-6 所示的目录中打开 bin 文件夹，再双击其中的 studio.exe 文件启动 Android Studio。首次运行时，可能会由于无法访问 Android SDK 列表而弹出警告对话框，如图 1-7 所示。此时，单击"Cancel"按钮，运行文件会继续执行。

2）如果在 Android Studio 的安装目录下不存在 Android SDK 文件，那么在运行过程中还会弹出 SDK 缺失提示对话框，如图 1-8 所示。

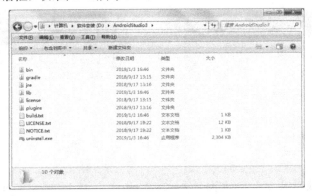

图 1-6　解压缩后的 Android Studio 目录结构

图 1-7　无法访问 Android SDK 的警告对话框

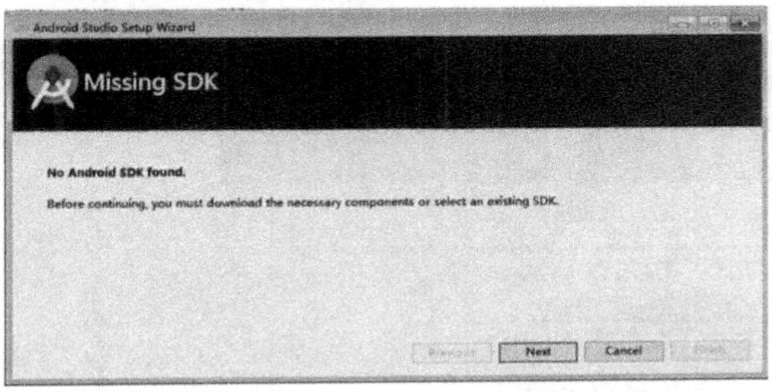

图 1-8　SDK 缺失提示对话框

3）单击图 1-8 中的"Next"按钮就可进入指定 SDK 路径界面，如图 1-9 所示。在该界面中单击"…"按钮，即可修改"Android SDK Location"的值，以更改 SDK 的路径。

也就是说，开发者可以先将 SDK 下载到某个目录下，在安装 Android Studio 时指定 SDK 所在的目录。需要注意的是，无论是 Android Studio 还是 SDK 的安装路径都要确保不包含任何中文字符。

4）单击图 1-9 中的"Next"按钮，如果指定的目录中不存在 SDK 文件，会在路径文本框下方出现"Target folder is neither empty nor does it point to an existing SDK installation."的提示信息，如图 1-10 所示。

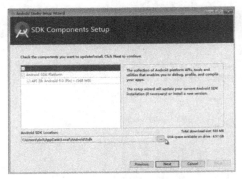

图 1-9　指定 SDK 路径界面

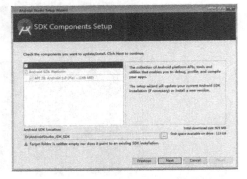

图 1-10　目录中不含 SDK 文件的提示

5）单击图 1-10 中的"Next"按钮，进入确认下载 SDK 文件清单界面，如图 1-11 所示。

6）单击图 1-11 中的"Finish"按钮，即可进入 SDK 文件下载界面，如图 1-12 所示。下载

SDK 的时间会因网速等因素而异，常规情况下大约需 20 分钟。

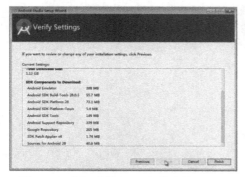

图 1-11　确认下载 SDK 文件清单界面

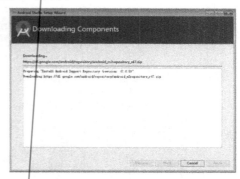

图 1-12　SDK 文件下载界面

7）所有的 SDK 文件都下载完成后的提示信息如图 1-13 所示。

8）单击图 1-13 中的"Finish"按钮，即可看到 Android Studio 的启动界面，如图 1-14 所示。

图 1-13　SDK 文件下载完成界面

图 1-14　Android Studio 启动界面

安装好 Android Studio 后，开发者还可以根据喜好配置开发环境。

1）设置界面主题。

首次启动 Android Studio 时，向导会让开发者选择 Darcula 或 IntelliJ 作为界面主题，如图 1-15 所示。

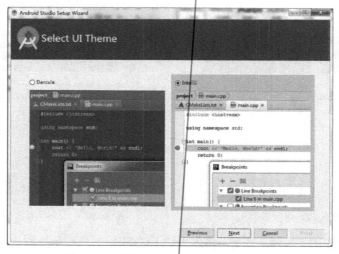

图 1-15　选择 Android Studio 的界面主题

如果在后期需要调整界面主题，可在图 1-14 的启动界面中单击"Configure"按钮，在随即弹出的下拉列表中选择"Settings"，弹出默认设置对话框，如图 1-16 所示。

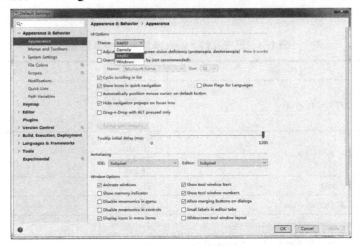

图 1-16   默认设置对话框

在图 1-16 的左侧窗格中选择"Appearance & Behavior"下的"Appearance"，即可在右侧窗格的"Theme"下拉列表框中设置界面主题。

2）查看与更新 SDK。

Android Studio 开发界面的工具栏如图 1-17 所示。

图 1-17   Android Studio 工具栏

单击图 1-17 中箭头所指的"SDK Manager"图标，弹出"Android SDK"界面，如图 1-18 所示。

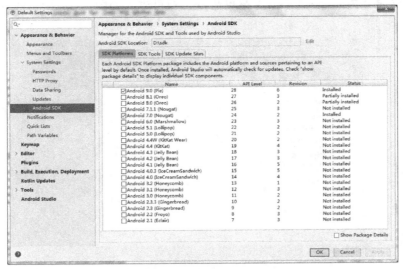

图 1-18   "Android SDK"界面

在图 1-18 中的 "SDK Platforms" 选项卡中可以查看各个 Android 版本的安装与更新状态；切换到 "SDK Tools" 选项卡可以查看其他工具插件。

整理后可知，目前已正确安装的 Android 组件及版本信息如表 1-4 所示。

表 1-4 已安装的 Android 组件及版本信息

编号	组件名称	组件版本
1	Android SDK（API Level）	Android 7.0（24） Android 8.0（26） Android 8.1（27） Android 9.0（28）
2	Android SDK Build-Tools	24.0.3 26.0.0 27.0.3 28.0.0
3	Android Emulator	28.0.22
4	Android SDK Platform-Tools	28.0.1
5	Documentation for Android SDK	1
6	Intel x86 Emulator Accelerator（HAXM installer）	7.3.2
7	Support Repository-ConstraintLayout for Android	1.0.2
8	Support Repository-Solver for ConstraintLayout	1.0.2
9	Android Support Repository	47.0.0
10	Google Repository	58

1.3 实施 "Hello, Android" 项目

1.3.1 创建项目

创建 "Hello, Android" 项目的步骤如下。

1）在图 1-14 所示的启动界面中单击 "Start a new Android Studio project" 选项，或者在开发界面中依次选择 "File" → "New" 菜单命令，即可进入如图 1-19 所示的创建 Android 项目向导界面。

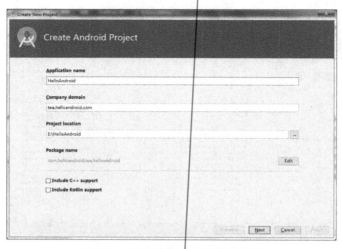

图 1-19 创建 Android 项目向导界面

2）如图 1-19 所示，在"Application name"文本框中输入项目名称；在"Company domain"文本框中输入项目开发者所在单位的域名，默认为"计算机名称.example.com"；在"Project location"文本框中输入项目存储路径，也可以通过单击文本框右侧的"…"按钮选择路径。

3）单击图 1-19 中的"Next"按钮，进入目标设备选择界面，如图 1-20 所示。此处保持默认选中"Phone and Tablet"复选框的状态。

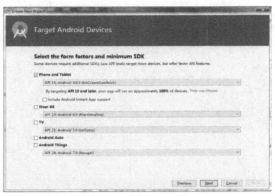

图 1-20　目标设备选择界面

4）单击图 1-20 中的"Next"按钮，进入为项目添加 Activity 的界面，如图 1-21 所示。此处使用默认选项"Empty Activity"。

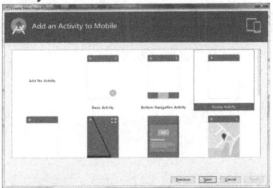

图 1-21　为项目添加 Activity 的界面

5）单击图 1-21 中的"Next"按钮，进入配置 Activity 的界面，如图 1-22 所示。其中，在"Activity Name"文本框中输入 Activity 的名称，默认为"MainActivity"；在"Layout Name"文本框中输入 Activity 对应的布局文件名称，默认为"activity_main"。此处这两个值均使用默认值。

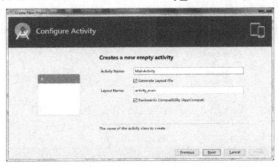

图 1-22　配置 Activity 的界面

6）单击图 1-22 中的"Next"按钮后，有时会因为 SDK 中缺乏必要的组件而进入下载界面（效果如前文中图 1-12 所示）。按照向导提示完成下载更新后单击"Finish"按钮，就会进入如图 1-23 所示的项目开发界面。

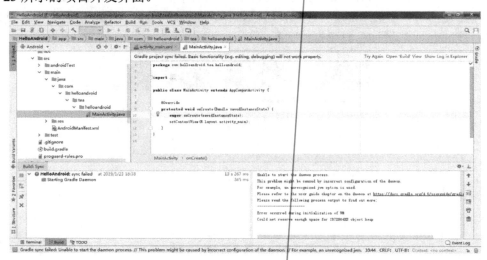

图 1-23　项目开发界面

7）在图 1-23 所示的项目开发界面中，项目出现了错误。通过观察界面下方的"Build"窗口可以发现，当前错误的主要原因是"Could not reserve enough space for 1572864KB object heap"。这个问题可以通过将 gradle.properties 文件当中的 org.gradle.jvmargs 的值修改为"Xmx128m"而消失。修复自动构建项目后的界面如图 1-24 所示。

图 1-24　修复自动构建项目失败的界面

8）单击项目开发界面中代码窗口右上方的"Try Again"按钮，可以重新构建项目。构建成功后的"Build"窗口如图 1-25 所示。

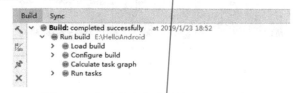

图 1-25　自动构建成功后的"Build"窗口

1.3.2　运行项目

在项目正确创建后，就可以在 Android Studio 提供的 Android 虚拟设备（Android Virtual

Devices，AVD，也称模拟器）里运行项目。

V4 创建模拟器

1．创建模拟器

1）单击 Android Studio 开发界面工具栏中的"AVD Manager"图标，可以打开模拟器创建向导。该图标在工具栏中的位置如图 1-26 所示。

图 1-26 "AVD Manager"图标在工具栏中的位置

2）在 Android Studio 3.2 开发环境中，"Android Virtual Device Manager"窗口的起始界面如图 1-27 所示。

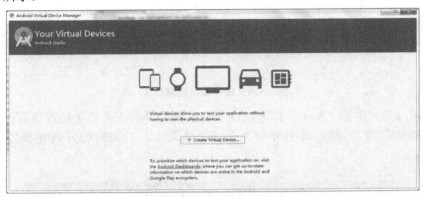

图 1-27 模拟器创建的起始界面

3）单击图 1-27 中的"Create Virtual Device"按钮，进入选择硬件界面，设置模拟器的硬件类型以及屏幕大小、分辨率、屏幕密度等参数，如图 1-28 所示。

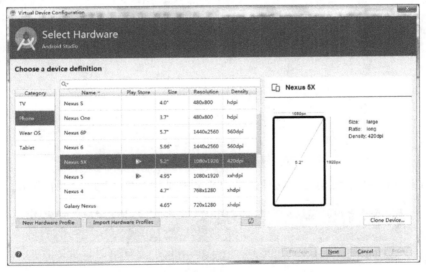

图 1-28 设置硬件类型及分辨率等参数

此处使用默认设置：Category（硬件类型）为 Phone；Name（名称）为 Nexus 5X；Size（屏幕大小）为 5.2"；Resolution（分辨率）为 1080×1920；Density（屏幕密度）为 420dpi。

4）单击图 1-28 中的 "Next" 按钮，进入选择系统镜像界面，如图 1-29 所示。此处选择 API Level 为 28 的系统镜像。

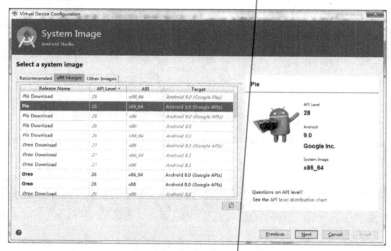

图 1-29 选择系统镜像界面

5）单击图 1-29 中的 "Next" 按钮，进入确认模拟器的各项配置参数界面，如确认 AVD Name（模拟器的名称）、模拟器的外观、系统镜像版本、启动时的方向等参数，如图 1-30 所示。

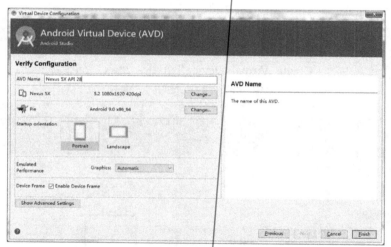

图 1-30 确认模拟器的各项配置参数界面

6）单击图 1-30 中的 "Finish" 按钮，即可看到模拟器列表，如图 1-31 所示。

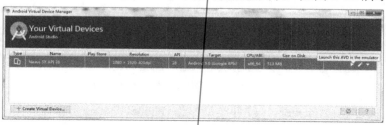

图 1-31 模拟器列表

2．启动 AVD

在图 1-31 所示的模拟器列表中单击最后一列（即"Actions"列）的三角形图标，即可启动这个模拟器。启动后的 Nexus 5X 模拟器如图 1-32 所示。

图 1-32　启动后的 Nexus 5X 模拟器

3．运行 HelloAndroid

1）在 Android Studio 的开发界面中，单击工具栏中的"Run 'app'"图标，即可运行当前的 HelloAndroid 项目。该图标在工具栏中的位置如图 1-33 所示。

图 1-33　"Run 'app'"图标在工具栏中的位置

2）单击图 1-33 中的"Run 'app'"图标后，会弹出选择项目的运行设备的对话框，如图 1-34 所示。

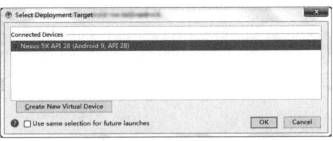

图 1-34　选择项目的运行设备

3）单击图 1-34 中的"OK"按钮，项目被部署到模拟器中。部署完成后，开发者可以在模拟器中看到项目运行的效果，如图 1-35 所示。

只要有应用程序在模拟器中运行，"Run 'app'"图标的右下角就会出现一个小绿点，同时"Stop 'app'"图标由灰色不可用状态变为红色可用状态。

图 1-35　HelloAndroid 项目的运行效果

1.3.3　分析项目结构

1. 查看项目结构的方式

HelloAndroid 项目的总体结构在 Android Studio 开发界面的左上方，默认以 Android 方式查看，效果如图 1-36 所示。

单击图 1-36 左上角的下拉按钮可以选择查看项目结构的方式，不同的查看方式呈现不同的显示结果。查看方式主要有 Project、Packages、Android、Project Files、Problems、Production、Tests、Local Unit Tests、Android Instrumented Tests、Project Source Files、Project Non-Source Files。

如果偏好使用类似文件系统的方式，那么可以选择 "Project"，显示效果如图 1-37 所示。本书中用到的各项目文件的路径标识均是在 Project 查看方式下的。

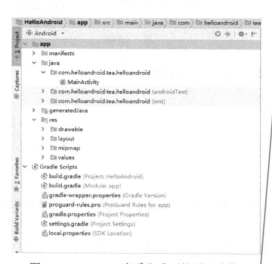

图 1-36　Android 查看方式下的项目结构

图 1-37　Project 查看方式下的项目结构

2．app\src\main\java 与 app\src\main\res 文件夹

在 Project 查看方式下，项目的 app\src\main 目录中有两个非常重要的文件夹：java 文件夹和 res 文件夹。其中，java 文件夹中包含了项目中的 Java 包及 Java 源文件；res 文件夹中包含了项目中需要的资源文件及文件夹。

常用的资源包括 drawable 文件夹中的可绘制资源、layout 文件夹中的布局资源、mipmap 文件夹中的可缩放图像资源、values 文件夹中的数据值资源等。

在 res 目录下，可以用不同的限制符修饰 drawable、mipmap 等文件夹，这样可以将大小不同的相同图像文件放置到相应限制符的文件夹中，从而使应用程序在所运行的设备上显示最合适的图像。这样的适配方法使 Android 应用程序能够以最适合的方式在不同的屏幕尺寸和密度上运行。

3．app\src\main\AndroidManifest.xml 文件

AndroidManifest.xml 文件是所有 Android 项目中最重要的文件，被称为 Android 项目的配置清单。它包含了应用程序名称、版本、SDK 版本要求、目标设备的硬件要求和应用所需的权限，以及其中包含的各种组件列表。

在 HelloAndroid 项目中，AndroidManifest.xml 文件的内容如下。

```xml
<?xml version="1.0" encoding="utf-8"?>
<manifest xmlns:android="http://schemas.android.com/apk/res/android"
    package="com.helloandroid.tea.helloandroid">
    <application
        android:allowBackup="true"
        android:icon="@mipmap/ic_launcher"
        android:label="@string/app_name"
        android:roundIcon="@mipmap/ic_launcher_round"
        android:supportsRtl="true"
        android:theme="@style/AppTheme">
        <activity android:name=".MainActivity">
            <intent-filter>
                <action android:name="android.intent.action.MAIN" />
                <category android:name="android.intent.category.LAUNCHER" />
            </intent-filter>
        </activity>
    </application>
</manifest>
```

配置清单文件以 manifest 标签开始，该标签中首先定义了 android 的命名空间，然后声明了应用程序的 package 属性。

在 manifest 的 application 子标签中，android:icon 属性声明了应用程序的图标；android:label 属性声明了应用程序的名称。此外，还有一个 activity 标签，其中 android:name 声明了该 activity 的名称。

如果 activity 标签中的 intent-filter 元素设置了 category 属性，并且其值为"android:name="android.intent.category.LAUNCHER""，那么表示这个 activity 是应用的入口界面。

4．app\build.gradle 文件

app\build.gradle 文件是 App 模块的 gradle 构建脚本。这个文件中会指定很多与应用程序构建相关的配置。在 HelloAndroid 项目中，这个文件的内容如下。

```
apply plugin: 'com.android.application'
```

```
android {
    compileSdkVersion 28
    defaultConfig {
        applicationId "com.helloandroid.tea.helloandroid"
        minSdkVersion 15
        targetSdkVersion 28
        versionCode 1
        versionName "1.0"
        testInstrumentationRunner "android.support.test.runner.AndroidJUnitRunner"
    }
    buildTypes {
        release {
            minifyEnabled false
            proguardFiles getDefaultProguardFile('proguard-android.txt'), 'proguard-rules.pro'
        }
    }
}
dependencies {
    implementation fileTree(dir: 'libs', include: ['*.jar'])
    implementation 'com.android.support:appcompat-v7:28.0.0'
    implementation 'com.android.support.constraint:constraint-layout:1.1.3'
    testImplementation 'junit:junit:4.12'
    androidTestImplementation 'com.android.support.test:runner:1.0.2'
    androidTestImplementation 'com.android.support.test.espresso:espresso-core:3.0.2'
}
```

这个文件第一行代码中的 com.android.application 表示这是一个应用程序模块。它还可以是 com.android.library，表示库模块。两者的区别在于，应用程序模块可以直接运行，而库模块只能作为代码库依附于别的应用程序模块来运行。

android{…}中的代码被称为 android 闭包，用来配置模块构建的属性，如 compileSdkVersion 属性用于指定应用程序的编译版本。在 android 闭包中嵌套的 defaultConfig 闭包可以对应用程序的更多细节进行配置，如 applicationId 用于指定应用程序的包名；minSdkVersion 用于指定应用程序最低兼容的 Android 系统版本；targetSdkVersion 表示应用程序测试的目标版本；versionCode 表示应用程序的版本号；versionName 表示应用程序的版本名称。

dependencies{…}中的代码被称为 dependencies 闭包，它可以指定当前应用程序所有的依赖关系。通常，Android Studio 项目有 3 种依赖方式：本地依赖、库依赖和远程依赖。本地依赖表示对本地的 jar 包或目录有依赖关系；库依赖表示应用程序对其中的库模块有依赖关系；远程依赖可以对 jcenter 库里的开源项目添加依赖关系。

在 Android Studio 2.0 版本中，依赖关系使用 compile 表示，使用该方式依赖的库将会参与编译和打包。当应用程序依赖一些第三方的库时，如果遇到 com.android.support 冲突的问题，就是因为开发者使用 compile 依赖的 com.android.support 包与本地所依赖的 com.android.support 包版本不一样。

在 Android Studio 3.0 以上的版本中，compile 被 implementation 和 api 替代。其中，api 表示的依赖关系完全等同于旧版本的 compile 依赖；而 implementation 表示的依赖仅仅对当前的 Module 提供接口。在设置依赖时，可以首先设置为 implementation，如果有误，再使用 api 指令，这样会使编译速度加快。

5．gradle.properties 文件

项目根目录中的 gradle.properties 文件是项目全局的 gradle 配置文件，其中配置的属性会影响到项目中所有的 gradle 编译脚本。

第 1.3.1 节曾提到由于 org.gradle.jvmargs 的值过大，会导致自动构建项目失败，将其值修改为"Xmx128m"可修复此问题。

6．build.gradle 文件

项目根目录中的 build.gradle 文件是项目全局的 gradle 构建脚本。这个文件中的内容是自动生成的，一般不需要修改。HelloAndroid 项目中这个文件包含的代码如下。

```
//Top-level build file where you can add configuration options common to all sub-projects/modules.
buildscript {
    repositories {
        google()
        jcenter()
    }
    dependencies {
        classpath 'com.android.tools.build:gradle:3.2.1'
        //NOTE: Do not place your application dependencies here; they belong
        //in the individual module build.gradle files
    }
}
allprojects {
    repositories {
        google()
        jcenter()
    }
}
task clean(type: Delete) {
    delete rootProject.buildDir
}
```

其中两个 repositories 闭包中都声明的 jcenter()是一个代码托管仓库，很多 Android 开源项目都会选择将代码托管到 jcenter 上。声明了这个配置后，就可以在项目中轻松引用任何 jcenter 上的开源项目了。

在 dependencies 闭包中使用 classpath 声明了一个 gradle 插件。只要使用 gradle 构建项目，无论是 C++、Java 项目还是 Android 项目，都需要声明 gradle 插件类型。

在 Android Studio 开发界面中选择"File"→"Project Structure"→"Project"菜单命令，会弹出查询 gradle 插件版本号的对话框，如图 1-38 所示。

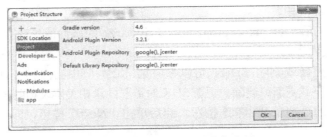

图 1-38　查询 gradle 插件的版本号

在图 1-38 中，"Gradle version" 的值是 gradle 的版本号；"Android Plugin Version" 的值就是 Android Studio 中 gradle 插件对应的版本号。gradle 文件通常位于 "C:\用户\<计算机名称>\.gradle\wrapper\dists" 目录下，如图 1-39 所示。

图 1-39　gradle 文件所在目录

Android 插件的版本号和 gradle 的版本号之间的对应关系如表 1-5 所示。

表 1-5　Android 插件的版本号与 gradle 的版本号之间的对应关系

编号	Android 插件的版本号	gradle 的版本号
1	1.0.0～1.1.3	2.2.1～2.3
2	1.2.0～1.3.1	2.2.1～2.9
3	1.5.0	2.2.1～2.13
4	2.0.0～2.1.2	2.10～2.13
5	2.1.3～2.2.3	2.14.1+
6	2.3.0+	3.3+
7	3.0.0+	4.1+
8	3.1.0+	4.4+
9	3.2.0+	4.6+

1.4　相关知识与开发技术

1.4.1　安装和配置 Android Studio 时的注意事项

在安装 Android Studio 时，版本与设备不匹配或配置错误等原因，会导致安装失败或安装后的环境不能正常使用。初学者要格外注意以下几点。

第一，Android Studio 的安装路径中不出现中文。

第二，不与 Eclipse 或其他开发环境共享 SDK。

第三，安装 Android Studio 2.2 及更早版本时，要将 SDK 目录下的 platforms-tools 文件夹所在路径加到环境变量 Path 中。

第四，在安装成功后，将 gradle.properties 中 jvmargs 的属性值修改合适。修改方法可以参考第 1.3.1 节中的相关内容。

第五，如果需要更新或删除 SDK，可以参考第 1.2.4 节中的内容打开 "Android SDK" 窗口，选择需要的 SDK 下载更新或删除。更新 SDK 时需要同意相关协议和条款，如图 1-40 所示。

选择图 1-40 中的 "Accept" 单选按钮，然后单击 "Next" 按钮，即可进入下载安装 SDK 界面，如图 1-41 所示。

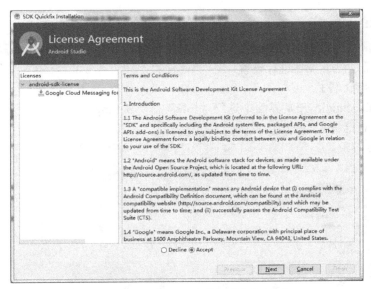

图 1-40 更新 SDK 时的同意条款界面

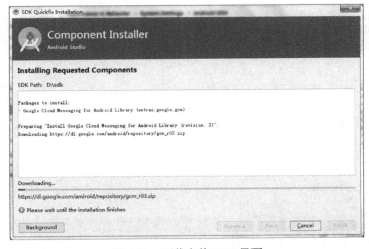

图 1-41 下载安装 SDK 界面

1.4.2 Android 模拟器的分辨率与屏幕密度

在创建模拟器时，需要选择模拟器的屏幕大小、分辨率和屏幕密度。屏幕大小是指屏幕对角线的长度，单位是 in；分辨率是指水平方向和竖直方向的像素值，单位是 px；屏幕密度是指每英寸长度内的像素值，单位是 dpi。

例如，图 1-42 中的模拟器屏幕大小是 5.2in，水平方向的分辨率为 1080px，竖直方向的分辨率 1920px，屏幕密度是 420dpi。

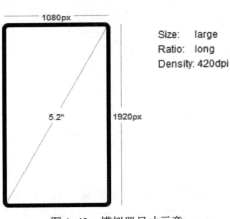

图 1-42 模拟器尺寸示意

1.4.3 偏好设置

为了方便编辑代码，有时需要设置代码文本的字体、字号、文字颜色等属性，或者定义一些快捷键，可以通过以下步骤进行设置。

1. 设置代码字体样式

1）在 Android Studio 开发界面中选择"File"→"Settings"菜单命令，弹出如图 1-43 所示的"Settings"对话框。

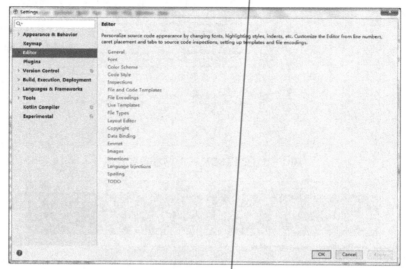

图 1-43 "Settings"对话框

2）在图 1-44 中的左侧窗格中选择"Editor"下的"Font"，在右侧窗格中会显示设置文本属性的界面，如图 1-44 所示。

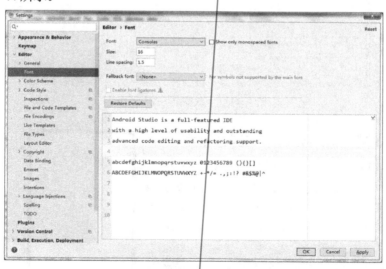

图 1-44 设置文本属性界面

在图 1-44 中右侧窗格的"Font"下拉列表框中设置字体样式；在"Size"文本框中输入字号的大小值；在"Line spacing"文本框中输入代码的行间距值。设置好各个属性值后，在右下方会即时显示调整后的代码效果。

2．设置快捷键

在"Settings"对话框的左侧窗格中选择"Keymap"，在右侧窗格会显示 Android Studio 中默认的快捷键，如图 1-45 所示。

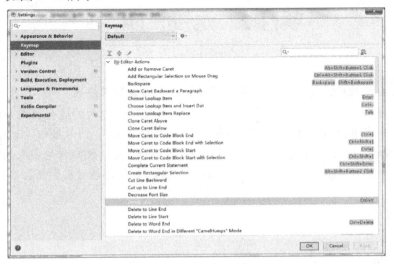

图 1-45　设置快捷键

开发者还可以在右侧窗格中通过右击某一项，在弹出的快捷菜单中选择合适的命令编辑、删除或添加其他快捷键。

对于已经习惯使用其他开发环境的开发者来说，还可以通过在右侧窗格上方的下拉列表框中选择熟悉的 IDE，以便继续使用该 IDE 的快捷键方式操作，如图 1-46 所示。

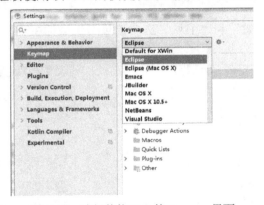

图 1-46　选择其他 IDE 的 Keymap 界面

1.5　拓展练习

1．参考第 1.2 节的内容，在计算机中正确安装 Java 和 Android Studio。

2．参考第 1.3 节的内容，创建名称为"MyFirstApp"的项目并在模拟器里运行。

项目 2 走 进 四 书

本章要点

- Android 应用程序中常见的 5 种布局资源的特点及其常用属性。
- Android 应用程序中的可绘制资源和 5 种常见数据值资源的创建与使用方法。
- Android 中文本视图（TextView）、图像视图（ImageView）、图像按钮（ImageButton）、悬浮按钮（FloatingActionButton）、滚动视图（ScrollView）等视图组件的常用属性与使用方法。
- Android 中 Activity、AppCompatActivity 与 Intent 的创建与使用方法。

2.1 项目简介

2.1.1 项目原型：AnyView

AnyView 阅读是一款运行在 Android 2.2 以上系统中的免费的经典手机阅读软件。它致力于为用户提供最优秀的阅读体验，支持 txt、umd、html、epub、jpg、gif、png、zip、rar 等多种格式，用户量众多。

AnyView 2.x 版本界面清新、文艺，主打本地离线阅读，运行时，首先可以看到如图 2-1 所示的导入界面。

其次是由"本地""书架"和"书城"三个选项卡组成的主界面。其中"本地"选项卡的界面效果如图 2-2 所示。

图 2-1 AnyView 的导入界面

图 2-2 AnyView 的主界面——"本地"选项卡

"书架"选项卡的界面效果如图 2-3 所示。

"书城"选项卡的界面效果如图 2-4 所示。

图 2-3　AnyView 的主界面——"书架"选项卡　　图 2-4　AnyView 的主界面——"书城"选项卡

阅读界面的效果如图 2-5 所示。

关于界面的效果如图 2-6 所示。

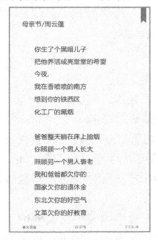

图 2-5　AnyView 的阅读界面　　　　　　　图 2-6　AnyView 的关于界面

　　除上述基本功能之外，AnyView 还提供海量资源供用户免费下载；支持舒适真实的翻书体验；可完全由用户自定义阅读排版样式；拥有多套精美封面主题供用户选择定制；具备全智能的搜书、目录、排版等功能。

2.1.2　项目需求与概要设计

1．分析项目需求

　　"走进四书"项目是以"四书"（《大学》《中庸》《论语》《孟子》）为阅读内容的安卓手机应用软件。它基于 Android 平台开发，界面古典、朴素，主要支持本地离线阅读。项目以 AnyView 的核心业务为蓝本，向用户提供"导入""书架""乐读"以及"联系我们"等与阅读有关的核心功能。

　　学习者还可以在此基础上通过学习 Android 应用开发中的列表视图组件（ListView）的使用方法、数据存储和网络通信等开发技术，继续完善项目的其他功能，如自定义阅读皮肤、文本格式设置、列表显示本地书目、与书友互动、书籍下载等。

2．设计模块结构

以 AnyView 项目为原型修改的"走进四书"项目的功能主要包括 "导入""书架""乐读"和"联系我们"。其中，"联系我们"功能的交互按钮在"书架"中，当用户单击按钮时，界面中显示具体的联系信息。该项目的各个功能模块结构如图 2-7 所示。

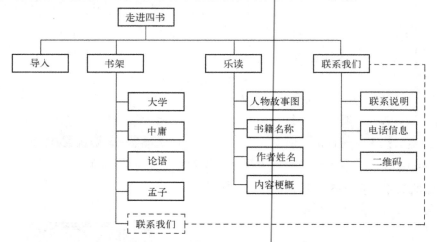

图 2-7 "走进四书"项目的模块结构

3．确定项目功能

综上，"走进四书"项目的功能要求描述如下。

① 应用程序启动时能够由浅入深渐现并且全屏显示"导入"界面。

② "导入"界面呈现之后，自动切换到展示四书封面图的"书架"界面，界面上方显示标题"书架"，标题栏的右侧有一个悬浮按钮，单击时可以将界面切换到"联系我们"。

③ 单击"书架"界面中的任何一个书籍封面图，都可以将界面切换到"乐读"，同时界面标题也予以切换。在"乐读"界面中，从上到下依次是所选书籍对应的人物故事图、书籍名称和作者姓名以及内容梗概。

④ 更改应用程序图标为自制图标，以便在手机的应用程序列表中与其他应用加以区分。

⑤ 项目要能够在合适的模拟器中正常运行。模拟器各参数设置如下：屏幕尺寸为 4.95in，分辨率为 1080 像素×1920 像素，密度为 420dpi，Android API 28，如图 2-8 所示。

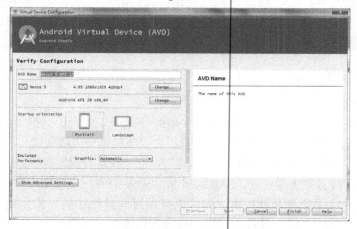

图 2-8 "走进四书"项目模拟器配置

2.2 项目设计与准备

2.2.1 设计用户交互流程

项目运行时，首先呈现"导入"界面，然后自动切换到"书架"界面，其中有 4 个书籍封面图和 1 个悬浮按钮。单击书籍封面图可以将界面切换到对应的"乐读"界面，单击悬浮按钮可以将界面切换到"联系我们"界面。单击手机的〈Back〉键时，可以退出展示界面，直至退出应用程序。

"走进四书"项目的交互流程如图 2-9 所示。

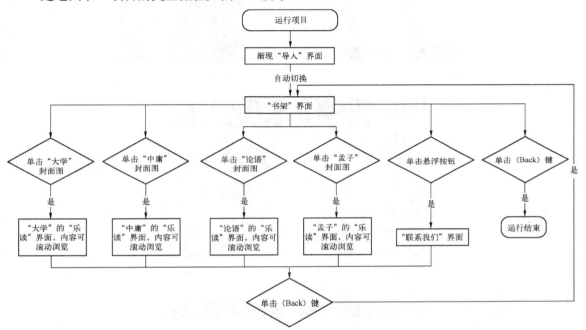

图 2-9 "走进四书"项目交互流程

2.2.2 设计用户界面

1. "导入"界面

"导入"界面是项目的第一个用户界面，在此界面中只包含一幅图片，全屏（即无标题栏）显示，使用渐现的动画效果。这样一方面可以向用户逐渐引出项目主题，另一方面可以使得项目比较有动感。"导入"界面效果如图 2-10 所示。

2. "书架"界面

如前文所述，"书架"界面主要向用户展示可以阅读的书目，界面中包含《大学》《中庸》《论语》和《孟子》四本书的封面图。此外右上角还有一个悬浮按钮，标题处显示"书架"，"书架"界面效果如图 2-11 所示。

3. "乐读"界面

"乐读"界面主要向用户提供与书籍有关的具体内容。界面中最上方显示人物故事的图片，中间部分用于显示书籍名称和作者姓名，下方是书籍的内容梗概，可滚动浏览。图片、名称以及内容与"书架"中选择的书籍相关。"乐读"界面效果如图 2-12a～d 所示。

图 2-10　"导入"界面

图 2-11　"书架"界面

a)

b)

c)

d)

图 2-12　"乐读"界面

4．"联系我们"界面

"联系我们"是项目的辅助功能，用于向用户介绍和推广业务。"联系我们"界面效果如图 2-13 所示。

图 2-13 "联系我们"界面

2.2.3 准备项目素材

1．图片素材

"走进四书"项目的各个界面中需要用到一系列图片，这些素材需要在项目实施之前收集齐备，调整好尺寸大小并妥善命名。

项目中各个图片素材的名称、用途说明和尺寸规格如表 2-1 所示。

表 2-1 "走进四书"项目图片资源

编号	名称	用途说明	尺寸规格（宽×高，单位：像素×像素）
1	icon.jpg	应用程序图标	88×88
2	import_background_with_text.jpg	"导入"界面的背景图片	500×645
3	daxue_zengzi_v.jpg	"书架"界面中的《大学》封面图	185×260
4	zhongyong_zisi_v.jpg	"书架"界面中的《中庸》封面图	185×260
5	lunyu_kongzi_v.jpg	"书架"界面中的《论语》封面图	185×260
6	mengzi_mengzi_v.png	"书架"界面中的《孟子》封面图	185×260
7	functions_background.jpg	"乐读"界面中的背景图	370×520
8	zengzi_h.jpg	"乐读"界面中的《大学》故事图	370×247
9	zisi_h.jpg	"乐读"界面中的《中庸》故事图	370×277
10	kongzi_h.jpg	"乐读"界面中的《论语》故事图	370×250
11	mengzi_h.jpg	"乐读"界面中的《孟子》故事图	370×218
12	qr_code.jpg	"联系我们"界面中的二维码图片	370×370

2．文字素材

项目实施前还需要将要提供给用户阅读的内容和文字准备齐全，并保存在无格式的记事本或写字板等文件中。由于篇幅所限，本书中仅为用户提供了内容梗概的文字，详见第 2.3.2 节，此处不再赘述。

2.3 项目开发与实现

本项目开发环境及版本配置如表 2-2 所示。

表 2-2 "走进四书"项目开发环境及版本配置

编号	软件名称	软件版本
1	操作系统	Windows 7（64 位）
2	JDK	1.8.0_76
3	Android Studio	2.2.2
4	Compile SDK	API 24: Android 7.0 (Nougat)
5	Build Tools Version	28.0.3
6	Min SDK Version	API 24: Android 7.0 (Nougat)
7	Target SDK Version	API 28

2.3.1 创建项目

创建项目的详细步骤与第 1.3.1 节介绍的内容相同。创建本项目的基本步骤及其需要设置的参数如下。

V5 创建项目二

1）打开 Android Studio 开发环境，选择"File"→"New"菜单命令创建本项目。项目名称、公司域名以及项目存储位置等参数的值如下。

- Application name:IntoTheFourBooks。
- Company domain:school。
- Project location:E:\IntoTheFourBooks。

2）为项目选择运行的设备类型和最低的 SDK 版本号。本项目的运行设备为"Phone and Tablet"，Minimum SDK 的值设置为"API 24:Android 7.0(Nougat)"。

3）为项目添加一个 Empty Activity。

4）设置 Activity 的名称等属性，参考值如下。

- Activity Name:ImportActivity。
- Layout Name:activity_import。

5）项目创建好后，如果项目出现错误，则选择"File"→"Project Structure"菜单命令，在弹出的对话框中单击左侧窗格的"app"选项，选择右侧窗格的"Dependencies"选项卡，在下方的列表中选择与环境不匹配的 appcompat-v7:28 依赖包，单击右侧的"–"按钮，将其删除，如图 2-14 所示。

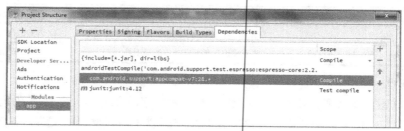

图 2-14 "Project Structure"对话框

然后单击图 2-14 中右上角的"+"按钮并选择"Library dependency",在弹出的对话框中依次选择 appcompat-v7 和 design 依赖包,单击"OK"按钮,添加这两个依赖包,如图 2-15 所示。

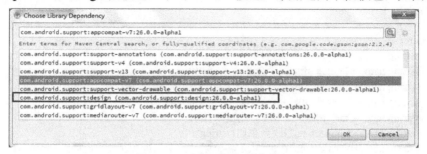

图 2-15　选择要添加的依赖包

6)选择"File"→"Sync Project with Gradle Files"菜单命令,使项目与 gradle 配置同步。在 Android Studio 中开发项目时,每当项目有所改动后,就需要同步项目,因此这个操作的使用频率很高,初学者需要注意。

2.3.2　创建与定义资源

1．可绘制资源（app\src\main\res\drawable）

可绘制资源中包含大量的图片及其他类型的文件,现将项目中需要用到的图片素材全部复制并粘贴在项目的 app\src\main\res\drawable 目录中,即可完成这部分图片资源的创建。

在粘贴时,会弹出如图 2-16 所示的对话框。

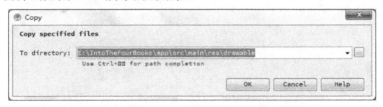

图 2-16　创建图片资源

单击图 2-16 中的"OK"按钮后,可看到 res\drawable 目录中的图片资源如图 2-17 所示。

图 2-17　项目图片资源

2．字符串资源（app\src\main\res\values\strings.xml）

打开 app\src\main\res\values\strings.xml 文件，将项目中需要的文字素材按照 XML 文件格式整理，参考代码如下。

```xml
<resources>
    <string name="app_name">走进四书</string>
    <string name="kongzi_title">《论语》-孔子</string>
    <string name="mengzi_title">《孟子》-孟子</string>
    <string name="zengzi_title">《大学》-曾子</string>
    <string name="zisi_title">《中庸》-子思</string>
    <string name="connect_us">联系我们</string>
    <string name="connect_content">欢迎各位爱好国学的读者朋友来电联系！</string>
    <string name="tel">手机：1344312×××</string>
    <string name="wechat">(微信同步)</string>
    <string name="bookshelf">书架</string>
    <string name="reading">乐读</string>
</resources>
```

3．字符串数组资源（app\src\main\res\values\info_arrays.xml）

创建字符串数组资源的步骤如下。

1）选择 app\src\main\res\values 目录，单击鼠标右键，在弹出的快捷菜单中依次选择"New"→"Values resource file"菜单命令，如图 2-18 所示。

图 2-18　创建数组资源文件

如果此时在快捷菜单中找不到需要新建的文件类型，那么参考第 2.3.1 节第 6 步同步项目即可，此后再新建需要的文件。

2）在弹出的"New Resource File"对话框中，在"File name"文本框中输入"info_arrays"，然后单击"OK"按钮，如图 2-19 所示。

3）将项目中"四书"的作者简介以数组的形式存放于 info_arrays.xml 资源文件中，参考代码如下。

```xml
<?xml version="1.0" encoding="utf-8"?>
<resources>
    <string-array name="authors_summary">
        <item>曾子，名参，字子舆。（篇幅所限，省略其他介绍）</item>
        <item>孔伋，字子思。（篇幅所限，省略其他介绍）</item>
        <item>孔子，子姓，孔氏，名丘，字仲尼。（篇幅所限，省略其他介绍）</item>
        <item>孟子，姬姓，孟氏，名轲。（篇幅所限，省略其他介绍）</item>
    </string-array>
</resources>
```

图 2-19　为数组资源文件命名

4．尺寸资源（**app\src\main\res\values\dimens.xml**）

打开 app\src\main\res\values\dimens.xml 文件，会发现其中已有一些尺寸数据。按现有格式，将项目中需要的其他尺寸数据添加到此文件，参考代码如下。

```xml
<resources>
    <dimen name="activity_horizontal_margin">16dp</dimen>
    <dimen name="activity_vertical_margin">16dp</dimen>
    <dimen name="book_image_width">180dp</dimen>
    <dimen name="book_image_height">255dp</dimen>
</resources>
```

5．颜色资源（**app\src\main\res\values\colors.xml**）

在 app\src\main\res\values\colors.xml 文件中添加项目中需要的其他颜色数据，参考代码如下。

```xml
<?xml version="1.0" encoding="utf-8"?>
<resources>
    <color name="colorPrimary">#3F51B5</color>
    <color name="colorPrimaryDark">#303F9F</color>
    <color name="colorAccent">#FF4081</color>
    <color name="author_title_color">#000</color>
    <color name="tel_color">#00f</color>
    <color name="wechat_color">#f0f</color>
</resources>
```

2.3.3 实现"导入"模块

"导入"模块是本项目的第一个模块，此模块在应用中以"淡入"动画的形式起到引导用户进入首界面的作用。

1. 创建"导入"界面的布局（app\src\main\res\layout\activity_import.xml）

"导入"界面中仅有一幅图片，所以在 activity_import.xml 文件中，将根布局修改为FrameLayout。其相关属性如表 2-3 所示。

表 2-3 "导入"布局中 FrameLayout 的属性

编号	属性名称	属性值	说明
1	android:id	@+id/fl_import	增加 id 为 fl_import 的视图组件
2	android:layout_width	match_parent	组件宽度与父容器宽度相同
3	android:layout_height	match_parent	组件高度与父容器高度相同
4	android:background	@drawable/import_background_with_text	设置背景图片为 res\drawable 目录中的 import_background_with_text.jpg

参考代码如下。

```
<FrameLayout xmlns:android="http://schemas.android.com/apk/res/android"
    android:id="@+id/fl_import"
    android:layout_width="match_parent"
    android:layout_height="match_parent"
    android:background="@drawable/import_background_with_text">
</FrameLayout>
```

V6 实现导入
功能

2. 实现导入功能（app\src\main\java\包名\ImportActivity.java）

根据"导入"模块的功能要求，在应用程序启动时此界面应由浅入深渐变出现。这个需求可以通过设置 android.view.animation 的 AlphaAnimation 动画类的 alpha 属性来实现。

在构造 AlphaAnimation 对象时，设置 alpha 值从 0（表示全透明）到 1（不透明）即可让添加动画的对象渐现；反之，则渐隐。为任何一个组件添加动画效果时，都可调用 View 类的setAnimation(Animation animation)方法。在动画结束后可以通过调用 Activity 的 finish()方法结束Activity，也可以通过 System.exit(0)方法退出应用程序。

使用 AndroidStudio 向导创建的 Activity 默认继承自 AppCompatActivity。此处为了便于配置全屏显示，将其父类更改为 Activity，并在 onCreate(Bundle savedInstanceState)方法中添加透明度动画的创建及动画事件。

参考代码如下。

```
public class ImportActivity extends Activity {
    @Override
    protected void onCreate(Bundle savedInstanceState) {
        super.onCreate(savedInstanceState);
        setContentView(R.layout.activity_import);
        FrameLayout frameLayout=(FrameLayout) this.findViewById(R.id. fl_import);
        //创建透明度渐变动画对象 alphaAnimation
        AlphaAnimation alphaAnimation=new AlphaAnimation(0.0f, 1.0f);
        //设置透明度动画的时长为 3000ms
        alphaAnimation.setDuration(3000);
        //设置透明度动画的使用对象为帧布局 frameLayout
```

```
                    frameLayout.setAnimation(alphaAnimation);
                    //设置动画监听
                    alphaAnimation.setAnimationListener(new Animation.AnimationListener()
        {
                            @Override
                            public void onAnimationStart(Animation animation) {
                            }
                            @Override
                            public void onAnimationEnd(Animation animation) {
                                    //当动画结束时,通过 Intent 将当前界面跳转到 MainActivity
                                    //单独调试此模块时,可以先注释以下 2 行
                                    Intent intent=new Intent(ImportActivity.this, MainActivity.class);
                                    startActivity(intent);
                                    finish();
                            }
                            @Override
                            public void onAnimationRepeat(Animation animation) {
                            }
                    });
            }
        }
```

上述代码中,实现了当"导入"界面的动画结束后可以直接打开"书架"界面(MainActivity.java),但是由于 MainActivity.java 尚未创建,因此在调试时可以在这两行代码前添加"//"作为注释处理。

3.配置全屏显示及图标(app\src\main\AndroidManifest.xml)

V7 配置全屏显示及图标

运行时,应用程序图标如图 2-20 所示。

根据"导入"模块的功能要求,应用程序启动时此界面需全屏显示,这些需求可以在 AndroidManifest.xml 中进行配置。参考代码如下。

```
        <?xml version="1.0" encoding="utf-8"?>
        <manifest xmlns:android="http://schemas.android.com/apk/res/android"
            package="school.intothefourbooks">
            <!--android:icon 属性用于设置应用程序的图标-->
            <application
                android:allowBackup="true"
                android:icon="@drawable/icon"
                android:label="@string/app_name"
                android:supportsRtl="true">
                <!--android:theme 属性设置为全屏显示-->
                <activity
                    android:name=".ImportActivity"
                    android:theme="@android:style/Theme.Black.NoTitleBar.Fullscreen">
                    <intent-filter>
                        <action android:name="android.intent.action.MAIN" />
                        <category android:name="android.intent.category.LAUNCHER" />
                    </intent-filter>
                </activity>
            </application>
        </manifest>
```

图 2-20 应用程序图标

上述代码中，application 标签中的 android:icon 属性用来配置应用程序的图标。activity 标签的 android:theme 属性用来配置对应界面的主题样式，当需要全屏显示某 Activity 时，需要将此属性值设置为 "@android:style/Theme.Black.NoTitleBar.Fullscreen"。

2.3.4 实现"书架"模块

"书架"模块的界面由"四书"对应的 4 个图片按钮组成。当单击其中的某个图片按钮时，界面将切换至对应书籍的"乐读"状态。此外该界面右上角有一个信封样式的悬浮按钮，当单击此按钮时，界面会切换到"联系我们"界面。

V8 创建
"书架"布局

1. 创建"书架"布局（app\src\main\res\layout\activity_bookshelf.xml）

选择 app\src\main\res\layout 目录，单击右键，在弹出的快捷菜单中依次选择"New"→"Layout resource file"命令，会弹出如图 2-21 所示的对话框。

对话框中的"File name"即文件名，值为"activity_bookshelf"，"Root element"即布局的根元素，此处值为"android.support.design.widget.CoordinatorLayout"。布局中各元素的属性如表 2-4 所示。

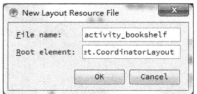

图 2-21　创建布局文件的对话框

表 2-4　"书架"布局中各元素的属性

编号	组件类型	属性名称	属性值	说明
1	CoordinatorLayout	xmlns:android	http://schemas.android.com/apk/res/android	android 的命名空间
		xmlns:app	http://schemas.android.com/apk/resauto	app 的命名空间
		android:layout_width	match_parent	组件宽度与父容器宽度相同
		android:layout_height	match_parent	组件高度与父容器高度相同
2	FloatingActionButton	android:id	fab	增加 id 为 fab 的视图组件
		android:layout_width	wrap_content	组件宽度与内容宽度适配
		android:layout_height	wrap_content	组件高度与内容高度适配
		android:layout_gravity	top|right	右上方对齐
		app:srcCompat	@android:drawable/ic_dialog_email	设置悬浮按钮的图片
3	include	layout	@layout/content_main	包含名为 content_main.xml 的子布局

参考代码如下。

```xml
<?xml version="1.0" encoding="utf-8"?>
<android.support.design.widget.CoordinatorLayout
    xmlns:android="http://schemas.android.com/apk/res/android"
    xmlns:app="http://schemas.android.com/apk/res-auto"
    android:layout_width="match_parent"
    android:layout_height="match_parent">
    <include layout="@layout/content_main"/>
    <android.support.design.widget.FloatingActionButton
        android:id="@+id/fab"
        android:layout_width="wrap_content"
        android:layout_height="wrap_content"
```

```
              android:layout_gravity="top|right"
              app:srcCompat="@android:drawable/ic_dialog_email"/>
        </android.support.design.widget.CoordinatorLayout>
```

2．创建"书架"界面中的"内容页"布局（app\src\main\res\layout\content_main.xml）

在 activity_bookshelf.xml 文件的 include 标签中用到了 content_main.xml 布局文件，这个文件也需要在 app\src\main\res\layout 目录下创建。创建步骤同 activity_bookshelf.xml，只是在创建布局文件的对话框中，"File name"值为"content_main"，"Root element"值为"GridLayout"。这个布局中使用图像按钮（ImageButton）定义了书架中的书目，每个按钮都可以响应单击事件。布局中各元素的属性设置如表 2-5 所示。

V9 创建"内容页"布局

表 2-5　"书架"界面中的"内容页"布局中各元素的属性

编号	组件类型	属性名称	属性值	说明
1	GridLayout	xmlns:android	http://schemas.android.com/apk/res/android	android 的命名空间
		android:id	@+id/main_content	增加 id 为 main_content 的视图组件
		android:layout_width	match_parent	组件宽度与父容器宽度相同
		android:layout_height	match_parent	组件高度与父容器高度相同
		android:columnCount	2	网格布局的列数为 2
		android:rowCount	2	网格布局的行数为 2
		android:useDefaultMargins	true	使用默认的边距设置
2	ImageButton	android:background	@drawable/daxue_zengzi_v	《大学》书目对应图像按钮的背景图片
		android:layout_width	@dimen/book_image_width	组件宽度为尺寸资源文件中的 book_image_width 值
		android:onClick	clickDaXue	单击事件方法名称为 clickDaXue
		android:layout_height	@dimen/book_image_height	组件高度为尺寸资源文件中的 book_image_height 值
3	ImageButton	android:background	@drawable/zhongyong_zisi_v	《中庸》书目对应图像按钮的背景图片
		android:layout_width	@dimen/book_image_width	组件宽度为尺寸资源文件中的 book_image_width 值
		android:onClick	clickZhongYong	单击事件方法名称为 clickZhongYong
		android:layout_height	@dimen/book_image_height	组件高度为尺寸资源文件中的 book_image_height 值
4	ImageButton	android:background	@drawable/lunyu_kongzi_v	《论语》书目对应图像按钮的背景图片
		android:layout_width	@dimen/book_image_width	组件宽度为尺寸资源文件中的 book_image_width 值
		android:onClick	clickLunYu	单击事件方法名称为 clickLunYu
		android:layout_height	@dimen/book_image_height	组件高度为尺寸资源文件中的 book_image_height 值
5	ImageButton	android:background	@drawable/mengzi_mengzi_v	《孟子》书目对应图像按钮的背景图片
		android:layout_width	@dimen/book_image_width	组件高度为尺寸资源文件中的 book_image_width 值
		android:onClick	clickMengZi	单击事件方法名称为 clickMengZi
		android:layout_height	@dimen/book_image_height	组件高度为尺寸资源文件中的 book_image_height 值

参考代码如下。

```xml
<?xml version="1.0" encoding="utf-8"?>
<GridLayout
    xmlns:android="http://schemas.android.com/apk/res/android"
    android:id="@+id/main_content"
    android:layout_width="match_parent"
    android:layout_height="match_parent"
    android:columnCount="2"
    android:rowCount="2"
    android:useDefaultMargins="true">
    <ImageButton
        android:background="@drawable/daxue_zengzi_v"
        android:layout_width="@dimen/book_image_width"
        android:onClick="clickDaXue"
        android:layout_height="@dimen/book_image_height" />
    <ImageButton
        android:layout_height="@dimen/book_image_height"
        android:background="@drawable/zhongyong_zisi_v"
        android:layout_width="@dimen/book_image_width"
        android:onClick="clickZhongYong" />
    <ImageButton
        android:background="@drawable/lunyu_kongzi_v"
        android:layout_height="@dimen/book_image_height"
        android:onClick="clickLunYu"
        android:layout_width="@dimen/book_image_width" />
    <ImageButton
        android:background="@drawable/mengzi_mengzi_v"
        android:layout_width="@dimen/book_image_width"
        android:layout_height="@dimen/book_image_height"
        android:onClick="clickMengZi" />
</GridLayout>
```

V10 实现
"书架"功能

3. 实现"书架"功能（app\src\main\java\包名\MainActivity.java）

选择"app\src\main\java\school.intothefourbooks"目录并单击右键，在弹出的快捷菜单中依次选择"New"→"Activity"→"Empty Activity"命令，会弹出创建 Activity 的对话框，如图 2-22 所示。

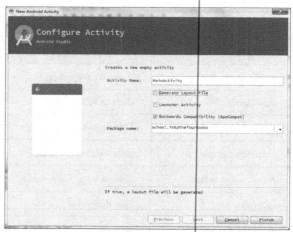

图 2-22　创建 Activity 的对话框

其中，"Activity Name"值设置为"MainActivity"，同时取消勾选"Generate Layout File"复选框。创建好文件后，Android Studio 会自动打开该文件，参考代码如下。

```java
public class MainActivity extends AppCompatActivity {
    //定义一个数组，各元素分别代表《大学》《中庸》《论语》《孟子》
    int books []={1,2,3,4};
    @Override
    protected void onCreate(Bundle savedInstanceState) {
        super.onCreate(savedInstanceState);
        this.setContentView(R.layout.activity_main);
        FloatingActionButton fab=(android.support.design.widget.FloatingActionButton) this.findViewById(R.id.fab);
        fab.setOnClickListener(new View.OnClickListener() {
            @Override
            public void onClick(View v) {
                //单独调试此模块时，可以先注释以下3行代码
                Intent intent=new Intent();
                intent.setClass(getApplicationContext(), ContactsActivity.class);
                startActivity(intent);
            }
        });
    }
    public void clickDaXue(View view){
        switchToContent(books[0]);
    }
    public void clickZhongYong(View view){
        switchToContent(books[1]);
    }
    public void clickLunYu(View view){
        switchToContent(books[2]);
    }
    public void clickMengZi(View view){
        switchToContent(books[3]);
    }
    public void switchToContent(int book_id){
        Intent intent=new Intent();
        //单独调试此模块时，可以先注释以下3行代码
        intent.setClass(getApplicationContext(), ReadingActivity.class);
        //将 book_id 作为参数传递到 ReadingActivity 界面中
        intent.putExtra("book_id", book_id);
        startActivity(intent);
    }
}
```

为了调试当前模块，可以将上述代码中的界面跳转语句作为注释处理，在创建好相关界面文件后再取消注释调试。此外，为了正常显示"书架"界面，还需要在 app\src\main 目录下的 AndroidManifest.xml 配置文件中对该界面的 android:theme 属性进行配置，代码如下。

```xml
<activity
    android:name=".MainActivity"
    android:theme="@style/Theme.AppCompat" />
```

2.3.5 实现"乐读"模块

当单击"书架"界面中的书籍图像按钮时，界面将切换至对应书籍的"乐读"模块，其中可以看到书籍作者的著名典故图、作者信息以及书籍简介。

V11 创建
"乐读"布局

1. 创建"乐读"布局（app\src\main\res\layout\activity_reading.xml）

与创建其他布局文件的步骤相似，创建 activity_reading.xml 文件。这个布局的根元素是 LinearLayout，其中包含 1 个图像视图（ImageView）、2 个文本视图（TextView）和 1 个滚动视图（ScrollView）。布局中各元素的相关属性如表 2-6 所示。

表 2-6 "乐读"布局中各元素的属性

编号	组件类型	属性名称	属性值	说明
1	LinearLayout	xmlns:android	http://schemas.android.com/apk/res/android	android 的命名空间
		xmlns:app	http://schemas.android.com/apk/res-auto	app 的命名空间
		android:orientation	vertical	竖直方向的线性布局
		android:background	@drawable/functions_background	设置背景图片为图片资源中的 functions_background.jpg
		android:layout_width	match_parent	组件宽度与父容器宽度相同
		android:layout_height	match_parent	组件高度与父容器高度相同
2	ImageView	android:id	@+id/img_author	增加 id 为 img_author 的视图组件
		android:layout_width	match_parent	组件宽度与父容器宽度相同
		android:layout_height	0dp	与 layout_weight 搭配使用，值设置为 0dp
		android:layout_weight	4	竖直方向占比为 4/9
		android:scaleType	fitXY	图像拉伸显示
		app:srcCompat	@drawable/zengzi_h	设置图像视图的图片资源
3	TextView	android:layout_width	match_parent	组件宽度与父容器宽度相同
		android:layout_height	0dp	与 layout_weight 搭配使用，值设置为 0dp
		android:layout_weight	1	竖直方向占比为 1/9
		android:id	@+id/tv_title	增加 id 为 tv_title 的视图组件
		android:text	@string/zengzi_title	默认文本值设置为字符串资源中 zengzi_title 的值
		android:textSize	36sp	字号大小为 36sp
		android:textAlignment	textStart	文本居左显示
		android:textColor	@color/author_title_color	文本颜色为颜色资源中 author_title_color 的值
4	ScrollView	android:layout_width	match_parent	组件宽度与父容器宽度相同
		android:layout_height	0dp	与 layout_weight 搭配使用，值设置为 0dp
		android:layout_weight	4	竖直方向占比为 4/9
5	TextView	android:layout_width	match_parent	组件宽度与父容器宽度相同
		android:layout_height	match_parent	组件高度与父容器高度相同
		android:id	@+id/tv_content	增加 id 为 tv_content 的视图组件
		android:textSize	24sp	字号大小为 24sp
		android:textAlignment	textStart	文本居左显示

参考代码如下。

```xml
<?xml version="1.0" encoding="utf-8"?>
<LinearLayout xmlns:android="http://schemas.android.com/apk/res/android"
    xmlns:app="http://schemas.android.com/apk/res-auto"
    android:orientation="vertical"
    android:layout_width="match_parent"
    android:layout_height="match_parent"
    android:background="@drawable/functions_background">
    <ImageView
        android:layout_width="match_parent"
        android:layout_height="0dp"
        android:layout_weight="4"
        android:id="@+id/img_author"
        android:scaleType="fitXY"
        app:srcCompat="@drawable/zengzi_h"/>
    <TextView
        android:layout_width="match_parent"
        android:layout_height="0dp"
        android:layout_weight="1"
        android:id="@+id/tv_title"
        android:text="@string/zengzi_title"
        android:textSize="36sp"
        android:textAlignment="textStart"
        android:textColor="@color/author_title_color"/>
    <ScrollView
        android:layout_width="match_parent"
        android:layout_height="0dp"
        android:layout_weight="4">
        <TextView
            android:layout_width="match_parent"
            android:layout_height="match_parent"
            android:id="@+id/tv_content"
            android:textSize="24sp"
            android:textColor="@color/author_title_color"
            android:textAlignment="textStart"/>
    </ScrollView>
</LinearLayout>
```

2．实现"乐读"功能（app\src\main\java\包名\ReadingActivity.java）

参考 MainActivity.java 的创建步骤，创建 ReadingActivity.java 类文件，参考代码如下。

```java
public class ReadingActivity extends AppCompatActivity {
    ImageView img_author;
    TextView tv_title, tv_content;
    String title, content;
    Drawable drawable_author;
    @Override
    protected void onCreate(Bundle savedInstanceState) {
        super.onCreate(savedInstanceState);
        this.setContentView(R.layout.activity_reading);
        findViews();
```

V12 实现
"乐读"功能

41

```
            Intent intent=this.getIntent();
            //两个参数分别表示 key 值和默认值
            int id=intent.getIntExtra("book_id", 1);
            setContents(id);
            tv_content.setText(content ) ;
            tv_title.setText(title);
            img_author.setImageDrawable(drawable_author);
        }
        public void findViews(){
            img_author=(android.widget.ImageView)this.findViewById(R.id.img_author);
            tv_title=(android.widget.TextView)this.findViewById(R.id.tv_title);
            tv_content=(android.widget.TextView )this.findViewById(R.id.tv_content);
        }
        public void setContents(int id){
            switch (id){
                case 1:
                default:
                    title=this.getResources().getString(R.string.zengzi_title);
                    drawable_author=this.getDrawable(R.drawable.zengzi_h);
                    break;
                case 2:
                    title=this.getResources().getString(R.string.zisi_title);
                    drawable_author=this.getDrawable(R.drawable.zisi_h);
                    break;
                case 3:
                    title=this.getResources().getString(R.string.kongzi_title);
                    drawable_author=this.getDrawable(R.drawable.kongzi_h );
                    break;
                case 4:
                    title=this.getResources().getString(R.string.mengzi_title );
                    drawable_author=this.getDrawable(R.drawable.mengzi_h );
                    break;
                }
                content=this.getResources() .getStringArray(R.array.authors_summary)[id-1];
            }
        }
    }
```

为了能够正常显示"乐读"界面，还需要在 app\src\main\AndroidManifest.xml 配置文件中对该界面的 android:theme 属性进行配置，代码如下。

```
<activity
android:name=".ReadingActivity"
    android:theme="@style/Theme.AppCompat"/>
```

2.3.6 实现"联系我们"模块

当单击"书架"界面中的"信封"悬浮按钮时，将切换至"联系我们"界面，其中包含联系信息和二维码。

V13 创建"联系我们"布局

1．创建"联系我们"界面的布局（app\src\main\res\layout\activity_contacts.xml）

在 app\src\main\res\layout 目录下创建 activity_contacts.xml 文件。这个布局的根元素是

RelativeLayout，子元素包含 4 个文本视图（TextView）和 1 个图像视图（ImageView）。布局中各元素的相关属性如表 2-7 所示。

表 2-7 "联系我们"布局中各元素的属性

编号	组件类型	属性名称	属性值	说明
1	RelativeLayout	xmlns:android	http://schemas.android.com /apk/res/android	android 的命名空间
		android:layout_width	match_parent	组件宽度与父容器宽度相同
		android:layout_height	match_parent	组件高度与父容器高度相同
		android:padding	20dp	布局填充为 20dp
2	TextView	android:layout_width	wrap_content	组件宽度与内容宽度适配
		android:layout_height	wrap_content	组件高度与内容高度适配
		android:id	@+id/tv_contacts	增加 id 为 tv_contacts 的视图组件
		android:layout_alignParentTop	true	与父容器顶端对齐
		android:layout_alignParentLeft	true	与父容器左对齐
		android:textStyle	bold	文本加粗
		android:textSize	36sp	字号大小为 36sp
		android:text	@string/connect_us	文本为字符串资源中 connect_us 的值
3	TextView	android:layout_width	wrap_content	组件宽度与内容宽度适配
		android:layout_height	wrap_content	组件高度与内容高度适配
		android:id	@+id/tv_contacts_content	增加 id 为 tv_contacts_content 的视图组件
		android:text	@string/connect_content	文本为字符串资源 connect_content 的值
		android:textSize	30sp	字号大小为 30sp
		android:padding	10dp	文本视图的填充值为 10dp
		android:layout_below	@id/tv_contacts	在 id 为 tv_contacts 组件的下方
4	TextView	android:layout_width	wrap_content	组件宽度与内容宽度适配
		android:layout_height	wrap_content	组件高度与内容高度适配
		android:id	@+id/tv_tel	增加 id 为 tv_tel 的视图组件
		android:text	@string/tel	文本为字符串资源 tel 的值
		android:layout_below	@id/tv_contacts_content	在 id 为 tv_contacts_content 组件的下方
		android:layout_alignParentLeft	true	与父容器左对齐
		android:textColor	@color/tel_color	文本颜色为颜色资源中 tel_color 的值
		android:textSize	24sp	字号大小为 24sp
5	TextView	android:layout_width	wrap_content	组件宽度与内容宽度适配
		android:layout_height	wrap_content	组件高度与内容高度适配
		android:layout_toRightOf	@id/tv_tel	在 id 为 tv_tel 组件的右侧
		android:layout_alignBaseline	@id/tv_tel	与 id 为 tv_tel 组件基线对齐
		android:textColor	@color/wechat_color	文本颜色为颜色资源中 wechat_color 的值
		android:text	@string/wechat	文本为字符串资源中 wechat 的值

编号	组件类型	属性名称	属性值	说明
6	ImageView	android:layout_width	wrap_content	组件宽度与内容宽度适配
		android:layout_height	wrap_content	组件高度与内容高度适配
		android:layout_below	@id/tv_tel	在 id 为 tv_tel 组件的下方
		android:src	@drawable/qr_code	图片为图片资源中的 qr_code.jpg
		android:scaleType	centerInside	图片居中填充图像视图
		android:layout_centerInParent	true	在父容器中居中对齐

参考代码如下。

```xml
<?xml version="1.0" encoding="utf-8"?>
<RelativeLayout
    xmlns:android="http://schemas.android.com/apk/res/android"
    android:layout_width="match_parent"
    android:layout_height="match_parent"
    android:padding="20dp">
    <TextView
        android:layout_width="wrap_content"
        android:layout_height="wrap_content"
        android:id="@+id/tv_contacts"
        android:layout_alignParentTop="true"
        android:layout_alignParentLeft="true"
        android:textStyle="bold"
        android:textSize="36sp"
        android:text="@string/connect_us"/>
    <TextView
        android:layout_width="wrap_content"
        android:layout_height="wrap_content"
        android:id="@+id/tv_contacts_content"
        android:text="@string/connect_content"
        android:textSize="30sp"
        android:padding="10dp"
        android:layout_below="@id/tv_contacts"/>
    <TextView
        android:layout_width="wrap_content"
        android:layout_height="wrap_content"
        android:id="@+id/tv_tel"
        android:text="@string/tel"
        android:layout_below="@id/tv_contacts_content"
        android:layout_alignParentLeft="true"
        android:textColor="@color/tel_color"
        android:textSize="24sp"/>
    <TextView
        android:layout_width="wrap_content"
        android:layout_height="wrap_content"
        android:layout_toRightOf="@id/tv_tel"
        android:layout_alignBaseline="@id/tv_tel"
        android:textColor="@color/wechat_color"
        android:text="@string/wechat"/>
```

```
<ImageView
    android:layout_width="wrap_content"
    android:layout_height="wrap_content"
    android:layout_below="@id/tv_tel"
    android:src="@drawable/qr_code"
    android:scaleType="centerInside"
    android:layout_centerInParent="true"/>
</RelativeLayout>
```

V14 实现"联系
我们"功能

2. 实现"联系我们"功能（app\src\main\java\包名\ContactsActivity.java）

参考 MainActivity.java 的创建步骤，在 app\src\main\java 目录中创建 ContactsActivity.java 类文件，参考代码如下。

```
public class ContactsActivity extends AppCompatActivity {
    @Override
    protected void onCreate(Bundle savedInstanceState) {
        super.onCreate(savedInstanceState);
        this.setContentView(R.layout.activity_contacts);
    }
}
```

为了能够正常显示"联系我们"界面，还需要在 app\src\main 目录下的 AndroidManifest.xml 配置文件中对该界面的 android:theme 属性进行设置，参考代码如下。

```
<activity
    android:name=".ContactsActivity"
    android:theme="@style/AppTheme"/>
```

2.3.7 AndroidManifest 配置清单

上文中许多 Activity 界面都在 AndroidManifest.xml 文件中进行了配置，该文件位于 app\scr\main 目录下，其完整代码如下。

```
<?xml version="1.0" encoding="utf-8"?>
<manifest xmlns:android="http://schemas.android.com/apk/res/android"
    package="school.intothefourbooks">
    <application
        android:allowBackup="true"
        android:icon="@drawable/icon"
        android:label="@string/app_name"
        android:supportsRtl="true">
        <activity
            android:name=".ImportActivity"
            android:theme="@android:style/Theme.Black.NoTitleBar.Fullscreen">
            <intent-filter>
                <action android:name="android.intent.action.MAIN" />
                <category android:name="android.intent.category.LAUNCHER" />
            </intent-filter>
        </activity>
        <activity
            android:name=".MainActivity"
            android:theme="@style/Theme.AppCompat" />
```

```
        <activity
            android:name=".ReadingActivity"
            android:theme="@style/Theme.AppCompat" />
        <activity
            android:name=".ContactsActivity"
            android:theme="@style/AppTheme"/>
    </application>
</manifest>
```

2.4 相关知识与开发技术

2.4.1 Android 中的常用资源

1．布局（layout）资源

（1）帧布局（FrameLayout）的特点与常用属性

帧布局用 FrameLayout 类来表示。在帧布局中，屏幕被当成一块空白备用区域，所有的组件都将放在屏幕的左上角。由于无法为这些元素指定一个确切的位置，因此从视觉上看，后面的子元素直接覆盖在前面的子元素之上，将前面的子元素部分或全部遮挡。FrameLayout 的常用属性如表 2-8 所示。

表 2-8　FrameLayout 的常用属性

编号	属性名称	属性值	说明
1	android:layout_width	match_parent、fill_parent 、wrap_content	设置布局的宽度
2	android:layout_height	match_parent、fill_parent 、wrap_content	设置布局的高度
3	android:foreground	drawable 中的图片资源	设置帧布局的前景图片
4	android:foregroundGravity	top、bottom、left、right、center_vertical、center_horizontal、center、fill、clip_vertical 和 clip_horizontal	设置前景图片在帧布局中的位置 使用竖线"|"将多个不同的属性隔开
5	android:background	drawable 中的图片资源	设置帧布局的背景图片

（2）线性布局（LinearLayout）的特点与常用属性

线性布局用 LinearLayout 类来表示。其子元素按照水平或竖直方向依次排列，每个子元素都位于前一个元素之后。

如果需要将方向设置为竖直方向，可以将 orientation 的值设置为 vertical。此时，布局是一个 N 行单列的结构，不论元素的宽度为多少，每行只会有一个子元素。如要将方向设置为水平方向，可以将 orientation 的值设置为 horizontal。此时，布局是一个单行 N 列的结构。线性布局不会自动换行，所以无论水平方向还是竖直方向，如果放置的子元素的长度超出了屏幕的宽度，那么超出的子元素将不可见。

除 android:layout_width、android:layout_height 之外，LinearLayout 的其他常用属性如表 2-9 所示。

表 2-9　LinearLayout 的其他常用属性

编号	属性名称	属性值	说明
1	android:orientation	vertical、horizontal	设置布局内子元素的排列方向，vertical 是竖直方向排列，horizontal 是水平方向排列

编号	属性名称	属性值	说明
2	android:gravity	top、bottom、left、right、center_vertical、center_horizontal、center、fill、clip_vertical、clip_horizontal	设置布局内子元素的对齐方式 可以同时指定多种方式组合，组合时在属性之间使用竖线"|"隔开
3	android:layout_weight	整数值	子元素使用此属性可设置在布局中的占比，与宽度、高度属性配合使用

（3）相对布局（RelativeLayout）的特点与常用属性

相对布局用 RelativeLayout 类来表示。其子元素的位置可以参考其他组件的位置来确定。在指定位置关系时，引用的 ID 必须在引用之前先被定义，否则会出现异常。

RelativeLayout 中与组件位置有关的常用属性如表 2-10 所示。

表 2-10　RelativeLayout 的常用属性

编号	属性名称	属性值	说明
1	android:layout_above	@id/组件 ID 值	在指定 ID 组件的上方
2	android:layout_below	@id/组件 ID 值	在指定 ID 组件的下方
3	android:layout_toLeftOf	@id/组件 ID 值	在指定 ID 组件的左侧
4	android:layout_toRightOf	@id/组件 ID 值	在指定 ID 组件的右侧
5	android:layout_alignTop	@id/组件 ID 值	以指定 ID 组件为参考上对齐
6	android:layout_alignBottom	@id/组件 ID 值	以指定 ID 组件为参考下对齐
7	android:layout_alignLeft	@id/组件 ID 值	以指定 ID 组件为参考左对齐
8	android:layout_alignRight	@id/组件 ID 值	以指定 ID 组件为参考右对齐
9	android:layout_alignParentLeft	true、false	是否与父容器左对齐
10	android:layout_alignParentRight	true、false	是否与父容器右对齐
11	android:layout_alignParentTop	true、false	是否与父容器顶端对齐
12	android:layout_alignParentBottom	true、false	是否与父容器底部对齐
13	android:layout_centerInParent	true、false	是否在父容器居中对齐
14	android:layout_centerHorizontal	true、false	是否在父容器的水平方向居中对齐
15	android:layout_centerVertical	true、false	是否与父容器的竖直方向居中对齐

（4）网格布局（GridLayout）的特点与常用属性

网格布局用 GridLayout 类来表示。其子元素被置于一个矩形的网格中。它使用虚细线将布局划分为行、列和单元格，也支持一个控件在行、列上都有交错排列。布局中的网格线可以通过访问其下标来取得。GridLayout 的常用属性如表 2-11 所示。

表 2-11　GridLayout 的常用属性

编号	属性名称	属性值	说明
1	android:alignmentMode	alignBounds、alignMargins	设置网格内部组件的对齐方式
2	android:columnCount	整数值	设置网格的最大列数
3	android:rowCount	整数值	设置网格的最大行数

（5）协作布局（CoordinatorLayout）的特点与常用属性

协作布局用 CoordinatorLayout 类表示。它继承自 ViewGroup，并且遵循 Material Design 风格的布局形式，通常在使用的过程中作为顶级 ViewGroup 来使用。该布局能够协调子元素之间的依赖关系。它与 AppbarLayout、CollapsingToolbarLayout 等结合可以产生各种炫酷的效果。使用协作布局时需要添加 design 依赖包，步骤详见第 2.3.1 节。

本项目中在"书架"模块中运用协作布局添加了 include 标注的内容页和悬浮按钮。CoordinatorLayout 的常用属性如表 2-12 所示。

表 2-12　CoordinatorLayout 的常用属性

编号	属性名称	属性值	说明
1	app:layout_anchor	视图组件的 id 值	设置 CoordinatorLayout 中直接子元素的锚点
2	app:layout_anchorGravity	bottom、center、right、left、top	设置 CoordinatorLayout 中直接子元素相对锚点的位置
3	app:layout_behavior	@string/bottom_sheet_behavior @string/appbar_scrolling_view_behavior 等	设置子控件的行为（如平移、缩放、位置、显示状态等）
4	app:layout_scrollFlags	enterAlways、enterAlwaysCollapsed、exitUntil Collapsed、scroll、snap	设置子布局是否可滑动

2. 可绘制（drawable）资源

在开发 Android 应用程序时，最常见的可绘制资源就是图片资源。可以通过将图片粘贴到 app\src\main\res\drawable 目录下的方式完成图片资源创建。

在 XML 文件中可以使用"@drawable/图片名称"的方式访问图片资源。例如：

    app:srcCompat="@drawable/zengzi_h"

在 Java 文件中可以通过调用 Context 类的 getDrawable(R.drawable.图片资源名称)方法访问。例如：

    drawable_author=this.getDrawable(R.drawable.zengzi_h);

图片资源名称中只能包含 0～9、a～z 以及下画线，并且起始字符不可以是数字，初学者在编程时要特别注意。

3. 数据值（values）资源

（1）字符串资源

为了便于维护应用程序，可以将应用程序中用于提示的字符串在 app\src\main\res\values 目录中的字符串资源文件（默认文件名称 strings.xml）中予以定义，基本格式如下。

    <string name="字符串名称">字符串值</string>

在 XML 文件中，可以通过"@string/字符串名称"的方式访问字符串资源。例如：

    android:text="@string/zengzi_title"

在 Java 代码中，如果需要取得字符串资源文件中定义的字符串值，可以调用 Activity 类的 getResources().getString(R.string.字符串名称)方法。例如：

    title=this.getResources().getString(R.string.zengzi_title);

（2）数组资源

应用程序中使用到的数组也可以在 app\src\main\res\values 目录的数组资源文件（默认文件名称 arrays.xml）中予以定义。数组的数据类型可以是整数类型，也可以是字符串类型。

定义字符串数组资源的基本格式如下。

```
<string-array name="数组名称">
        <item>数组元素值</item>
        <item>数组元素值</item>
        ...
</string-array>
```

定义整型数组资源的基本格式如下。

```
<integer-array name="数组名称">
        <item>数组元素值</item>
        <item>数组元素值</item>
        ...
</integer-array>
```

在 XML 文件中，可以使用"@array/数组名称"的方式访问数组资源。

在 Java 代码中，可以调用 Activity 类的 getResources().getStringArray(R.array.数组名称)方法来获取字符串数组，通过调用 getResources().getIntArray(R.array.数组名称)方法来获取整型数组。例如：

```
content=this.getResources() .getStringArray(R.array.authors_summary)[id-1];
```

（3）尺寸资源

应用程序中用于设置视图组件的尺寸数据也可以在 app\src\main\res\values 目录下的尺寸资源文件（默认文件名称 dimens.xml）中予以定义。

定义尺寸资源的基本格式如下。

```
<dimen name="尺寸资源名称">尺寸数值与单位</dimen>
```

布局等视图组件的宽度、高度对应的尺寸单位通常为 dp，文本的字号大小尺寸单位通常为 sp。

在 XML 文件中，可以通过"@dimen/尺寸资源名称"的方式访问尺寸资源。例如：

```
android:layout_width="@dimen/book_image_width"
```

在 Java 代码中，可以调用 Activity 类的 getResources().getDimension(R.dimen.尺寸资源名称)方法获取尺寸值。

（4）颜色资源

在 Android 中，颜色用透明度（Alpha）、红色（Red）、绿色（Green）和蓝色（Blue）这 4 个颜色的十六进制值来表示。颜色资源的数值以"#"符号开始，使用 Alpha-Red-Green-Blue 的格式表示，形式可以是#RGB、#ARGB、#RRGGBB、#AARRGGBB。

这 4 种颜色的最小值均为 0，最大值均为 255。当 Alpha 的值为 0 时，表示完全透明，此时红、绿、蓝的值将不起任何作用；当值为 255 时，表示颜色完全不透明；当值为 0～255 之间的值时，表示颜色半透明。

通常在 app\src\main\res\values 目录下的颜色资源文件（默认文件名称 colors.xml）中定义颜色资源，基本格式如下。

```
<color name="颜色名称">颜色值</color>
```

在 XML 文件中，可以通过"@color/颜色名称"的方式访问 colors.xml 中定义的各个颜色值。例如：

android:textColor="@color/author_title_color"

在 Java 代码中，可以通过"R.color.颜色名称"的方式使用 colors.xml 中定义的各个颜色值。

（5）样式资源

通常在 app\src\main\res\values 目录下的样式资源文件（默认文件名称 styles.xml）中定义样式资源，基本格式如下。

```
<style name="样式资源名称">
    <item name="属性名称">属性值</item>
    ...
</style>
```

2.4.2 项目中的视图组件

1. 文本视图（TextView）

文本视图用 TextView 类来表示，它的主要功能是显示文本。除了 android:id、android:layout_width 和 android:layout_height 这 3 个常用属性之外，文本视图的其他常用属性如表 2-13 所示。

表 2-13 TextView 的其他常用属性

编号	属性名称	属性值	说明
1	android:text	字符串或字符串资源	设置显示文本
2	android:textSize	数字值（单位为 sp）或字号尺寸资源	设置文本字号大小
3	android:textColor	颜色值或颜色资源	设置文本颜色
4	android:textStyle	bold、italic、normal	设置文本样式
5	android:textAlignment	inherit、gravity、textStart、textEnd、center、viewStart、viewEnd	设置文本对齐方式

2. 图像视图（ImageView）

图像视图用 ImageView 类来表示，它的主要功能是显示图片。图像视图有别于其他视图组件的常用属性如表 2-14 所示。

表 2-14 ImageView 的常用属性

编号	属性名称	属性值	说明
1	android:src	图片资源	设置图像视图的图片
2	app:srcCompat	图片资源	设置图像视图的图片
3	android:scaleType	center、centerCrop、centerInside、fitCenter、fitEnd、fitStart、fitXY、matrix	设置图片如何缩放显示

3. 图像按钮（ImageButton）

图像按钮用 ImageButton 类来表示，它继承自 ImageView，主要功能是与用户交互。它的常用属性与图像视图的常用属性基本相同。开发者可以在 XML 布局文件中，通过设置图像按钮的 android:onClick 属性为它添加单击事件。例如，在"书架"模块的 content_main.xml 布局中，就使用如下代码为图像按钮添加了单击事件方法。

android:onClick="clickDaXue"

在定义好这个事件方法名称后，一定要在布局对应的 Activity 类文件中实现此方法。例如，在"书架"模块的 MainActivity.java 文件中使用如下代码实现了 clickDaXue 方法。

```
public void clickDaXue(View view){
    switchToContent(books[0]);
}
```

在布局文件中定义了单击事件方法后，要按如下规则实现该方法：方法的访问控制符为public，返回值为 void，方法名称与布局文件中的 android:onClick 的属性值一致，方法中有且只有一个 View 类型的参数，方法体中的代码根据功能需要编写。

4．悬浮按钮（FloatingActionButton）

悬浮按钮用 FloatingActionButton 类来表示。它是 Android 5.0 后出现的符合 Material Design 设计理念的一个新视图组件。它也继承自 ImageView，因此它具备 ImageView 的全部属性。悬浮按钮有别于 ImageView 的其他常用属性如表 2-15 所示。

表 2-15 FloatingActionButton 的其他常用属性

编号	属性名称	属性值	说明
1	android:src	图片资源	设置悬浮按钮的图标，Google 建议符合 Design 设计的该图标大小为 24dp
2	app:backgroundTint	颜色值或颜色资源	设置悬浮按钮的背景颜色
3	app:rippleColor	颜色值或颜色资源	设置悬浮按钮在按下时的背景颜色
4	app:elevation	数字值，单位为 dp	默认状态下悬浮按钮的阴影大小
5	app:pressedTranslationZ	数字值，单位为 dp	设置悬浮按钮在按下时的阴影大小
6	app:fabSize	normal、mini	设置悬浮按钮的大小，normal 时大小为 56dp，mini 时大小为 40dp
7	app:layout_anchor	视图组件的 id 值	设置悬浮按钮在协作布局中的位置参照组件
8	app:layout_anchorGravity	bottom、center、right、left、top	设置悬浮按钮在协作布局中相对锚点的位置

5．滚动视图（ScrollView）

滚动视图用 ScrollView 类来表示，它继承自 FrameLayout。它可以通过滚动方式显示一个占据的空间大于物理显示的视图列表。ScrollView 只能包含一个子视图或视图组，在实际项目中，通常包含的是一个垂直的 LinearLayout。与其他视图组件相似，滚动视图的常用属性有 android:id、android:layout_width 和 android:layout_height。

2.4.3 活动（Activity 与 AppCompatActivity）

1．Activity 简介

在 Android 中，Activity 代表手机屏幕的一屏，或是平板计算机中的一个窗口，被译为"活动"。它是 Android 应用最重要的组成单元之一，提供了和用户交互的可视化界面。创建 Activity 类时，需要让该类继承于 android.app.Activity 并至少实现父类的 onCreate()方法。在 onCreate()方法中调用 setContentView()方法设置 Activity 的使用布局。

在 Android Studio 中每创建一个 Activity 类，在 AndroidManifest.xml 配置清单中就会自动声明该组件，与 Eclipse ADT 开发环境下相比更加便捷。

Activity 有 4 个重要的状态，分别是活动状态、暂停状态、停止状态和销毁状态，具体如表 2-16 所示。

表 2-16 Activity 的状态

编号	状态名称	说明
1	活动状态	当前的 Activity，位于 Activity 栈的栈顶，用户可见，并且可以获得焦点
2	暂停状态	失去焦点的 Activity，仍然可见。在 Android 3.0 之前，系统内存低的情况下，Activity 可能被系统"杀死"，所以如果有必要的话，需要重写此方法，在其中保存用户的数据
3	停止状态	该 Activity 被其他 Activity 覆盖，不可见，但它仍然保存所有的状态和信息。当内存低时，将会被系统"杀死"
4	销毁状态	该 Activity 结束，或 Activity 所在的 Dalvik 进程结束

在 Android 应用中，可以有多个 Activity，它们组成了 Activity 栈。当前活动的 Activity 位于栈顶，之前的 Activity 被压入下面，成为非活动状态的 Activity，它们等待是否可能被恢复为活动状态。Activity 生命周期中各种状态间的关系和回调方法如图 2-23 所示。

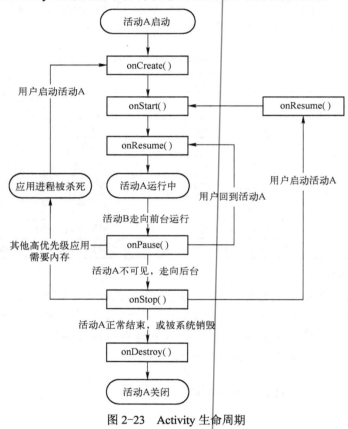

图 2-23　Activity 生命周期

Activity 的常用方法如表 2-17 所示。

表 2-17　Activity 的常用方法

编号	方法名称	说明
1	public View findViewById(int id)	查找对应 id 的组件
2	public void finish()	结束当前 Activity
3	public Intent getIntent()	获取打开当前 Activity 的意图
4	public void setContentView(int layoutResID)	用布局资源设置界面

编号	方法名称	说明
5	public void startActivity(Intent intent)	启动新的 Activity
6	protected void onCreate(Bundle savedInstanceState)	当 Activity 被创建时调用此方法

2．AppCompatActivity 简介

AppCompatActivity 是 support.v7 包里面用来替代 Activity 的组件，主要用来兼容 5.0 之后的新特性。在 Android Studio 中创建 Activity 时，默认继承自 AppCompatActivity。以该类为父类创建活动，系统就会根据当前系统的版本号生成对应的 View，以便在不同版本中，控件可以有不同的显示效果。

2.4.4 意图（Intent）

1．Intent 简介

Android 中使用 Intent 机制协助应用程序之间及应用程序内部的交互与通信。应用程序可以通过 Intent 向 Android 系统表达某种请求或者意愿，此后 Android 会根据意愿的内容选择适当的组件来响应。

在本项目中，Intent 负责多个 Activity 之间的切换和通信工作。它是对将要执行的操作的抽象描述。

2．Intent 的创建与使用

可以使用该类的构造函数创建 Intent，参考代码如下：

```
Intent i=new Intent(getApplicationContext(),ReadingActivity.class);
```

上述代码中使用到了 Intent 的 Intent(Context packageContext, Class<?>cls)构造函数，其中有两个参数，第 1 个参数是 Context 类的对象，第 2 个参数是切换的目标类对象。

Intent 的常用方法如表 2-18 所示。

表 2-18 Intent 的常用方法

编号	方法名称	说明
1	public Intent()	创建空的 Intent
2	public Intent(String action)	指定跳转的 Activity 名称
3	public int getIntExtra(String name, int defaultValue)	获取整型变量的值
4	public String getStringExtra(String name)	获取字符串的值
5	public Intent putExtra(String name, String value)	为附加信息添加 String 型数据
6	public Intent setAction(String action)	设置操作名称
7	public Intent setClass(Context packageContext, Class<?>cls)	设置源 Activity 和目标 Activity

2.5 拓展练习

1．试在尺寸资源文件中定义本项目"乐读"布局使用到的文本字号和"联系我们"布局的填充值，并在布局中正确使用这些值。

2．试运用竖直方向按固定占比分配高度的线性布局创建"联系我们"模块的布局文件 activity_contacts_v.xml，并在类文件 ContactsActivity.java 中使用此布局。

3．试运用相对布局创建"书架"模块的布局文件 activity_bookshelf_r.xml，并在 MainActivity.java 中使用此布局。

4．在 colors.xml 资源文件中定义一个颜色资源，名称为"fab_background"，值为 "#FF4081"，然后将此颜色设置为"书架"界面中"信封"悬浮按钮的背景色。

项目 3　易　　秀

本章要点

- Android 中文本编辑框（EditText）、按钮（Button）、进度条（ProgressBar）、列表视图（ListView）等视图组件的常规属性与使用方法。
- 普通对话框（Dialog）和非模态弹窗（Toast）的创建与使用方法。
- 短信管理器（SmsManager）的使用方法与注意事项。
- 碎片类（Fragment）与视图分页器（ViewPager）的使用方法与步骤。
- Android 中的线程编程。

3.1　项目简介

3.1.1　项目原型：贝店

贝店是专注于家庭消费的社交电商平台，为用户提供居家、服饰、水果、美食、美妆、母婴等商品。与传统电商平台不同，贝店通过人与人之间的分享与传播，实现消费者、店主以及供应链的三方连接，将精选的商品送达消费者的手中。

运行贝店时，首先可以看到"导入"界面，如图 3-1 所示。

其次是由"注册"与"登录"两个选项卡组成的"注册与登录"界面，如图 3-2 所示。　图 3-1　贝店的"导入"界面

在图 3-2 中输入手机号并单击"下一步"按钮后，可以进入"编辑个人资料"界面，如图 3-3 所示。

图 3-2　"注册与登录"界面

图 3-3　"编辑个人资料"界面

完成个人信息编辑后，可以进入"商品列表"界面，如图 3-4 所示。

单击图 3-4 中的各个商品项，即可进入"商品详细信息"界面，以便查看该商品的详情，如图 3-5 所示。

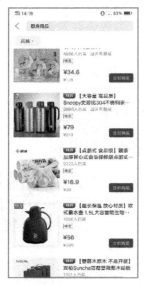
图 3-4 "商品列表"界面

图 3-5 "商品详细信息"界面

除上述基本功能外，贝店还提供了商品分类检索、将喜欢的商品加入购物车、对商品进行收藏和评价等功能。

3.1.2 项目需求与概要设计

1．分析项目需求

"易秀"项目是一个以"贝店"为原型，便于用户购物的安卓手机应用软件，主要有"导入""注册""登录""编辑个人资料""商品列表""商品详细信息"和"发送商品信息"等功能。

2．设计模块结构

根据上述需求，可以绘制出"易秀"项目的模块结构，如图 3-6 所示。

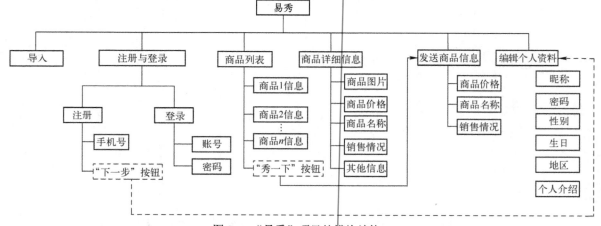
图 3-6 "易秀"项目的模块结构

3．确定项目功能

综上，"易秀"项目的功能要求描述如下。

① 应用程序启动时全屏显示"导入"界面，其中"欢迎使用易秀 APP"文字从屏幕上方由小变大进入屏幕中央。

② "导入"界面呈现 5s 或单击"导入"界面后，会进入"注册与登录"界面。向左、右滑动界面或者单击"注册""登录"选项卡，可以实现"注册"与"登录"界面的切换。单击屏幕右上角的"×"按钮可以退出应用程序。

③ 在"注册"界面中，输入手机号后单击"下一步"按钮，会进入"编辑个人资料"界面。在该界面中包含自动生成的用户 ID，此外，用户还可以完善昵称、登录密码、性别、生日和地区等信息。信息完善之后，单击屏幕右上角的"√"按钮，即可将用户输入的手机号和个人信息存入到 SQLite 数据库中，与此同时 Toast 提示"注册成功"，应用程序返回到"注册与登录"界面。

④ 在"编辑个人资料"界面中，单击屏幕左上角的"<"按钮，可以返回到"注册与登录"界面。

⑤ 在"登录"界面中，需要输入注册时填写的"账号"和"密码"。单击"登录"按钮时，如果"账号"或"密码"为空，会有 Toast 提示"用户名或密码不能为空"；如果"账号"或"密码"不正确，会有 Toast 提示"用户名或密码不正确"；当"账号"和"密码"无误后，将弹出进度条显示登录进度，当其值达到 100%时，Toast 提示"登录成功"，并跳转到"商品列表"界面。

⑥ 在"商品列表"界面中，单击商品列表项的"秀一下"按钮，会弹出"输入手机号"对话框。单击对话框中的"确定"按钮，就可以把这个商品名称等信息发给对方。

⑦ 在"商品列表"界面中，单击商品列表项的其他位置，应用程序会跳转到"商品详细信息"界面。

⑧ 单击"商品列表"界面左上角的"×"按钮可以退出应用程序，在"商品详细信息"界面中，单击左上角的"<"按钮将返回到"商品列表"界面。

⑨ 项目要能够在合适的模拟器中正常运行，模拟器各参数设置如下：屏幕尺寸为 5.1in，分辨率为 480 像素×800 像素，密度为 mdpi，Android API 23，如图 3-7 所示。

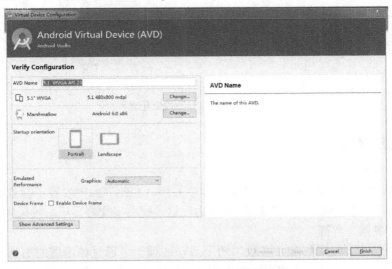

图 3-7 "易秀"项目运行设备配置

3.2 项目设计与准备

3.2.1 设计用户交互流程

根据项目功能中的描述，可以绘制出本项目的交互流程，如图3-8所示。

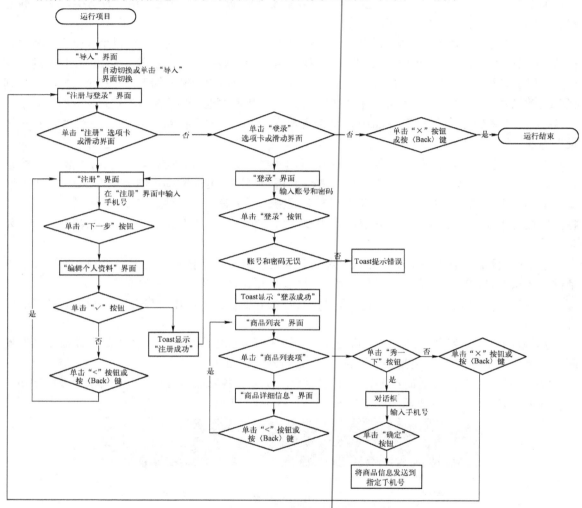

图3-8 "易秀"项目交互流程

3.2.2 设计用户界面

1. "导入"界面

"导入"界面是打开应用程序时呈现的第一个界面。在此界面中设置了背景图片，有5行字号由小增大的文字。在呈现"导入"界面的5s内，这5行文字交替显示，效果如图3-9所示。

2. "注册与登录"界面

在该界面中包含"注册"和"登录"两个滑动选项卡，通过单击或左右滑动可以实现"注册"和"登录"界面的切换。在界面的右上角还有一个"×"按钮，单击可以退出应用程序。

"注册"界面中包含用于输入注册用手机号的文本编辑框和"下一步"按钮，效果如图 3-10 所示。

图 3-9 "导入"界面

图 3-10 "注册"界面

"登录"界面中包含输入账号和密码的文本编辑框，以及"登录"按钮和显示登录进度的进度条，效果如图 3-11 所示。

3. "编辑个人资料"界面

在"注册"界面中单击"下一步"按钮，会跳转到"编辑个人资料"界面，效果如图 3-12 所示。

图 3-11 "登录"界面

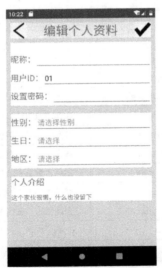

图 3-12 "编辑个人资料"界面

4. "商品列表"界面

"商品列表"界面以列表形式展示商品信息，该界面的左上角有一个"×"按钮，单击可以退出应用程序，效果如图 3-13 所示。

5. "商品详细信息"界面

"商品详细信息"界面用来展示商品的图片、名称、销售情况和价格等信息，该界面的左上角还有一个"<"按钮，单击可以返回到"商品列表"界面，效果如图 3-14 所示。

图 3-13 "商品列表"界面

图 3-14 "商品详细信息"界面

3.2.3 准备项目素材

1. 图片素材

"易秀"项目中各图片素材的名称和尺寸规格如表 3-1 所示。

表 3-1 "易秀"项目图片资源

编号	名称	用途说明	尺寸规格（宽×高，单位：像素×像素）
1	back. png	"返回"图标	90×90
2	ok. png	"确认"图标	90×90
3	qx.png	"取消"图标	90×90
4	welcom. png	导入界面背景图片	320×512
5	bingjilin. png	商品"哈根达斯冰淇淋"图片	382×339
6	dangao. png	商品"梅尼耶干蛋糕"图片	382×339
7	djiangji. png	商品"九阳豆浆机"图片	382×339
8	qicheng. png	商品"赣南脐橙"图片	382×339
9	sanwenyu. png	商品"26 度三文鱼"图片	382×339
10	tushu. png	商品"米小圈图书"图片	382×339
11	vr. png	商品"奇遇二代 VR 眼镜"图片	382×339

2. 按钮样式资源

项目实施前还需要将项目中需要的按钮样式资源文件备齐，详见第 3.3.2 节。

3.3 项目开发与实现

本项目开发环境及版本配置如表 3-2 所示。

表 3-2 "易秀" 项目开发环境及版本配置

编号	软件名称	软件版本
1	操作系统	Windows 7 64 位
2	JDK	Android Studio 3.1.2 内置
3	Android Studio	3.1.2
4	Compile SDK	API 28
5	Build Tools Version	28.0.1
6	Min SDK Version	API 15
7	Target SDK Version	API 28

3.3.1 创建项目

创建本项目的基本步骤及其需要设置的参数如下。

1）打开 Android Studio 开发环境，选择"File"→"New"菜单命令，创建本项目。项目名称、公司域名以及项目存储位置等参数的值如下。

- Application name :YiXiu。
- Company domain :hp.example.com。
- Project location:D:\YiXiu。

V15 创建
项目三

2）为项目选择运行的设备类型和最低的 SDK 版本号。本项目的运行设备为"Phone and Tablet"，Minimum SDK 的值设置为"API 15:Android 4.0.3(IceCreamSandwich)"。

3）为项目添加一个 Empty Activity。

4）设置 Activity 的名称等属性，参考值如下。

- Activity Name:MainActivity。
- Layout Name:activity_main。

3.3.2 创建与定义资源

V16 创建与
定义资源

1. 可绘制资源（app\src\main\res\drawable）

将所有准备好的图片素材，全部复制并粘贴在项目的 app\src\main\res\drawable 目录中，即可完成这部分图片资源的创建。

本项目中 res\drawable 中的图片资源如图 3-15 所示。

2. 字符串资源（app\src\main\res\values\strings.xml）

打开 app\src\main\res\values\strings.xml 文件，将项目中需要的文字素材按照 XML 文件格式整理，参考代码如下。

```
<resources>
    <string name="app_name">YiXiu</string>
    <string name="exit">退出</string>
</resources>
```

3. 按钮样式资源（app\src\main\res\drawable）

按钮样式资源是一个 XML 文件，右键单击 drawable 文件夹，在弹出的快捷菜单中依次选择"New"→"File"命令，将弹出如图 3-16 所示的对话框。

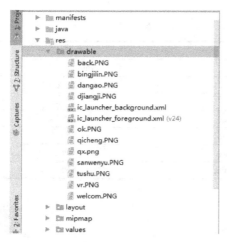

图 3-15　项目图片资源　　　　　　　　　　　　图 3-16　创建按钮样式资源

在图 3-16 中，在"Enter a new file name"文本框中输入"btn_bg.xml"，单击"OK"按钮即可创建该文件。参考代码如下。

```xml
<?xml version="1.0" encoding="utf-8"?>
<!-- 按钮正常的时候的背景 -->
<!-- shape 的默认形状是 rectangle，还有 oval（椭圆）、line（线）、ring（圆环）-->
<shape xmlns:android="http://schemas.android.com/apk/res/android">
    <!-- 矩形的圆角弧度 -->
    <corners android:radius="40dp" />
    <!-- 矩形的填充色 -->
    <solid android:color="#DDDDDD" />
    <!-- 矩形的边框的宽度，每段虚线的长度，和两段虚线之间的间隔和颜色 -->
    <stroke
        android:width="2dp"
        android:dashWidth="0dp"
        android:dashGap="4dp"
        android:color="#555555" />
</shape>
```

按照同样的方法创建 btn_bgshow.xml 文件，参考代码如下。

```xml
<?xml version="1.0" encoding="utf-8"?>
<shape xmlns:android="http://schemas.android.com/apk/res/android">
    <corners android:radius="10dp" />
    <solid android:color="#FF0000" />
    <stroke
        android:width="2dp"
        android:dashWidth="0dp"
        android:dashGap="4dp"
        android:color="#555555" />
</shape>
```

4．Toolbar 菜单资源（app\src\main\res\menu）

该资源是定义 Toolbar 菜单的 XML 文件，创建过程如下。

1）右键单击 res 文件夹，在弹出的快捷菜单中依次选择"New"→"Directory"命令，将弹出如图 3-17 所示的对话框。

2）在图 3-17 所示对话框的"Enter new directory name"文本框中输入"menu"，单击"OK"按钮即可创建 menu 文件夹。

3）右键单击 menu 文件夹，在弹出的快捷菜单中依次选择"New"→"File"命令，将弹出如图 3-18 所示的对话框。

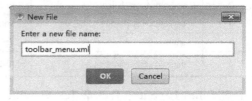

图 3-17　创建 menu 文件夹　　　　　　　图 3-18　创建 Toolbar 菜单资源

4）在图 3-18 所示对话框的"Enter a new file name"文本框中输入"toolbar_menu.xml"，单击"OK"按钮即可创建该文件。参考代码如下。

```xml
<?xml version="1.0" encoding="utf-8"?>
<menu xmlns:android="http://schemas.android.com/apk/res/android"
    xmlns:app="http://schemas.android.com/apk/res-auto">
    <item android:id="@+id/exit"
        android:title="@string/exit"
        android:icon="@drawable/qx"
        app:showAsAction="always"/>
</menu>
```

5．样式资源（app\src\main\res\values\styles.xml）

打开 app\src\main\res\values\styles.xml 文件，将项目中需要的样式设置按照 XML 文件格式整理，参考代码如下。

```xml
<resources>
    <!-- Base application theme. -->
    <style name="AppTheme" parent="Theme.AppCompat.Light.DarkActionBar">
        <!-- Customize your theme here. -->
        <item name="colorPrimary">@color/colorPrimary</item>
        <item name="colorPrimaryDark">@color/colorPrimaryDark</item>
        <item name="colorAccent">@color/colorAccent</item>
    </style>
    <style name="MyTabLayoutTextAppearanceInverse"
        parent="TextAppearance.AppCompat.Title.Inverse">
        <item name="android:textSize">40sp</item>
        <item name="android:textColor">#000000</item>
        <item name="android:textStyle">bold</item>
    </style>
</resources>
```

V17 实现
"导入"模块

3.3.3　实现"导入"模块

1．创建"导入"界面的布局（app\src\main\res\layout\activity_main.xml）

"导入"界面在 activity_main.xml 文件中创建，该文件的根布局为竖直方向的 LinearLayout。

其相关属性如表 3-3 所示。

表 3-3 "导入"布局中 LinearLayout 的属性

编号	属性名称	属性值	说明
1	android:layout_width	match_parent	组件宽度与父容器的宽度相同
2	android:layout_height	match_parent	组件高度与父容器的高度相同
3	android:orientation	vertical	线性布局按垂直方向摆放组件
4	android:id	@+id/linear	增加 id 为 linear 的布局组件
5	android:background	@drawable/welcom	设置背景图片为 res\drawable 目录中的 welcom.png

在 LinearLayout 中有 5 个 TextView 组件。TextView 相关属性如表 3-4 所示。

表 3-4 "导入"布局中 TextView 的属性

编号	属性名称	属性值	说明
1	android:layout_width	wrap_content	组件的宽度根据文本的长度自行调节
2	android:layout_height	wrap_content	组件的高度根据文本的高度自行调节
3	android:layout_gravity	center	设置组件位于父容器的水平居中的位置
4	android:text	欢迎使用易秀 App	TextView 组件中显示的文本内容
5	android:layout_marginTop	30dp	设置组件距离上面控件的距离
6	android:id	@+id/tvWelcom1 @+id/tvWelcom2 @+id/tvWelcom3 @+id/tvWelcom4 @+id/tvWelcom5	增加 id 为 tvWelocm1 的 TextView 组件 增加 id 为 tvWelocm2 的 TextView 组件 增加 id 为 tvWelocm3 的 TextView 组件 增加 id 为 tvWelocm4 的 TextView 组件 增加 id 为 tvWelocm5 的 TextView 组件
7	android:visibility	invisible	设置组件不显示
8	android:textSize	15sp 20sp 25sp 30sp 35sp	第 1 个 TextView 的字号 第 2 个 TextView 的字号 第 3 个 TextView 的字号 第 4 个 TextView 的字号 第 5 个 TextView 的字号

从表 3-4 中可以看出，这 5 个 TextView 的属性中除了 id 和 textSize 不一样之外，其余属性均相同，参考代码如下。

```
<LinearLayout xmlns:android="http://schemas.android.com/apk/res/android"
    xmlns:app="http://schemas.android.com/apk/res-auto"
    xmlns:tools="http://schemas.android.com/tools"
    android:layout_width="match_parent"
    android:layout_height="match_parent"
    android:orientation="vertical"
    android:id="@+id/linear"
    android:background="@drawable/welcom"
    tools:context=".MainActivity">
    <TextView
        android:layout_width="wrap_content"
        android:layout_height="wrap_content"
        android:layout_gravity="center"
        android:text="欢迎使用易秀 APP"
        android:layout_marginTop="30dp"
```

```xml
                android:textSize="15sp"
                android:id="@+id/tvWelcom1"
                android:visibility="invisible"/>
        <TextView
                android:layout_width="wrap_content"
                android:layout_height="wrap_content"
                android:layout_gravity="center"
                android:text="欢迎使用易秀 APP"
                android:layout_marginTop="30dp"
                android:textSize="20sp"
                android:id="@+id/tvWelcom2"
                android:visibility="invisible"/>
        <TextView
                android:layout_width="wrap_content"
                android:layout_height="wrap_content"
                android:layout_gravity="center"
                android:text="欢迎使用易秀 APP"
                android:layout_marginTop="30dp"
                android:textSize="25sp"
                android:id="@+id/tvWelcom3"
                android:visibility="invisible"/>
        <TextView
                android:layout_width="wrap_content"
                android:layout_height="wrap_content"
                android:layout_gravity="center"
                android:text="欢迎使用易秀 APP"
                android:layout_marginTop="30dp"
                android:textSize="30sp"
                android:id="@+id/tvWelcom4"
                android:visibility="invisible"/>
        <TextView
                android:layout_width="wrap_content"
                android:layout_height="wrap_content"
                android:layout_gravity="center"
                android:text="欢迎使用易秀 APP"
                android:layout_marginTop="30dp"
                android:textSize="35sp"
                android:id="@+id/tvWelcom5"
                android:visibility="invisible"/>
    </LinearLayout>
```

2．实现显示"导入"界面的功能（app\src\main\java\MainActivity.java）

按照"导入"模块的设计要求，在应用程序启动时，5 行文字自上而下、由小到大交替出现。为实现该需求，可以开启一个子线程。子线程每隔 1s 发送一个消息，该消息与 TextView 的顺序（自上而下）相对应。在 Handler 中根据接收到的消息内容显示相应的 TextView 文本。

该"导入"界面可以在 5s 后自行退出，也可以在运行时通过单击该界面的任何位置退出。该界面退出后会跳转到"注册与登录"界面。参考代码如下。

```java
        public class MainActivity extends AppCompatActivity {
            private TextView textView1;
            private TextView textView2;
```

```java
        private TextView textView3;
        private TextView textView4;
        private TextView textView5;
        private LinearLayout layout;
        private Handler handler=new Handler(){
            @Override
            public void handleMessage(Message msg) {
                super.handleMessage(msg);
                if(msg.what==1){
                    switch (msg.arg1){
                        case 1:
                            textView1.setVisibility(View.VISIBLE);
                            break;
                        case 2:
                            textView1.setVisibility(View.INVISIBLE);
                            textView2.setVisibility(View.VISIBLE);
                            break;
                        case 3:
                            textView2.setVisibility(View.INVISIBLE);
                            textView3.setVisibility(View.VISIBLE);
                            break;
                        case 4:
                            textView3.setVisibility(View.INVISIBLE);
                            textView4.setVisibility(View.VISIBLE);
                            break;
                        case 5:
                            textView4.setVisibility(View.INVISIBLE);
                            textView5.setVisibility(View.VISIBLE);
                            break;
                        case 6:
                            Intent intent=new Intent(MainActivity.this,Login.class);
                            startActivity(intent);
                            MainActivity.this.finish();
                            break;
                    }
                }
            }
        };
        @Override
        protected void onCreate(Bundle savedInstanceState) {
            super.onCreate(savedInstanceState);
            supportRequestWindowFeature(Window.FEATURE_NO_TITLE);
            setContentView(R.layout.activity_main);
            textView1=findViewById(R.id.tvWelcom1);
            textView2=findViewById(R.id.tvWelcom2);
            textView3=findViewById(R.id.tvWelcom3);
            textView4=findViewById(R.id.tvWelcom4);
            textView5=findViewById(R.id.tvWelcom5);
            layout=findViewById(R.id.liner);
            final Thread thread=new Thread(){
                @Override
                public void run() {
```

```
                super.run();
                for (int i=1;i<7;i++){
                    Message message=new Message();
                    message.what=1;
                    message.arg1=i;
                    handler.sendMessage(message);
                    //如果当前线程是中断状态，则终止线程
                    if(Thread.currentThread().isInterrupted()){
                        break;
                    }
                    try {
                        sleep(1000);
                    } catch (InterruptedException e) {
                        e.printStackTrace();
                        Thread.currentThread().interrupt();
                    }
                }
            }
        };
        //启动线程
        thread.start();
        layout.setOnClickListener(new View.OnClickListener() {
            @Override
            public void onClick(View v) {
                Intent intent=new Intent(MainActivity.this,Login.class);
                startActivity(intent);
                //如果当前线程是活动状态，则终止线程
                if(thread.isAlive()){
                    thread.interrupt();
                }
                MainActivity.this.finish();
            }
        });
    }
}
```

3.3.4　实现"注册与登录"模块

"注册与登录"界面采用 Toolbar+TabLayout+ViewPager 模式进行设计。其中，Toolbar 是在 Android 5.0 版本中提出的官方导航栏，其属性和功能与 ActionBar 大体一致，优点在于灵活度更高，可以随便放置在屏幕任何位置，可以修改的属性也比较多；TabLayout 在 2015 年发布，代替之前的 TabPageIndicator，它与 ViewPager、Fragment（或者 View）搭配使用，可以通过单击屏幕标签或左右滑动实现切换页面的效果；ViewPager 相当于一个容器，用来存放 Fragment 或者 View，可以通过左右滑动的方式实现容器中的页面切换。

1．创建"注册与登录"界面的布局（app\src\main\res\layout\activity_registor_login.xml）

1）右键单击 app\src\main\java\com\example\hp\yixiu 目录，在弹出的快捷菜单中依次选择"New"→"Activity"→"Empty Activity"命令，弹出"New Android Activity"

V18 创建"注册
与登录"布局

对话框，在"Activity Name"文本框中输入"Login"，在"Layout Name"文本框中输入"activity_registor_
login"，单击"Finish"按钮，即可在创建 Avtivity 的同时创建其对应的布局文件 activity_registor_login.xml。

2）将该布局文件的根布局修改为 LinearLayout。布局中各组件的相关属性如表 3-5 所示。

表 3-5 "注册与登录"布局中各组件的属性

编号	组件类型	属性名称	属性值	说明
1	LinearLayout	android:layout_width	match_parent	组件宽度与父容器的宽度相同
		android:layout_height	match_parent	组件高度与父容器的高度相同
		android:orientation	vertical	线性布局按垂直方向摆放组件
2	android.support.v7.widget.Toolbar	android:layout_width	match_parent	组件宽度与父容器的宽度相同
		android:layout_height	wrap_content	组件的高度根据组件内容的高度自行调节
		android:elevation	10dp	设置该组件"浮"起来的高度
		android:background	#DDDDDD	设置背景色
		android:id	@+id/toolbar	增加 id 为 toolbar 的组件
3	android.support.design.widget.TabLayout	android:layout_width	match_parent	组件宽度与父容器的宽度相同
		android:layout_height	wrap_content	组件的高度根据组件内容的高度自行调节
		android:id	@+id/tab_layout	增加 id 为 tab_layout 的组件
		app:tabTextAppearance	@style/MyTabLayoutTextAppearanceInverse	改变 TabLayout 内部字体的风格
4	android.support.v4.view.ViewPager	android:id	@+id/viewpager	增加 id 为 viewpager 的组件
		android:layout_width	match_parent	组件宽度与父容器的宽度相同
		android:layout_height	match_parent	组件高度与父容器的高度相同
		android:layout_marginTop	20dp	设置组件顶端与上一组件之间的距离

参考代码如下。

```
<LinearLayout xmlns:android="http://schemas.android.com/apk/res/android"
    xmlns:app="http://schemas.android.com/apk/res-auto"
    xmlns:tools="http://schemas.android.com/tools"
    android:layout_width="match_parent"
    android:layout_height="match_parent"
    android:orientation="vertical"
    tools:context=".Login">
    <android.support.v7.widget.Toolbar
        android:layout_width="match_parent"
        android:layout_height="wrap_content"
        android:elevation="10dp"
        android:background="#DDDDDD"
        android:id="@+id/toolbar">
    </android.support.v7.widget.Toolbar>
    <android.support.design.widget.TabLayout
        android:layout_width="match_parent"
        android:layout_height="wrap_content"
        android:id="@+id/tab_layout"
        app:tabTextAppearance="@style/MyTabLayoutTextAppearanceInverse">
    </android.support.design.widget.TabLayout>
```

```
<android.support.v4.view.ViewPager
        android:id="@+id/viewpager"
        android:layout_width="match_parent"
        android:layout_height="match_parent"
        android:layout_marginTop="20dp">
</android.support.v4.view.ViewPager>
</LinearLayout>
```

2．创建"注册"界面的 Fragment（app\src\main\res\layout\ fragment_regist.xml）

在 android.support.v4.view.ViewPager 组件中需要显示"注册与登录"界面对应的 Fragment，所以还要创建这两个 Fragment 对应的布局文件。创建"注册"界面的 Fragment 的过程如下。

V19 创建 "注册"界面的 Fragment

1）右键单击 app\src\main\java\com\example\hp\yixiu 目录，在弹出的快捷菜单中依次选择"New"→"Fragment"→"Fragment(Blank)"命令，会弹出如图 3-19 所示的对话框。

图 3-19　创建"注册"界面的 Fragment

2）在图 3-19 所示的对话框中，在"Fragment Name"文本框中输入"RegistFragment"，在"Fragment Layout Name"文本框中输入"fragment_regist"，然后单击"Finish"按钮，即可在创建 Fragment 类的同时创建对应的布局文件 fragment_regist.xml。布局中各组件的相关属性如表 3-6 所示。

表 3-6　"注册"界面的 Fragment 布局中各组件的属性

编号	组件类型	属性名称	属性值	说明
1	LinearLayout	android:layout_width	match_parent	组件宽度与父容器的宽度相同
		android:layout_height	match_parent	组件高度与父容器的高度相同
		android:orientation	vertical	线性布局按垂直方向摆放组件
		android:padding	10dp	设置 10dp 的内边距
2	LinearLayout	android:layout_width	match_parent	组件宽度与父容器的宽度相同
		android:layout_height	wrap_content	组件的高度根据组件内容的高度自行调节
3	TextView	android:layout_width	wrap_content	组件的宽度根据组件内容的宽度自行调节
		android:layout_height	wrap_content	组件的高度根据组件内容的高度自行调节
		android:text	+86|	设置文本内容
		android:textSize	30sp	设置文本字体的大小

编号	组件类型	属性名称	属性值	说明
4	EditText	android:layout_width	match_parent	组件宽度与父容器的宽度相同
		android:layout_height	wrap_content	组件的高度根据组件内容的高度自行调节
		android:hint	请输入手机号	文本编辑框的提示信息，输入文本时消失
		android:textSize	30sp	设置文本大小
		android:id	@+id/etTelephon	增加 id 为 etTelephon 的组件
5	Button	android:layout_width	match_parent	组件宽度与父容器的宽度相同
		android:layout_height	wrap_content	组件的高度根据组件内容的高度自行调节
		android:layout_marginTop	30dp	设置顶端距离上一组件 30dp
		android:id	@+id/btnNext	增加 id 为 btnNext 的组件
		android:text	下一步	设置文本内容
		android:textSize	25sp	设置文本大小
		android:background	@drawable/btn_bg	设置按钮的样式

参考代码如下。

```xml
<LinearLayout xmlns:android="http://schemas.android.com/apk/res/android"
    xmlns:tools="http://schemas.android.com/tools"
    android:layout_width="match_parent"
    android:layout_height="match_parent"
    android:orientation="vertical"
    android:padding="10dp"
    tools:context=".RegistFragment">
    <LinearLayout
        android:layout_width="match_parent"
        android:layout_height="wrap_content">
        <TextView
            android:layout_width="wrap_content"
            android:layout_height="wrap_content"
            android:text="+86|"
            android:textSize="30sp"/>
        <EditText
            android:layout_width="match_parent"
            android:layout_height="wrap_content"
            android:hint="请输入手机号"
            android:textSize="30sp"
            android:id="@+id/etTelephon"/>
    </LinearLayout>
    <Button
        android:layout_width="match_parent"
        android:layout_height="wrap_content"
        android:layout_marginTop="30dp"
        android:id="@+id/btnNext"
        android:text="下一步"
        android:textSize="25sp"
        android:background="@drawable/btn_bg"/>
</LinearLayout>
```

3. 创建"登录"界面的 Fragment（app\src\main\res\layout\ fragment_login.xml）

"登录"界面对应的 Fragment 创建步骤同上，此处不再详述，参考代码如下。

V20 创建
"登录"界面的
Fragment

```xml
<LinearLayout xmlns:android="http://schemas.android.com/apk/res/android"
    xmlns:tools="http://schemas.android.com/tools"
    android:layout_width="match_parent"
    android:layout_height="match_parent"
    android:paddingTop="60dp"
    android:paddingLeft="10dp"
    android:paddingRight="10dp"
    android:orientation="vertical"
    tools:context=".LoginFragment">
    <LinearLayout
        android:layout_width="match_parent"
        android:layout_height="wrap_content">
        <TextView
            android:layout_width="wrap_content"
            android:layout_height="wrap_content"
            android:text="账号："
            android:textSize="25sp"/>
        <EditText
            android:layout_width="match_parent"
            android:layout_height="wrap_content"
            android:hint="请输入手机号"
            android:textStyle="italic"
            android:id="@+id/etUser"/>
    </LinearLayout>
    <LinearLayout
        android:layout_width="match_parent"
        android:layout_height="wrap_content">
        <TextView
            android:layout_width="wrap_content"
            android:layout_height="wrap_content"
            android:text="密码："
            android:textSize="25sp"/>
        <EditText
            android:layout_width="match_parent"
            android:layout_height="wrap_content"
            android:hint="请输入密码"
            android:textStyle="italic"
            android:id="@+id/etPassword"/>
    </LinearLayout>
    <Button
        android:layout_width="200dp"
        android:layout_height="wrap_content"
        android:layout_gravity="center"
        android:layout_marginTop="20dp"
        android:text="登录"
        android:textSize="20dp"
        android:background="@drawable/btn_bg"
        android:id="@+id/btnLogin"/>
```

```xml
<ProgressBar
    android:layout_width="match_parent"
    android:layout_height="30dp"
    android:layout_marginTop="20dp"
    android:id="@+id/pb"
    style="@android:style/Widget.ProgressBar.Horizontal"
    android:visibility="invisible"/>
</LinearLayout>
```

4．实现显示"注册与登录"界面的功能（app\src\main\java\Login.java）

在 Login.java 文件中，主要使用了 Toolbar 设置顶端的导航栏，使用 TabLayout 设置选项卡。此处使用 ViewPager 放置 Fragment，以便通过左右滑动的方式切换容器中的页面。参考代码如下。

V21 显示
"注册与登录"
界面

```java
public class Login extends AppCompatActivity implements
        LoginFragment.OnFragmentInteractionListener,
        RegistFragment.OnFragmentInteractionListener {
    private Toolbar toolbar;
    private ViewPager viewPager;
    private TabLayout tabLayout;
    private List<Fragment>fragmentList;
    private List<String>titleList=new ArrayList<>();
    @Override
    protected void onCreate(Bundle savedInstanceState) {
        super.onCreate(savedInstanceState);
        supportRequestWindowFeature(Window.FEATURE_NO_TITLE);
        setContentView(R.layout.activity_registor_login);
        toolbar=findViewById(R.id.toolbar);
        viewPager=findViewById(R.id.viewpager);
        tabLayout=findViewById(R.id.tab_layout);
        toolbar.inflateMenu(R.menu.toolbar_menu);
        toolbar.setOnMenuItemClickListener(new Toolbar.OnMenuItemClickListener() {
            @Override
            public boolean onMenuItemClick(MenuItem item) {
                if(item.getItemId()==R.id.exit){
                    Login.this.finish();
                }
                return true;
            }
        });
        List<Fragment>fragments=new ArrayList<>();
        titleList.add("注册");
        titleList.add("登录");
        fragments.add(new RegistFragment());
        fragments.add(new LoginFragment());
        FragAdapter adapter=new FragAdapter(getSupportFragmentManager(),fragments );
        viewPager.setAdapter(adapter);
        tabLayout.setupWithViewPager(viewPager);
    }
    @Override
    public void onFragmentInteraction(Uri uri) {
```

```
        }
    public class FragAdapter extends FragmentPagerAdapter{
        public FragAdapter(FragmentManager fm,List<Fragment>fragments) {
            super(fm);
            fragmentList=fragments;
        }
        @Override
        public Fragment getItem(int i) {
            return fragmentList.get(i);
        }
        @Override
        public int getCount() {
            return fragmentList.size();
        }
        @Override
        public CharSequence getPageTitle(int position) {
            return titleList.get(position);
        }
    }
}
```

5.实现"注册"界面的交互功能（app\src\main\java\RegistFragment.java）

V22 实现注册
交互

在 RegistFragment.java 文件中实现"注册"界面对应的 Fragment 中所定义的
组件的交互。具体实现方式为，在 RegistFragment.java 文件中首先定义组件，然
后在 onActivityCreated()方法中初始化，进而实现交互。

参考代码如下。

```
public class RegistFragment extends Fragment {
    private static final String ARG_PARAM1="param1";
    private static final String ARG_PARAM2="param2";
    private Button btnNext;
    private EditText etTel;
    private OnFragmentInteractionListener mListener;
    public RegistFragment() {
        //空构造方法必须定义
    }
    public static RegistFragment newInstance(String param1, String param2) {
        RegistFragment fragment=new RegistFragment();
        Bundle args=new Bundle();
        args.putString(ARG_PARAM1, param1);
        args.putString(ARG_PARAM2, param2);
        fragment.setArguments(args);
        return fragment;
    }
    @Override
    public void onCreate(Bundle savedInstanceState) {
        super.onCreate(savedInstanceState);
    }
    @Override
    public View onCreateView(LayoutInflater inflater, ViewGroup container,
                        Bundle savedInstanceState) {
```

```
        //为该 Fragment 解析对应的布局
        return inflater.inflate(R.layout.fragment_regist, container, false);
    }
    public void onButtonPressed(Uri uri) {
        if(mListener !=null) {
            mListener.onFragmentInteraction(uri);
        }
    }
    @Override
    public void onAttach(Context context) {
        super.onAttach(context);
        if(context instanceof OnFragmentInteractionListener) {
            mListener=(OnFragmentInteractionListener) context;
        } else {
            throw new RuntimeException(context.toString()
                        + " must implement OnFragmentInteractionListener");
        }
    }
    @Override
    public void onDetach() {
        super.onDetach();
        mListener=null;
    }
    @Override
    public void onActivityCreated(@Nullable Bundle savedInstanceState) {
        super.onActivityCreated(savedInstanceState);
        btnNext=getActivity().findViewById(R.id.btn_Next);
        etTel=getActivity().findViewById(R.id.etTelephon);
        btnNext.setOnClickListener(new View.OnClickListener() {
            @Override
            public void onClick(View v) {
                Intent intent=new Intent(getActivity().getApplicationContext(),
                        PersonalDataActivity.class);
                intent.putExtra("telephone",etTel.getText().toString() );
                startActivity(intent);
                getActivity().finish();
            }
        });
    }
    public interface OnFragmentInteractionListener {
        void onFragmentInteraction(Uri uri);
    }
}
```

6. 实现"登录"界面的交互功能（app\src\main\java\LoginFragment.java）

在 LoginFragment.java 文件中主要实现"登录"界面对应的 Fragment 中所定义的组件的交互。因为登录时要用进度条模仿登录进度，所以在用户输入的用户名、密码与数据库中的数据相匹配时要开启一个子线程，每隔 1s 发送一次携带进度值的消息。在 Handler 中，通过 handleMessage()方法接收处理这条消息，实现进度条的更新。若用户名和密码输入为空或不正确，则弹出 Toast 对话框进行提示。参考代码如下。

V23 实现登录
交互（1）

```java
public class LoginFragment extends Fragment {
    private static final String ARG_PARAM1="param1";
    private static final String ARG_PARAM2="param2";
    private Button btnLogin;
    private EditText etUser;
    private EditText etPsw;
    private Context mcontext;
    private Toast mToast1;
    private Toast mToast2;
    private int flag;
    private boolean FindFlag=false;
    private ProgressBar progressBar;
    private int progress=0;
    private OnFragmentInteractionListener mListener;
    private Handler handler=new Handler(){
        @Override
        public void handleMessage(Message msg) {
            super.handleMessage(msg);
            if(msg.what==1){
                int currentProgress=msg.arg1;
                progressBar.setProgress(currentProgress);
                if(currentProgress==100){
                    Toast.makeText(mcontext,"登录成功！" ,Toast.LENGTH_LONG ).show();
                    flag=0;
                    FindFlag=false;
                    Intent intent=new Intent(getActivity().getApplicationContext(),ShowActivity.class);
                    startActivity(intent);
                    getActivity().finish();
                }
            }
        }
    };
    public LoginFragment() {
        //必须存在的空构造方法
    }
    public static LoginFragment newInstance(String param1, String param2) {
        LoginFragment fragment=new LoginFragment();
        Bundle args=new Bundle();
        args.putString(ARG_PARAM1, param1);
        args.putString(ARG_PARAM2, param2);
        fragment.setArguments(args);
        return fragment;
    }
    @Override
    public void onCreate(Bundle savedInstanceState) {
        super.onCreate(savedInstanceState);
        this.mcontext=getActivity();
        this.mToast1=Toast.makeText(mcontext,"用户名或密码不能为空！" ,Toast.LENGTH_LONG );
        this.mToast2=Toast.makeText(mcontext,"用户名或密码不正确！" ,Toast.LENGTH_LONG );
```

V24 实现登录
交互（2）

```java
    }
    @Override
    public View onCreateView(LayoutInflater inflater, ViewGroup container,
                             Bundle savedInstanceState) {
        //解析对应的布局
        return inflater.inflate(R.layout.fragment_login, container, false);
    }
    public void onButtonPressed(Uri uri) {
        if(mListener !=null) {
            mListener.onFragmentInteraction(uri);
        }
    }
    @Override
    public void onActivityCreated(@Nullable Bundle savedInstanceState) {
        super.onActivityCreated(savedInstanceState);
        btnLogin=getActivity().findViewById(R.id.btnLogin);
        etUser=getActivity().findViewById(R.id.etUser);
        etPsw=getActivity().findViewById(R.id.etPassword);
        progressBar=getActivity().findViewById(R.id.pb);
        progressBar.setMax(100);
        btnLogin.setOnClickListener(new View.OnClickListener() {
            @Override
            public void onClick(View v) {
                progressBar.setVisibility(View.VISIBLE);
                flag=1;
                String userName=etUser.getText().toString();
                String passWord=etPsw.getText().toString();
                if(userName.equals("")||passWord.equals("")){
                    mToast1.show();
                }else if(!userName.equals("")&&!userName.equals("")){
                    SQLiteDatabase db=new MySQLiteHelper
                                    getContext().getReadableDatabase();
                    Cursor cursor=db.query("info",
                            new String[]{"userName","password"} ,
                            null ,null ,null ,null ,null );
                    while (cursor.moveToNext()){
                        if( cursor.getString(0).equals(userName)
                            &&cursor.getString(1).equals(passWord) ){
                            FindFlag=true;
                            new Thread(){
                                @Override
                                public void run() {
                                    super.run();
                                    while (progress<100){
                                        progress+=20;
                                        try {
                                            Thread.sleep(1000);
                                        } catch (InterruptedException e) {
                                            e.printStackTrace();
```

V25 实现登录
交互（3）

```
                                        }
                                        Message message=new Message();
                                        message.what=1;
                                        message.arg1=progress;
                                        handler.sendMessage(message);
                                    }
                                }
                            }.start();
                        }
                        if(flag==1&&!FindFlag){
                            mToast2.show();
                            flag=0;
                        }
                    }
                }
            }
        });
    }
    @Override
    public void onAttach(Context context) {
        super.onAttach(context);
        if(context instanceof OnFragmentInteractionListener) {
            mListener=(OnFragmentInteractionListener) context;
        } else {
            throw new RuntimeException(context.toString()
                    + " must implement OnFragmentInteractionListener");
        }
    }
    @Override
    public void onDetach() {
        super.onDetach();
        mListener=null;
    }
    public interface OnFragmentInteractionListener {
        void onFragmentInteraction(Uri uri);
    }
}
```

7. 创建用户信息数据库辅助类（app\src\main\java\ MySQLiteHelper.java）

在本项目中用户注册时输入的各项信息都将存入数据库，在登录时先将用户
输入的信息与数据库中的信息进行比对，然后判断是否可以正确登录。关于数据
库开发的技术详见第4章。参考代码如下。

V26 创建数据
库辅助类

```
public class MySQLiteHelper extends SQLiteOpenHelper {
    public MySQLiteHelper(Context context) {
        super(context, "data.db", null, 1);
    }
    @Override
    public void onCreate(SQLiteDatabase db) {
        db.execSQL("create table info(" +
```

```
                              "_id integer primary key autoincrement," +
                              "userName varchar(20)," +
                              "nike varchar(20)," +
                              "userId cvarchar(20)," +
                              "password varchar(20)," +
                              "sex varchar(5)," +
                              "birthday date," +
                              "area varchar(10))");
                    }
                    @Override
                    public void onUpgrade(SQLiteDatabase db, int oldVersion, int newVersion) {
                    }
            }
```

3.3.5　实现"编辑个人资料"模块

在用户注册时，输入注册用手机号后单击"下一步"按钮，跳转到"编辑个人资料"界面。在该界面中自动生成用户 ID，用户可以完善昵称、登录密码、性别、生日和地区等信息。信息完善之后，单击屏幕右上角的"√"按钮，输入的手机号和个人信息将会存入 SQLite 数据库中，同时 Toast 提示"注册成功"，并返回到"注册与登录"界面，在"编辑个人资料"界面中，如果单击屏幕左上角的"<" 按钮，也可以返回到"注册与登录"界面。

1．创建"编辑个人资料"布局（app\src\main\res\layout\activity_ personal_ data.xml）

1）右键单击 app\src\main\java\com\example\hp\yixiu 目录，在弹出的菜单中依次选择 "New"→"Activity"→"Empty Activity"命令，将弹出如图 3-20 所示的对话框。

V27 创建"编辑个人资料"布局（1）

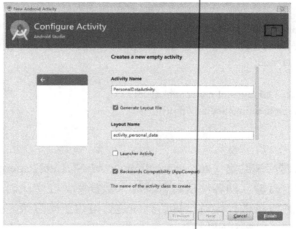

图 3-20　创建"编辑个人资料"界面的 Activity

2）在图 3-20 所示的对话框中，在"Activity Name"文本框中输入"PersonalDataActivity"，在"Layout Name"文本框中输入"activity_personal_data"，单击"Finish"按钮，即可在创建 Activity 的同时创建"编辑个人资料"界面的布局文件。

3）将 activity_personal_data.xml 布局文件的根元素修改为 LinearLayout。布局中各组件的相关属性如表 3-7 所示。

表 3-7 "编辑个人信息"布局中各组件的属性

编号	组件类型	属性名称	属性值	说明
1	LinearLayout	android:layout_width	match_parent	组件宽度与父容器的宽度相同
		android:layout_height	match_parent	组件高度与父容器的高度相同
		android:orientation	vertical	线性布局按自上而下的顺序摆放组件
		android:padding	10dp	设置内边框
		android:background	#DDDDDD	设置背景色
2	LinearLayout	android:layout_width	match_parent	组件宽度与父容器的宽度相同
		android:layout_height	wrap_content	组件的高度根据组件内容的高度自行调节
		android:background	#EEEEEE	设置背景色
3	ImageView	android:layout_width	40dp	组件的宽度为 40dp
		android:layout_height	40dp	组件的高度为 40dp
		android:background	@drawable/back	设置背景图片
		android:id	@+id/ivBack	设置组件 id
4	TextView	android:layout_width	wrap_content	组件的宽度根据组件内容的宽度自行调节
		android:layout_height	wrap_content	组件的高度根据组件内容的高度自行调节
		android:text	编辑个人资料	设置文本内容
		android:textSize	30sp	设置文本大小
		android:layout_weight	1	设置权重值
		android:gravity	center	设置文本内容居中
5	ImageView	android:layout_width	40dp	组件的宽度为 40dp
		android:layout_height	40dp	组件的高度为 40dp
		android:background	@drawable/ok	设置背景图片
		android:id	@+id/ ivOk	设置组件 id
6	LinearLayout	android:layout_width	match_parent	组件宽度与父容器的宽度相同
		android:layout_height	wrap_content	组件的高度根据组件内容的高度自行调节
		android:orientation	vertical	线性布局按自上而下的顺序摆放组件
		android:background	#FFFFFF	设置背景色
		android:layout_marginTop	10dp	设置顶端距离上一组件 10dp
7	LinearLayout	android:layout_width	match_parent	组件宽度与父容器的宽度相同
		android:layout_height	wrap_content	组件的高度根据组件内容的高度自行调节
		android:layout_marginTop	20dp	设置顶端距离上一组件 20dp
8	TextView	android:layout_width	wrap_content	组件的宽度根据组件内容的宽度自行调节
		android:layout_height	wrap_content	组件的高度根据组件内容的高度自行调节
		android:text	昵称：	设置文本内容
		android:textSize	20sp	设置文本大小
9	EditText	android:layout_width	match_parent	组件宽度与父容器的宽度相同
		android:layout_height	wrap_content	组件的高度根据组件内容的高度自行调节
		android:id	@+id/etNick	设置组件 id
10	LinearLayout	android:layout_width	match_parent	组件宽度与父容器的宽度相同
		android:layout_height	wrap_content	组件的高度根据组件内容的高度自行调节

编号	组件类型	属性名称	属性值	说明
11	TextView	android:layout_width	wrap_content	组件的宽度根据组件内容的宽度自行调节
		android:layout_height	wrap_content	组件的高度根据组件内容的高度自行调节
		android:text	用户 ID:	设置文本内容
		android:textSize	20sp	设置文本大小
12	EditText	android:layout_width	match_parent	组件宽度与父容器的宽度相同
		android:layout_height	wrap_content	组件的高度根据组件内容的高度自行调节
		android:id	@+id/etId	设置组件 id
13	LinearLayout	android:layout_width	match_parent	组件宽度与父容器的宽度相同
		android:layout_height	wrap_content	组件的高度根据组件内容的高度自行调节
14	TextView	android:layout_width	wrap_content	组件的宽度根据组件内容的宽度自行调节
		android:layout_height	wrap_content	组件的高度根据组件内容的高度自行调节
		android:text	设置密码:	设置文本内容
		android:textSize	20sp	设置文本大小
15	EditText	android:layout_width	match_parent	组件宽度与父容器的宽度相同
		android:layout_height	wrap_content	组件的高度根据组件内容的高度自行调节
		android:id	@+id/etPsw	设置组件 id
16	LinearLayout	android:layout_width	match_parent	组件宽度与父容器的宽度相同
		android:layout_height	wrap_content	组件的高度根据组件内容的高度自行调节
		android:layout_marginTop	20dp	设置顶端距离上一组件 20dp
		android:orientation	vertical	线性布局按自上而下的顺序摆放组件
		android:background	#FFFFFF	设置背景色
17	LinearLayout	android:layout_width	match_parent	组件宽度与父容器的宽度相同
		android:layout_height	wrap_content	组件的高度根据组件内容的高度自行调节
		android:orientation	vertical	线性布局按自上而下的顺序摆放组件
18	LinearLayout	android:layout_width	match_parent	组件宽度与父容器的宽度相同
		android:layout_height	wrap_content	组件的高度根据组件内容的高度自行调节
19	TextView	android:layout_width	wrap_content	组件的宽度根据组件内容的宽度自行调节
		android:layout_height	wrap_content	组件的高度根据组件内容的高度自行调节
		android:text	性别:	设置文本内容
		android:textSize	20sp	设置文本大小
20	EditText	android:layout_width	match_parent	组件宽度与父容器的宽度相同
		android:layout_height	wrap_content	组件的高度根据组件内容的高度自行调节
		android:hint	请选择性别	设置提示性信息
		android:id	@+id/etSex	设置组件 id
21	LinearLayout	android:layout_width	match_parent	组件宽度与父容器的宽度相同
		android:layout_height	wrap_content	组件的高度根据组件内容的高度自行调节
22	TextView	android:layout_width	wrap_content	组件的宽度根据组件内容的宽度自行调节
		android:layout_height	wrap_content	组件的高度根据组件内容的高度自行调节
		android:text	生日:	设置文本内容
		android:textSize	20sp	设置文本大小

编号	组件类型	属性名称	属性值	说明
23	EditText	android:layout_width	match_parent	组件宽度与父容器的宽度相同
		android:layout_height	wrap_content	组件的高度根据组件内容的高度自行调节
		android:hint	请选择	设置提示性信息
		android:id	@+id/etBirthday	设置组件 id
24	LinearLayout	android:layout_width	match_parent	组件宽度与父容器的宽度相同
		android:layout_height	wrap_content	组件的高度根据组件内容的高度自行调节
25	TextView	android:layout_width	wrap_content	组件的宽度根据组件内容的宽度自行调节
		android:layout_height	wrap_content	组件的高度根据组件内容的高度自行调节
		android:text	地区：	设置文本内容
		android:textSize	20sp	设置文本大小
26	EditText	android:layout_width	match_parent	组件宽度与父容器的宽度相同
		android:layout_height	wrap_content	组件的高度根据组件内容的高度自行调节
		android:hint	请选择	设置提示性信息
		android:id	@+id/etArea	设置组件 id
27	LinearLayout	android:layout_width	match_parent	组件宽度与父容器的宽度相同
		android:layout_height	wrap_content	组件的高度根据组件内容的高度自行调节
		android:layout_marginTop	20dp	设置顶端距离上一组件 20dp
		android:orientation	vertical	线性布局按自上而下的顺序摆放组件
		android:background	#FFFFFF	设置背景色
28	TextView	android:layout_width	wrap_content	组件的宽度根据组件内容的宽度自行调节
		android:layout_height	wrap_content	组件的高度根据组件内容的高度自行调节
		android:text	个人介绍	设置文本内容
		android:textSize	20sp	设置文本大小
29	TextView	android:layout_width	wrap_content	组件的宽度根据组件内容的宽度自行调节
		android:layout_height	wrap_content	组件的高度根据组件内容的高度自行调节
		android:text	这个家伙很懒，什么也没留下	设置文本内容
		android:textSize	15sp	设置文本大小
		android:layout_marginTop	15dp	设置顶端距离上一组件 15dp

参考代码如下。

```xml
<?xml version="1.0" encoding="utf-8"?>
<LinearLayout xmlns:android="http://schemas.android.com/apk/res/android"
    xmlns:tools="http://schemas.android.com/tools"
    android:layout_width="match_parent"
    android:layout_height="match_parent"
    android:orientation="vertical"
    android:padding="10dp"
    android:background="#DDDDDD"
    tools:context=".PersonalDataActivity">
    <LinearLayout
        android:layout_width="match_parent"
        android:layout_height="wrap_content"
```

```
                android:background="#EEEEEE">
                <ImageView
                    android:layout_width="40dp"
                    android:layout_height="40dp"
                    android:background="@drawable/back"
                    android:id="@+id/ivBack"/>
                <TextView
                    android:layout_width="wrap_content"
                    android:layout_height="wrap_content"
                    android:text="编辑个人资料"
                    android:textSize="30sp"
                    android:layout_weight="1"
                    android:gravity="center"/>
                <ImageView
                    android:layout_width="40dp"
                    android:layout_height="40dp"
                    android:background="@drawable/ok"
                    android:id="@+id/ivOk"/>
            </LinearLayout>
            <LinearLayout
                android:layout_width="match_parent"
                android:layout_height="wrap_content"
                android:orientation="vertical"
                android:background="#FFFFFF"
                android:layout_marginTop="10dp">
                <LinearLayout
                    android:layout_width="match_parent"
                    android:layout_height="wrap_content"
                    android:layout_marginTop="20dp">
                    <TextView
                        android:layout_width="wrap_content"
                        android:layout_height="wrap_content"
                        android:text="昵称："
                        android:textSize="20sp"/>
                    <EditText
                        android:layout_width="match_parent"
                        android:layout_height="wrap_content"
                        android:id="@+id/etNick"/>
                </LinearLayout>
                <LinearLayout
                    android:layout_width="match_parent"
                    android:layout_height="wrap_content">
                    <TextView
                        android:layout_width="wrap_content"
                        android:layout_height="wrap_content"
                        android:text="用户 ID："
                        android:textSize="20sp"/>
                    <EditText
                        android:layout_width="match_parent"
                        android:layout_height="wrap_content"
                        android:id="@+id/etId"/>
```

```xml
            </LinearLayout>
            <LinearLayout
                android:layout_width="match_parent"
                android:layout_height="wrap_content">
                <TextView
                    android:layout_width="wrap_content"
                    android:layout_height="wrap_content"
                    android:text="设置密码："
                    android:textSize="20sp"/>
                <EditText
                    android:layout_width="match_parent"
                    android:layout_height="wrap_content"
                    android:id="@+id/etPsw"/>
            </LinearLayout>
    </LinearLayout>
    <LinearLayout
        android:layout_width="match_parent"
        android:layout_height="wrap_content"
        android:orientation="vertical"
        android:background="#FFFFFF"
        android:layout_marginTop="20dp">
        <LinearLayout
            android:layout_width="match_parent"
            android:layout_height="wrap_content">
            <TextView
                android:layout_width="wrap_content"
                android:layout_height="wrap_content"
                android:text="性别："
                android:textSize="20sp"/>
            <EditText
                android:layout_width="match_parent"
                android:layout_height="wrap_content"
                android:id="@+id/etSex"
                android:hint="请选择性别"/>
        </LinearLayout>
        <LinearLayout
            android:layout_width="match_parent"
            android:layout_height="wrap_content">
            <TextView
                android:layout_width="wrap_content"
                android:layout_height="wrap_content"
                android:text="生日："
                android:textSize="20sp"/>
            <EditText
                android:layout_width="match_parent"
                android:layout_height="wrap_content"
                android:hint="请选择"
                android:id="@+id/etBirthday"/>
        </LinearLayout>
        <LinearLayout
            android:layout_width="match_parent"
```

```xml
                    android:layout_height="wrap_content">
                <TextView
                    android:layout_width="wrap_content"
                    android:layout_height="wrap_content"
                    android:text="地区："
                    android:textSize="20sp"/>
                <EditText
                    android:layout_width="match_parent"
                    android:layout_height="wrap_content"
                    android:hint="请选择"
                    android:id="@+id/etArea"/>
            </LinearLayout>
        </LinearLayout>
        <LinearLayout
            android:layout_width="match_parent"
            android:layout_height="wrap_content"
            android:orientation="vertical"
            android:background="#FFFFFF"
            android:layout_marginTop="20dp">
            <TextView
                android:layout_width="wrap_content"
                android:layout_height="wrap_content"
                android:text="个人介绍"
                android:textSize="20sp"/>
            <TextView
                android:layout_width="wrap_content"
                android:layout_height="wrap_content"
                android:text="这个家伙很懒，什么也没留下"
                android:textSize="15sp"
                android:layout_marginTop="15dp"/>
        </LinearLayout>
    </LinearLayout>
```

V28 创建
"编辑个人资
料"布局（2）

2. 实现"编辑个人资料"功能（app\src\main\java\ PersonalDataActivity.java）

在 PersonalDataActivity.java 文件中用到了前面写好的数据库类——MySQLite
Helper.java。参考代码如下。

```java
    public    class    PersonalDataActivity    extends    AppCompatActivity    implements
View.OnClickListener {
        private ImageView ivBack;
        private ImageView ivOk;
        private EditText etNick;
        private EditText etId;
        private EditText etPsw;
        private EditText etSex;
        private EditText etBirthday;
        private EditText etArea;
        private String[] sexArry=new String[]{"不告诉你", "女", "男"};//性别选择
        private  String[]  areaArry=new  String[]{"北京市", "天津市"};//城市，此处省略其
他 32 个数组元素，请读者自行补全
        private MySQLiteHelper mySQLiteHelper;
        @Override
```

V29 实现
"编辑个人资
料"功能（1）

V30 实现
"编辑个人资
料"功能（2）

```
protected void onCreate(Bundle savedInstanceState) {
    super.onCreate(savedInstanceState);
    supportRequestWindowFeature(Window.FEATURE_NO_TITLE);
    setContentView(R.layout.activity_personal_data);
    init();
    mySQLiteHelper=new MySQLiteHelper(this);
    Intent intent1=getIntent();
    String telephone=intent1.getStringExtra("telephone");
    etId.setText("01"+telephone);   //自动生成的 ID 为输入的手机号前加 01
}
private void init() {
    ivBack=(ImageView) findViewById(R.id.ivBack);
    ivOk=(ImageView) findViewById(R.id.ivOk);
    etNick=(EditText) findViewById(R.id.etNick);
    etId=(EditText) findViewById(R.id.etId);
    etPsw=(EditText) findViewById(R.id.etPsw);
    etSex=(EditText) findViewById(R.id.etSex);
    etBirthday=(EditText) findViewById(R.id.etBirthday);
    etArea=(EditText) findViewById(R.id.etArea);
    ivBack.setOnClickListener(this);
    ivOk.setOnClickListener(this);
    etSex.setOnClickListener(this);
    etBirthday.setOnClickListener(this);
    etArea.setOnClickListener(this);
}
@Override
public void onClick(View view) {
    switch (view.getId()) {
        case R.id.ivBack:   //单击上方的 "<" 按钮
            Intent intent=new Intent(PersonalDataActivity.this, Login.class);
            startActivity(intent);
            PersonalDataActivity.this.finish();
            break;
        case R.id.ivOk:   //单击上方的 "√" 按钮
            //将数据写入数据库
            Intent intent1=getIntent();
            String telephone=intent1.getStringExtra("telephone");
            //打开数据库
            SQLiteDatabase db=mySQLiteHelper.getWritableDatabase();
            ContentValues values=new ContentValues();
            values.put("userName", telephone);
            values.put("nike", etNick.getText().toString());
            values.put("userId", etId.getText().toString());
            values.put("password", etPsw.getText().toString());
            values.put("sex", etSex.getText().toString());
            values.put("birthday", etBirthday.getText().toString());
            values.put("area", etArea.getText().toString());
            db.insert("info", null, values);
            Toast.makeText(this, "注册成功！", Toast.LENGTH_LONG).show();
            db.close();
            Intent intent2=new Intent(this, Login.class);
            startActivity(intent2);
```

V31 实现
"编辑个人资
料" 功能（3）

V32 实现
"编辑个人资
料" 功能（4）

```
                    break;
            case R.id.etSex:            //单击"性别"文本编辑框
                    showSexChooseDialog();
                    break;
            case R.id.etBirthday:       //单击"生日"文本编辑框
                    showDatePickerDialog();
                    break;
            case R.id.etArea:           //单击"地区"文本编辑框
                    showAreaChooseDialog();
                    break;
            default:
                    break;
        }
    }
    //选择性别对话框
    private void showSexChooseDialog() {
        AlertDialog.Builder builder=new AlertDialog.Builder(this);        //自定义对话框
        builder.setSingleChoiceItems(sexArry, 0, new DialogInterface.OnClickListener() {
            @Override
          //第2个参数which是被选中的位置
            public void onClick(DialogInterface dialog, int which) {
                    etSex.setText(sexArry[which]);
                    //单击任何一个item对话框就会消失
                    dialog.dismiss();
            }
        });
        builder.show();     //显示对话框
    }
    //选择日期
    private void showDatePickerDialog() {
        Calendar c=Calendar.getInstance();
        new DatePickerDialog(PersonalDataActivity.this,
new DatePickerDialog.OnDateSetListener() {
                @Override
                public void onDateSet(DatePicker view, int year, int monthOfYear, int dayOfMonth) {
                        etBirthday.setText(year + "/" + (monthOfYear + 1) + "/" + dayOfMonth);
                }
            },
            c.get(Calendar.YEAR),
            c.get(Calendar.MONTH),
            c.get(Calendar.DAY_OF_MONTH)).show();
    }
    //选择地区
    private void showAreaChooseDialog() {
        AlertDialog.Builder builder=new AlertDialog.Builder(this);        //自定义对话框
        builder.setSingleChoiceItems(areaArry, 0, new DialogInterface.OnClickListener() {
            @Override
            public void onClick(DialogInterface dialog, int which) {
                    etArea.setText(areaArry[which]);
                    //单击任何一个item对话框就会消失
                    dialog.dismiss();
            }
        });
        builder.show();     //显示对话框
    }
}
```

3.3.6 实现"商品列表"模块

1. 创建"商品列表"布局（app\src\main\res\layout\activity_show.xml）

1）右键单击 app\src\main\java\com\example\hp\yixiu 目录，在弹出的快捷菜单中依次选择 "New"→"Activity"→"Empty Activity"命令，弹出如图 3-21 所示的对话框。

图 3-21 创建"商品列表"界面的 Activity

2）在图 3-21 所示的对话框中，在"Activity Name"文本框中输入"ShowActivity"，在"Layout Name"文本框中输入"activity_show"，单击"Finish"按钮，即可在创建 Avtivity 的同时创建"商品列表"界面的布局文件。

3）将该布局文件的根布局修改为 LinearLayout，该布局中主要包含一个 ListView 组件。布局中各组件的相关属性如表 3-8 所示。

表 3-8 "商品列表"布局中各组件的属性

编号	组件类型	属性名称	属性值	说明
1	LinearLayout	android:layout_width	match_parent	组件宽度与父容器的宽度相同
		android:layout_height	match_parent	组件高度与父容器的高度相同
		android:orientation	vertical	线性布局按自上而下的顺序摆放组件
		android:padding	10dp	设置内边距
2	LinearLayout	android:layout_width	match_parent	组件宽度与父容器的宽度相同
		android:layout_height	wrap_content	组件的高度根据组件内容的高度自行调节
		android:background	#EEEEEE	设置背景色
3	ImageView	android:layout_width	40dp	组件的宽度为40dp
		android:layout_height	40dp	组件的高度为40dp
		android:background	@drawable/qx	设置背景图片
		android:id	@+id/ivExit	设置组件 id

编号	组件类型	属性名称	属性值	说明
		android:layout_width	match_parent	组件宽度与父容器的宽度相同
4	ListView	android:layout_height	match_parent	组件高度与父容器的高度相同
		android:id	@+id/lvShow	设置组件 id

参考代码如下。

```xml
<?xml version="1.0" encoding="utf-8"?>
<LinearLayout xmlns:android="http://schemas.android.com/apk/res/android"
    xmlns:tools="http://schemas.android.com/tools"
    android:layout_width="match_parent"
    android:layout_height="match_parent"
    android:orientation="vertical"
    android:padding="10dp"
    tools:context=".ShowActivity">
    <LinearLayout
        android:layout_width="match_parent"
        android:layout_height="wrap_content"
        android:orientation="horizontal"
        android:background="#EEEEEE">
        <ImageView
            android:layout_width="40dp"
            android:layout_height="40dp"
            android:background="@drawable/qx"
            android:id="@+id/ivExit"/>
    </LinearLayout>
    <ListView
        android:layout_width="match_parent"
        android:layout_height="match_parent"
        android:id="@+id/lvShow">
    </ListView>
</LinearLayout>
```

2．创建"商品列表项"布局（app\src\main\res\layout\goodsinfo.xml）

ListView 组件使用时，需要为其中的每个列表项（item）创建一个布局文件，步骤如下。

V35 创建
"商品列表项"
布局

1）右键单击 app\src\main\res\layout 目录，在弹出的快捷菜单中依次选择"New"→"XML"→"Layout XML File"命令。

2）在弹出的对话框中，在"Layout File Name"文本框输入"goodsinfo"，将"Root Tag"设置为"RelativeLayout"，单击"Finish"按钮，即可完成商品列表项布局文件的创建。布局中各组件的相关属性如表 3-9 所示。

表 3-9 "商品列表项"布局中各组件的属性

编号	组件类型	属性名称	属性值	说明
		android:layout_width	match_parent	组件宽度与父容器的宽度相同
1	RelativeLayout	android:layout_height	match_parent	组件高度与父容器的高度相同
		android:paddingTop	10dp	设置布局顶部内边距为 10dp

编号	组件类型	属性名称	属性值	说明
2	ImageView	android:layout_width	150dp	设置组件的宽度为150dp
		android:layout_height	150dp	设置组件的高度为150dp
		android:id	@+id/iv	增加 id 为 iv 的组件
3	TextView	android:layout_width	wrap_content	组件的宽度根据组件内容的宽度自行调节
		android:layout_height	wrap_content	组件的高度根据组件内容的高度自行调节
		android:text	商品名称：	设置文本的内容
		android:textSize	20sp	设置文本的大小
		android:textStyle	bold	设置文本为粗体
		android:layout_toRightOf	@+id/iv	设置组件位于 id 为 iv 的组件的右侧
		android:layout_marginLeft	10dp	设置当前组件的左边界与 id 为 iv 的组件的距离为10dp
		android:id	@+id/tvName	增加 id 为 tvName 的组件
4	TextView	android:layout_width	wrap_content	组件的宽度根据组件内容的宽度自行调节
		android:layout_height	wrap_content	组件的高度根据组件内容的高度自行调节
		android:text	米小圈读书	设置文本的内容
		android:layout_toRightOf	@+id/tvName	设置组件位于 id 为 tvName 的组件的右侧
		android:textSize	20sp	设置文本的大小
		android:textStyle	bold	设置文本为粗体
		android:id	@+id/tvRealName	增加 id 为 tvRealName 的组件
5	TextView	android:layout_width	wrap_content	组件的宽度根据组件内容的宽度自行调节
		android:layout_height	wrap_content	组件的高度根据组件内容的高度自行调节
		android:text	12345 人已买 回头客最爱	设置文本的内容
		android:layout_below	@+id/tvName	设置组件位于 id 为 tvName 的组件的下方
		android:layout_alignLeft	@id/tvName	设置组件与 id 为 tvName 的组件的左边界对齐
		android:layout_marginTop	10dp	设置当前组件的上边界与 id 为 tvName 的组件的距离为10dp
		android:id	@+id/tvNum	增加 id 为 tvNum 的组件
6	TextView	android:layout_width	wrap_content	组件的宽度根据组件内容的宽度自行调节
		android:layout_height	wrap_content	组件的高度根据组件内容的高度自行调节
		android:text	特卖	设置文本内容
		android:layout_marginTop	10dp	设置当前组件的上边界与 id 为 tvNum 的组件的距离为10dp
		android:textColor	#FF0000	设置文本颜色
		android:layout_below	@+id/tvNum	设置组件位于 id 为 tvNum 的组件的下方
		android:layout_alignLeft	@id/tvNum	设置组件与 id 为 tvNum 的组件的左边界对齐
		android:id	@+id/tvTemai	增加 id 为 tvTemai 的组件
7	TextView	android:layout_width	wrap_content	组件的宽度根据组件内容的宽度自行调节
		android:layout_height	wrap_content	组件的高度根据组件内容的高度自行调节
		android:text	¥100	设置文本内容
		android:layout_marginTop	10dp	设置当前组件的上边界与 id 为 tvTemai 的组件的距离为10dp
		android:textColor	#FF0000	设置文本颜色

编号	组件类型	属性名称	属性值	说明
7	TextView	android:textSize	20sp	设置字体大小
		android:textStyle	bold	设置字体为粗体
		android:layout_below	@+id/tvTemai	设置组件位于 id 为 tvTemai 的组件的下方
		android:layout_alignLeft	@id/tvTemai	设置组件与 id 为 tvTemai 的组件的左边界对齐
		android:id	@+id/tvPrice	增加 id 为 tvPrice 的组件
8	Button	android:layout_width	wrap_content	组件的宽度根据组件内容的宽度自行调节
		android:layout_height	wrap_content	组件的高度根据组件内容的高度自行调节
		android:text	秀一下	设置文本内容
		android:background	@drawable/btn_bg show	设置按钮样式
		android:textColor	#FFFFFF	设置文本颜色
		android:textSize	20sp	设置字体大小
		android:textStyle	bold	设置字体为粗体
		android:layout_alignParentRight	true	设置组件与父组件右对齐
		android:layout_alignBottom	@+id/iv	设置组件与 id 为 iv 的组件的下边界对齐
		android:id	@+id/btnShow	增加 id 为 btnShow 的组件

参考代码如下。

```xml
<?xml version="1.0" encoding="utf-8"?>
<RelativeLayout xmlns:android="http://schemas.android.com/apk/res/android"
    android:layout_width="match_parent"
    android:layout_height="match_parent"
    android:paddingTop="10dp"
    android:descendantFocusability="blocksDescendants">
    <ImageView
        android:layout_width="150dp"
        android:layout_height="150dp"
        android:id="@+id/iv"/>
    <TextView
        android:layout_width="wrap_content"
        android:layout_height="wrap_content"
        android:text="商品名称"
        android:textSize="20sp"
        android:textStyle="bold"
        android:layout_toRightOf="@+id/iv"
        android:layout_marginLeft="10dp"
        android:id="@+id/tvName"/>
    <TextView
        android:layout_width="wrap_content"
        android:layout_height="wrap_content"
        android:text="米小圈读书"
        android:layout_toRightOf="@id/tvName"
        android:textSize="20sp"
        android:textStyle="bold"
        android:id="@+id/tvRealName"/>
    <TextView
```

```
        android:layout_width="wrap_content"
        android:layout_height="wrap_content"
        android:text="12345 人已买 回头客最爱"
        android:layout_below="@id/tvName"
        android:layout_alignLeft="@id/tvName"
        android:layout_marginTop="10dp"
        android:id="@+id/tvNum"/>
    <TextView
        android:layout_width="wrap_content"
        android:layout_height="wrap_content"
        android:text="特卖"
        android:layout_marginTop="10dp"
        android:textColor="#FF0000"
        android:layout_below="@id/tvNum"
        android:layout_alignLeft="@id/tvNum"
        android:id="@+id/tvTemai"/>
    <TextView
        android:layout_width="wrap_content"
        android:layout_height="wrap_content"
        android:text="¥100"
        android:layout_marginTop="10dp"
        android:textColor="#FF0000"
        android:textSize="20sp"
        android:textStyle="bold"
        android:layout_below="@id/tvTemai"
        android:layout_alignLeft="@id/tvTemai"
        android:id="@+id/tvPrice"/>
    <Button
        android:layout_width="wrap_content"
        android:layout_height="wrap_content"
        android:text="秀一下"
        android:background="@drawable/btn_bgshow"
        android:textColor="#FFFFFF"
        android:textSize="20sp"
        android:textStyle="bold"
        android:layout_alignParentRight="true"
        android:layout_alignBottom="@id/iv"
        android:id="@+id/btnShow"/>
</RelativeLayout>
```

3. 实现"商品列表"界面相关功能（app\src\main\java\ShowActivity.java）

ShowActivity.java 文件主要是将商品的数据通过 SimpleAdapter 适配器在 ListView 中以列表的形式进行显示。如果单击某商品项右下角的"秀一下"按钮，则会弹出输入手机号的对话框。在输入手机号后，单击对话框中的"确定"按钮，即可将该商品名称等信息发送到指定手机号。参考代码如下。

```
//此处省略导入其他包的语句
import android.telephony.SmsManager;
public class ShowActivity extends AppCompatActivity
implements AdapterView.OnItemClickListener {
    private ListView listView;
```

V36 实现商品
列表功能（1）

```java
        private ImageView ivExit;
        private String[] goodsName={"米小圈读书","奇遇二代 VR 眼镜","梅尼耶干蛋糕","哈根达斯冰淇淋
","九阳豆浆机","26 度三文鱼","赣南脐橙"};
        private int[] icons={
                R.drawable.tushu, R.drawable.vr, R.drawable.dangao, R.drawable.bingjilin,
                R.drawable.djiangji, R.drawable.sanwenyu, R.drawable.qicheng};
        private String[] buyNum={
                "12345 人已买 回头客最爱",    "2456 人已买",
                "147895 人已买 回头客最爱", "347895 人已买 回头客最爱",
                "247589 人已买 回头客最爱", "27589 人已买",
                "447589 人已买 回头客最爱"};
        private String[] temai={"特卖","特卖","特卖","","特卖","特卖","特卖"};
        private String[] price={"¥100","¥4299","¥60","¥159","¥399","¥99","¥80"};
        private List<Map<String,Object>>data;
        private Map<String,Object>map;
        private SimpleAdapter simpleAdapter;
        private String content;
        @Override
        protected void onCreate(Bundle savedInstanceState) {
            super.onCreate(savedInstanceState);
            supportRequestWindowFeature(Window.FEATURE_NO_TITLE);
            setContentView(R.layout.activity_show);
            ivExit=findViewById(R.id.ivExit);
            listView=findViewById(R.id.lvShow);
            data=new ArrayList<>();
            for (int i=0;i<goodsName.length;i++){
                map=new HashMap<>();
                map.put("goodsName",goodsName[i] );
                map.put("icons",icons[i] );
                map.put("buyNum",buyNum[i] );
                map.put("temai",temai[i] );
                map.put("price", price[i]);
                data.add(map);
            }
            simpleAdapter=new SimpleAdapter(
                    this,data,
                    R.layout.goodsinfo,
                    new String[]{"goodsName","icons","buyNum","temai","price"} ,
                    new int[]{R.id.tvRealName,R.id.iv,R.id.tvNum,R.id.tvTemai,R.id.tvPrice}){
            @Override
            public View getView(int position, View convertView, ViewGroup parent) {
                if(convertView==null){
                    convertView=View.inflate(ShowActivity.this,R.layout.goodsinfo ,null );
                }
                final Button button=convertView.findViewById(R.id.btnShow);
                button.setOnClickListener(new View.OnClickListener() {
                    @Override
                    public void onClick(View v) {
                        final EditText et=new EditText(ShowActivity.this);
                        new AlertDialog.Builder(ShowActivity.this)
                                .setTitle("请输入手机号")
```

V37 实现商品
列表功能（2）

V38 实现商品
列表功能（3）

```
                                    .setView(et)
                                    .setPositiveButton("确定",
                           new DialogInterface.OnClickListener() {
                           @Override
                           public void onClick(DialogInterface dialog, int which) {
                               content=goodsName[which]
                                       +buyNum[which]+price[which];
                               //发短信时，需要添加权限
                               ActivityCompat.requestPermissions(
                                   ShowActivity.this,
                                   new String[]{"android.permission.SEND_SMS"} ,1 );
                               ArrayList<String>messages=
                                   SmsManager.getDefault().divideMessage(content);
                               for (String text:messages){
                                       SmsManager.getDefault().sendTextMessage(
                                               et.getText().toString(),null ,text ,null ,null );
                               }
                           }
                       })
                                    .setNegativeButton("取消",null )
                                    .show();
                   }
               });
                   return super.getView(position, convertView, parent);
           }
       };
       listView.setAdapter(simpleAdapter);
       listView.setOnItemClickListener(this);
       ivExit.setOnClickListener(new View.OnClickListener() {
           @Override
           public void onClick(View v) {
               ShowActivity.this.finish();
           }
       });
   }
   @Override
   public void onItemClick(AdapterView<?>parent, View view, int position, long id) {
       Intent intent=new Intent(ShowActivity.this,InformationActivity.class);
       intent.putExtra("goodsName",goodsName[position] );
       intent.putExtra("buyNum",buyNum[position] );
       intent.putExtra("price",price[position] );
       intent.putExtra("icons",icons[position] );
       startActivity(intent);
       ShowActivity.this.finish();
   }
}
```

V39 实现商品
列表功能（4）

V40 创建
"商品详细信
息"布局

3.3.7 实现"商品详细信息"模块

1．创建"商品详细信息"界面的布局（**app\src\main\res\layout\activity_ infomation.xml**）
与前文类似，创建"商品详细信息"界面布局的主要步骤如下。

1）右键单击 app\src\main\java\com\example\hp\yixiu 目录，在弹出的快捷菜单中依次选择"New"→"Activity"→"Empty Activity"命令。

2）在弹出的对话框中，在"Activity Name"文本框中输入"InfomationActivity"，在"Layout Name"文本框中输入"activity_infomation"，单击"Finish"按钮，即可在创建 Avtivity 的同时创建"商品详细信息"的布局文件。

3）将 activity_infomation.xml 布局文件的根元素修改为 LinearLayout。布局中各组件的相关属性如表 3-10 所示。

表 3-10　"商品详细信息"布局中各组件的属性

编号	组件类型	属性名称	属性值	说明
1	LinearLayout	android:layout_width	match_parent	组件宽度与父容器的宽度相同
		android:layout_height	match_parent	组件高度与父容器的高度相同
		android:orientation	vertical	线性布局按自上而下的顺序摆放组件
2	LinearLayout	android:layout_width	match_parent	组件宽度与父容器的宽度相同
		android:layout_height	wrap_content	组件的高度根据组件内容的高度自行调节
		android:background	#EEEEEE	设置背景色
3	ImageView	android:layout_width	40dp	设置组件的宽度为 40dp
		android:layout_height	40dp	设置组件的高度为 40dp
		android:background	@drawable/back	设置背景图片
		android:id	@+id/ivInfoBack	增加 id 为 ivInfoBack 的组件
4	TextView	android:layout_width	wrap_content	组件的宽度根据组件内容的宽度自行调节
		android:layout_height	wrap_content	组件的高度根据组件内容的高度自行调节
		android:text	商品详细信息	设置文本内容
		android:textSize	30sp	设置文本大小
		android:layout_weight	1	设置权重值
		android:gravity	center	设置文本位于组件的中心
5	LinearLayout	android:layout_width	match_parent	组件宽度与父容器的宽度相同
		android:layout_height	wrap_content	组件的高度根据组件内容的高度自行调节
		android:orientation	vertical	线性布局按自上而下的顺序摆放组件
		android:background	#EEEFFF	设置背景色
		android:layout_marginTop	10dp	设置组件上边距为 10dp
6	ImageView	android:layout_width	250dp	设置组件的宽度为 250dp
		android:layout_height	250dp	设置组件的高度为 250dp
		android:layout_gravity	center	设置组件位于父容器水平居中位置
		android:background	@drawable/tushu	设置背景图片
		android:id	@+id/ivInfo	增加 id 为 ivInfo 的组件
7	TextView	android:layout_width	wrap_content	组件的宽度根据组件内容的宽度自行调节
		android:layout_height	wrap_content	组件的高度根据组件内容的高度自行调节
		android:text	¥100	设置文本内容
		android:layout_marginTop	20dp	设置组件上边距为 20dp
		android:layout_marginLeft	20dp	设置组件左边距为 20dp
		android:textColor	#FF0000	设置字体颜色

编号	组件类型	属性名称	属性值	说明
7	TextView	android:textSize	20sp	设置字体大小
		android:textStyle	bold	设置字体为粗体
		android:id	@+id/tvInfoPrice	增加 id 为 tvInfoPrice 的组件
8	TextView	android:layout_width	wrap_content	组件的宽度根据组件内容的宽度自行调节
		android:layout_height	wrap_content	组件的高度根据组件内容的高度自行调节
		android:text	米小圈图书	设置文本内容
		android:textSize	20sp	设置字体大小
		android:textStyle	bold	设置字体为粗体
		android:layout_marginTop	10dp	设置组件上边距为 10dp
		android:layout_marginLeft	20dp	设置组件左边距为 20dp
		android:id	@+id/tvInfoRealName	增加 id 为 tvInfoRealName 的组件
9	TextView	android:layout_width	wrap_content	组件的宽度根据组件内容的宽度自行调节
		android:layout_height	wrap_content	组件的高度根据组件内容的高度自行调节
		android:text	12345 人已买	设置文本内容
		android:layout_marginLeft	20dp	设置组件左边距为 20dp
		android:layout_marginTop	10dp	设置组件上边距为 10dp
		android:id	@+id/tvInfoNum	增加 id 为 tvInfoNum 的组件
10	LinearLayout	android:layout_width	match_parent	组件宽度与父容器的宽度相同
		android:layout_height	match_parent	组件高度与父容器的高度相同
		android:layout_marginTop	10dp	设置组件上边界与上一组件的距离为 10dp
		android:background	#EEEFFF	设置背景色
		android:orientation	vertical	线性布局按自上而下的顺序摆放组件
		android:paddingLeft	20dp	设置左边内边距
11	LinearLayout	android:layout_width	match_parent	组件宽度与父容器的宽度相同
		android:layout_height	wrap_content	组件的高度根据组件内容的高度自行调节
		android:layout_marginTop	10dp	设置组件上边距为 10dp
12	TextView	android:layout_width	wrap_content	组件的宽度根据组件内容的宽度自行调节
		android:layout_height	wrap_content	组件的高度根据组件内容的高度自行调节
		android:text	福利	设置文本内容
		android:textSize	20dp	设置字体大小
		android:textStyle	bold	设置字体为粗体
13	TextView	android:layout_width	wrap_content	组件的宽度根据组件内容的宽度自行调节
		android:layout_height	wrap_content	组件的高度根据组件内容的高度自行调节
		android:text	新人¥15……	设置文本内容
		android:textSize	18sp	设置字体大小
		android:layout_marginLeft	10dp	设置组件左边距为 10dp
14	LinearLayout	android:layout_width	match_parent	组件宽度与父容器的宽度相同
		android:layout_height	wrap_content	组件的高度根据组件内容的高度自行调节
		android:layout_marginTop	30dp	设置组件上边距为 30dp

编号	组件类型	属性名称	属性值	说明
15	TextView	android:layout_width	wrap_content	组件的宽度根据组件内容的宽度自行调节
		android:layout_height	wrap_content	组件的高度根据组件内容的高度自行调节
		android:text	服务	设置文本内容
		android:textSize	20dp	设置字体大小
		android:textStyle	bold	设置字体为粗体
16	TextView	android:layout_width	wrap_content	组件的宽度根据组件内容的宽度自行调节
		android:layout_height	wrap_content	组件的高度根据组件内容的高度自行调节
		android:text	*贵就赔*……	设置文本内容
		android:textSize	18sp	设置字体大小
		android:layout_marginLeft	10dp	设置组件左边距为 10dp

参考代码如下。

```xml
<?xml version="1.0" encoding="utf-8"?>
<LinearLayout xmlns:android="http://schemas.android.com/apk/res/android"
    xmlns:tools="http://schemas.android.com/tools"
    android:layout_width="match_parent"
    android:layout_height="match_parent"
    android:orientation="vertical"
    tools:context=".InformationActivity">
    <LinearLayout
        android:layout_width="match_parent"
        android:layout_height="wrap_content"
        android:background="#EEEEEE">
        <ImageView
            android:layout_width="40dp"
            android:layout_height="40dp"
            android:background="@drawable/back"
            android:id="@+id/ivInfoBack"/>
        <TextView
            android:layout_width="wrap_content"
            android:layout_height="wrap_content"
            android:text="商品详细信息"
            android:textSize="30sp"
            android:layout_weight="1"
            android:gravity="center"/>
    </LinearLayout>
    <LinearLayout
        android:layout_width="match_parent"
        android:layout_height="wrap_content"
        android:orientation="vertical"
        android:background="#EEEFFF"
        android:layout_marginTop="10dp">
        <ImageView
            android:layout_width="250dp"
            android:layout_height="250dp"
            android:layout_gravity="center"
```

```
                    android:background="@drawable/tushu"
                    android:id="@+id/ivInfo"/>
            <TextView
                    android:layout_width="wrap_content"
                    android:layout_height="wrap_content"
                    android:text="¥100"
                    android:layout_marginTop="20dp"
                    android:layout_marginLeft="20dp"
                    android:textColor="#FF0000"
                    android:textSize="20sp"
                    android:textStyle="bold"
                    android:id="@+id/tvInfoPrice"/>
            <TextView
                    android:layout_width="wrap_content"
                    android:layout_height="wrap_content"
                    android:text="米小圈图书"
                    android:textSize="20sp"
                    android:textStyle="bold"
                    android:layout_marginTop="10dp"
                    android:layout_marginLeft="20dp"
                    android:id="@+id/tvInfoRealName"/>
            <TextView
                    android:layout_width="wrap_content"
                    android:layout_height="wrap_content"
                    android:text="12345 人已买"
                    android:layout_marginTop="10dp"
                    android:layout_marginLeft="20dp"
                    android:id="@+id/tvInfoNum"/>
    </LinearLayout>
    <LinearLayout
            android:layout_width="match_parent"
            android:layout_height="match_parent"
            android:layout_marginTop="10dp"
            android:background="#EEEFFF"
            android:orientation="vertical"
            android:paddingLeft="20dp">
        <LinearLayout
                android:layout_width="match_parent"
                android:layout_height="wrap_content"
                android:layout_marginTop="10dp">
            <TextView
                    android:layout_width="wrap_content"
                    android:layout_height="wrap_content"
                    android:text="福利"
                    android:textSize="20sp"
                    android:textStyle="bold"/>
            <TextView
                    android:layout_width="wrap_content"
                    android:layout_height="wrap_content"
                    android:text="新人¥15 开通粉丝福利，立减 10 元"
                    android:textSize="18sp"
```

```
                    android:layout_marginLeft="10dp"/>
        </LinearLayout>
        <LinearLayout
            android:layout_width="match_parent"
            android:layout_height="wrap_content"
            android:layout_marginTop="30dp">
            <TextView
                android:layout_width="wrap_content"
                android:layout_height="wrap_content"
                android:text="服务"
                android:textSize="20sp"
                android:textStyle="bold"/>
            <TextView
                android:layout_width="wrap_content"
                android:layout_height="wrap_content"
                android:text="*贵就赔*正品保险*全场包邮*8 小时...."
                android:textSize="18sp"
                android:layout_marginLeft="10dp"/>
        </LinearLayout>
    </LinearLayout>
</LinearLayout>
```

2．实现"商品详细信息"界面相关功能（app\src\main\java\ InfomationActivity.java）

InfomationActivity.java 文件主要是将在商品列表中单击的商品的详细信息显示出来。参考
代码如下。

V41 实现"商品
详细信息"功能

```
public class InfomationActivity extends AppCompatActivity {
    private ImageView ivInfoBack;
    private ImageView ivInfo;
    private TextView tvInfoPrice;
    private TextView tvInfoRealName;
    private TextView tvInfoNum;
    @Override
    protected void onCreate(Bundle savedInstanceState) {
        super.onCreate(savedInstanceState);
        //隐藏 actionbar
        supportRequestWindowFeature(Window.FEATURE_NO_TITLE);
        setContentView(R.layout.activity_infomation);
        //初始化控件
        ivInfoBack=(ImageView)findViewById(R.id.ivInfoBack);
        ivInfo=(ImageView)findViewById(R.id.ivInfo);
        tvInfoRealName=(TextView)findViewById(R.id.tvInfoRealName);
        tvInfoPrice=(TextView)findViewById(R.id.tvInfoPrice);
        tvInfoNum=(TextView)findViewById(R.id.tvInfoNum);
        //返回展示界面
        ivInfoBack.setOnClickListener(new View.OnClickListener() {
            @Override
            public void onClick(View view) {
                Intent intent=new Intent(InformationActivity.this,ShowActivity.class);
                startActivity(intent);
                InformationActivity.this.finish();
            }
```

```
            });
            //接收数据
            Intent intent=getIntent();
            String goodsName=intent.getStringExtra("goodsName");
            String buyNum=intent.getStringExtra("buyNum");
            String price=intent.getStringExtra("price");
            int icons=intent.getIntExtra("icons",0);
            ivInfo.setBackgroundResource(icons);
            tvInfoPrice.setText(price);
            tvInfoNum.setText(buyNum);
            tvInfoRealName.setText(goodsName);
        }
    }
```

3.4   相关知识及开发技术

3.4.1   项目中的视图组件

1．列表视图（ListView）

列表视图用 ListView 类来表示，它的主要功能是以列表形式显示信息。每个 ListView 都可以包含很多个列表项。使用 ListView 时，需要定义数据适配器，以便将复杂的数据（数组、链表、数据库、集合等）填充在指定的视图界面。它是连接数据源和视图界面的桥梁。常见的适配器有如下三种。

- ArrayAdapter（数组适配器）：适用于绑定格式单一的数据，数据源可以使集合或数组。
- SimpleAdapter（简单适配器）：适用于绑定格式复杂的数组，数据源只能是特定泛型的集合。
- 继承自 BaseAdapter 的自定义适配器：用途比较广泛，可以根据需要进行定义。

下面以 ArrayAdapter 为例说明使用方法。

1）定义适配器，参考代码如下。

```
private ArrayAdapter<String>arr_aAdapter;
```

2）添加数据源到适配器，参考代码如下。

```
//创建数据源
String[] arr_data={"fanff", "fan", "tencent", "QQ"};
//创建适配器对象，并将数据加载到适配器里
//第 1 个参数：上下文，一般为 this
//第 2 个参数：每一个列表项所对应的布局文件
//第 3 个参数：数据源
arr_aAdapter=new ArrayAdapter<String>(this, R.layout.item, arr_data);
```

3）为列表视图 listView 加载适配器，参考代码如下。

```
listView.setAdapter(arr_adAdapter);
```

2．文本编辑框（EditText）

文本编辑框用 EditText 类来表示，它的主要功能是接收输入的文本。文本编辑框的常用属性如表 3-11 所示。

表 3-11　EditText 的常用属性

编号	属性名称	属性值	说明
1	android:text	字符串或字符串资源	设置文本内容
2	android:textColor	颜色值或颜色资源	设置字体颜色
3	android:hint	字符串或字符串资源	设置内容为空时显示的文本
4	android:textColorHint	颜色值或颜色资源	设置为空时显示的文本的颜色
5	android:inputType	number、numberDecimal、date、text、phone、textPassword、textVisiblePassword、textUri	设置输入类型
6	android:maxLength	整数或整数资源	设置输入文本的长度
7	android:minLines	整数或整数资源	设置文本的最小行数
8	android:gravity	top、bottom、left、right、center_vertical、center、start、end	设置文本位置
9	android:drawableLeft	符合#rgb、#argb、#rrggbb、#aarrggbb 格式的颜色值，也可以是其他 drawable 资源	设置文本左侧显示的可绘制对象
10	android:drawablePadding	浮点数（后跟尺寸单位）或尺寸资源	设置文本与可绘制对象之间的间隔
11	android:digits	字符串或字符串资源	设置允许输入哪些字符
12	android:ellipsize	start、end、middle、marquee	设置当文字过长时，该组件该如何显示
13	android:lines	整数或整数资源	设置文本的行数
14	android:lineSpacingExtra	浮点数（后跟尺寸单位）或尺寸资源	设置行间距
15	android:singleLine	布尔值	是否单行显示
16	android:textStyle	bold、italic、bolditalic	设置文本样式

3．按钮（Button）

按钮用 Button 类来表示，它的主要功能是与用户进行交互。按钮的常用属性如表 3-12 所示。

表 3-12　Button 的常用属性

编号	属性名称	属性值	说明
1	android:text	字符串或字符串资源	设置显示文本
2	android:textColor	颜色值或颜色资源	设置文本颜色
3	android:clickable	布尔值	设置是否允许单击
4	android:background	颜色值或颜色资源	设置背景色
5	android:onClick	字符串	设置单击事件的名称

4．进度条（ProgressBar）

进度条用 ProgressBar 类来表示，它的主要功能是展示某个耗时操作完成的进度，不让用户感觉是程序失去了响应，从而提升用户界面的友好性。进度条的常用属性如表 3-13 所示。

表 3-13　ProgressBar 的常用属性

编号	属性名称	属性值	说明
1	android:max	整数或整数资源	设置最大值
2	android:proress	整数或整数资源（0～最大值）	设置第一进度值
3	android:secondprogress	整数或整数资源（0～最大值）	设置第二进度值，通常用于媒体缓冲场景中
4	android:interminate	布尔值	设置是否循环播放

5．视图分页器（ViewPager）

视图分页器用 ViewPager 类来表示，它的主要功能是让用户左右切换当前的视图。ViewPager 是一个容器类，继承自 ViewGroup，可以在其中添加其他的视图组件。ViewPager 需要 PagerAdapter 适配器类给它提供数据。ViewPager 经常和 Fragment 一起使用，使用方法如下。

1）在布局文件中定义一个 ViewPager 组件。

```
<android.support.v4.view.ViewPager
        android:layout_width="match_parent"
        android:layout_height="match_parent"
        android:id="@+id/view_pager"/>
```

2）在 Activity（或 Fragment）等类中取得 ViewPager 的引用。

```
pager=(ViewPager)findViewById(R.id.view_pager);
```

3）为 ViewPager 设置适配器。

```
pager.setAdapter(adapter);
```

4）为 ViewPager 设置滑动特效和监听器。

6．碎片（Fragment）

碎片用 Fragment 类来表示，它可以在 Activity 中嵌入用户界面片段，能让程序更加合理和充分地利用屏幕空间，因而在手机、平板计算机等上应用得非常广泛。它和 Activity 非常相似，同样都能包含布局，也有自己的生命周期。

Fragment 通常和 ViewPager 一起使用，以便实现 Fragment 之间的切换。此时 ViewPager 的适配器应该继承自 FragmentPagerAdapter，当实现一个 FragmentPagerAdapter 适配器时，必须至少覆盖 getCount()和 getItem()方法。

Fragment 的具体使用方法如下。

1）定义 Fragment 页面的布局。

在本项目中，"注册与登录"界面中包含了"注册"的 Fragment 布局 fragment_regist.xml 和"登录"的 Fragment 布局"fragment_login.xml"。这两个布局的具体代码详见第 3.3.4 节。

2）定义 Fragment 类。

在本项目中，"注册"的 Fragment 类名为 RegistFragment.java，"登录"的 Fragment 类名为 LoginFragment.java。这两个类均继承自 Fragment，并且必须定义空构造方法，具体代码详见第 3.3.4 节。

3）在包含 Fragment 的 Activity 类中加载要显示的 Fragment，定义需要的适配器。

在本项目中，Login.java 即是包含"注册"Fragment 和"登录"Fragment 的 Activity 类。该类的具体代码详见第 3.3.4 节。

3.4.2　对话框（Dialog）

对话框的主要功能是在屏幕上弹出一个可以让用户进行响应或者输入额外信息的窗口。对话框不会占满整个屏幕，通常用于模仿事件当中需要用户做出一个决定后才会继续执行的场景。

对话框的基类是 Dialog，构造对话框时需要用其子类来实现。它的常见子类有 AlertDialog、

Presentation、MediaRouteChooserDialog、CharacterPickerDialog、DatePickerDialog、MediaRoute-ControllerDialog、ProgressDialog、TimePickerDialog。

其中最常用的是 AlertDialog 子类。使用 AlertDialog 构造的对话框可以显示 1 个标题、3 个以下（含 3 个）的操作按钮和 1 组选择框（也可以是自定义的弹出框）。以下是几种常用的 AlertDialog 对话框。

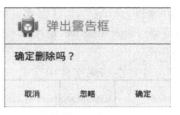

图 3-22　警告式对话框

1. 警告式对话框

警告式对话框的样式如图 3-22 所示。

参考代码如下。

```
//通过 AlertDialog.Builder 这个类来实例化 AlertDialog 的对象
AlertDialog.Builder builder=new AlertDialog.Builder(MainActivity.this);
//设置对话框的图标
builder.setIcon(R.drawable.ic_launcher);
//设置对话框的标题
builder.setTitle("弹出警告框");
//设置对话框中的显示信息
builder.setMessage("确定删除吗？");
//设置"确定"按钮
builder.setPositiveButton("确定", new DialogInterface.OnClickListener(){
    @Override
    public void onClick(DialogInterface dialog, int which) {//"确定"按钮的单击事件
    }
});
//设置"取消"按钮
builder.setNegativeButton("取消", new DialogInterface.OnClickListener(){
    @Override
    public void onClick(DialogInterface dialog, int which){ //"取消"按钮的单击事件
    }
});
//设置"忽略"按钮
builder.setNeutralButton("忽略", new DialogInterface.OnClickListener(){
    @Override
    public void onClick(DialogInterface dialog, int which) {//"忽略"按钮的单击事件
    }
});
//显示对话框
builder.show();
```

2. 列表式对话框

列表式对话框的样式如图 3-23 所示。

参考代码如下。

```
AlertDialog.Builder builder=new AlertDialog.Builder(MainActivity.this);
builder.setIcon(R.drawable.ic_launcher);
builder.setTitle("选择一个城市");
//指定下拉列表的显示数据
final String[] cities={"广州", "上海", "北京", "香港", "澳门"};
//设置一个下拉的列表选择项
builder.setItems(cities, new DialogInterface.OnClickListener(){
```

```
        @Override
        public void onClick(DialogInterface dialog, int which) {   //列表项的单击事件
        }
    });
    builder.show();
```

3. 单选式对话框

单选式对话框的样式如图 3-24 所示。

图 3-23　列表式对话框　　　　　　　　图 3-24　单选式对话框

参考代码如下。

```
    AlertDialog.Builder builder=new AlertDialog.Builder(MainActivity.this);
    builder.setIcon(R.drawable.ic_launcher);
    builder.setTitle("请选择性别");
    final String[] sex={"男", "女", "未知性别"};
    //设置一个单选框
    builder.setSingleChoiceItems(
        sex,                    //第 1 个参数指定单选框的数据集
        1,                      //第 2 个参数指定默认被选项的索引值，索引值从 0 开始
        new DialogInterface.OnClickListener(){//为单选框绑定事件监听
            @Override
            public void onClick(DialogInterface dialog, int which) {
            }
    });
    builder.setPositiveButton("确定", new DialogInterface.OnClickListener(){
        @Override
        public void onClick(DialogInterface dialog, int which) {
        }
    });
    builder.setNegativeButton("取消", new DialogInterface.OnClickListener(){
        @Override
        public void onClick(DialogInterface dialog, int which) {
        }
    });
    builder.show();
```

3.4.3　短信管理器（SmsManager）

短信管理用 SmsManager 类来表示。

1. 发送短信的方法：sendTextMessage()

使用该类提供的 sendTextMessage ()方法可以发送短信。该方法的定义格式如下。

```
public void sendTextMessage(String destinationAddress, String scAddress, String text, PendingIntent
sentIntent, PendingIntent deliveryIntent)
```

其中各个参数的功能如下。

1）destinationAddress：收信人的电话号码。

2）scAddress：短信服务中心的号码。默认为 Null，表示使用当前默认的短信服务中心。

3）text：需要发送的短信内容。

4）sentIntent：短信发送状态对应的 Intent。如果不为 Null，当消息成功发送或失败时，该
Intent 就会被广播。

5）deliverIntent：短信接收状态对应的 Intent。如果不为 Null，当接收者接收到短信时，这
个 Intent 就会被广播。

2．分割短信内容的方法：divideMessage()

如果短信内容过长，需要使用 divideMessage()方法分割短信内容。该方法的定义格式如下。

```
public ArrayList<String>divideMessage(String text)
```

该方法返回值类型是 ArrayList，使用时的参考代码如下。

```
List<String>divideContents=smsManager.divideMessage(message);
for (String text : divideContents) {
        smsManager.sendTextMessage(phoneNumber, null, text, null, null);
}
```

3．发送短信时需要添加权限

发送短信时，还要在配置文件 AndroidManifest.xml 中添加权限。参考代码如下。

```
<uses-permission android:name="android.permission.SEND_SMS"/>
```

Android 6.0 以上还要添加运行时权限，代码如下。

```
ActivityCompat.requestPermissions(context,new String[]{"android.permission.SEND_SMS"}, 1);
```

3.4.4　线程编程

Android 中的线程可分为主线程和子线程两类。主线程就是 UI 线程，它的主要作用是运行
四大组件、处理界面交互；子线程主要处理耗时任务。

1．创建子线程

Android 中子线程的创建同 Java 中子线程的创建一样，可以通过以下两种方法。

1）直接继承 Thread 类，重写 run()方法。参考代码如下。

```
public class MyThread extends Thread {
        @Override
        public void run() {
                //耗时操作
        }
    }
//启动线程
new MyThread().start();
```

2）实现 Runnable 接口，然后用 Thread 执行 Runnable。参考代码如下。

```
public class MyRunnable implements Runnable {
```

```
        @Override
        public void run() {
            //耗时操作
        }
    }
//启动线程
new Thread(new MyRunnable()).start();
```

2．Handler 消息处理机制

子线程借助于 Handler 消息处理机制可以将结果传递给主线程。除此之外，Handler 还能在任意两个线程间传递数据。

Handler 继承自 Object，它允许发送和处理 Message 与 Runnable 对象，并且会关联到主线程的 MessageQueue 中。每个 Handler 具有一个单独的线程，并且具有一个固定的消息队列。

当实例化一个 Handler 时，它可以把 Message 或 Runnable 压入消息队列，并且从消息队列中取出 Message 或 Runnable，进而操作它们。

Handler 消息处理流程如图 3-25 所示。

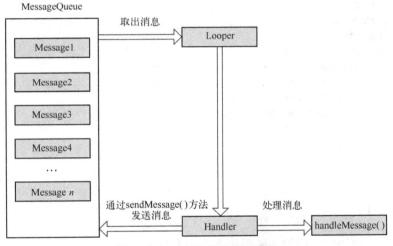

图 3-25　Handler 消息处理流程

从图 3-25 中可以看出，在使用 Handler 的时候，它创建的线程需要维护一个唯一的 Looper 对象。Looper 对象的内部又需要维护一个 MessageQueue。一个线程可以有多个 Handler，但是只能有一个 Looper 和一个 MessageQueue。

创建 Handler 对象时，必须要实现 handleMessage()方法，以便该 Handler 对象能够接收消息并根据接收的消息确定执行逻辑。参考代码如下。

```
private Handler handler=new Handler(){
    @Override
    public void handleMessage(Message msg) {
        if(msg.what==1){
            switch (msg.arg1){
                case 1:
                    //…
                    break;
                //其他情况
```

```
                }
            }
        }
    };
```

3．在子线程中使用 Handler 对象

Handler 的 sendMessage()方法可以把一个包含消息数据的 Message 对象压入消息队列。Message 对象包含以下常用属性。

1）what 属性。它是 int 类型，主线程用来识别子线程发出消息的类型。

2）arg1 和 arg2 属性。这两个属性都是 int 类型，在传递的消息是 int 类型时，可以将消息值赋给 arg1、arg2。

3）obj 属性。它是 Object 类型，在传递的消息是 String 或者其他类型时，可以将消息值赋给 obj。

在子线程中使用 Handler 对象时，必须要实现 handleMessage()方法，以便该 Handler 对象能够接收消息并根据接收的消息确定执行逻辑。参考代码如下。

```
final Thread thread=new Thread(){
    @Override
    public void run() {
        super.run();
        for (int i=1;i<7;i++){
            Message message=new Message();
            message.what=1;
            message.arg1=i;
            handler.sendMessage(message);
        }
    }
};
```

3.5　拓展练习

1．在"登录"模块中，将输入密码设置为不可见。

2．在"注册"模块中，添加用户名检查功能，如果输入的手机号已经存在，用对话框形式提示用户"用户名已存在，请使用其他用户名"。

3．在"编辑个人资料"界面中添加一个 ImageView，用来设置用户头像。

4．在"商品列表"界面上方添加一个 TextView 和一个 ImageView，用来显示当前的用户名和头像。

项目 4   手   账

本章要点

● Android 中开关按钮（ToggleButton）和单选按钮（RadioButton）的使用方法。
● 通过 InputFilter 接口为文本输入框（EditText）实现输入过滤。
● Android 应用程序中定义按钮样式（Shape）的方法与步骤。
● Android 应用程序中的选择器（Selector）资源。
● Android 中非模态弹窗（Snackbar）的创建与使用方法。
● SQLite 数据库存取技术。

4.1   项目简介

4.1.1   项目原型：Vivo 便签

在工作和生活中总会有各种各样的烦冗杂事发生，它们往往会分散人们的注意力，导致遗忘一些事情。所以必要时要借助一些小工具来协助备忘。Vivo 手机中的便签应用不仅可以添加备忘笔记，还提供了记账功能。本章要讨论的"手账"项目的原型即是 Vivo 便签的记账功能。

运行 Vivo 便签应用程序时，首先看到的是便签的首页，如图 4-1 所示。

图 4-1   Vivo 便签首页

单击图 4-1 下方左侧带有钱币符号的"记账"图标，即可进入"记账"界面，如图 4-2a 所示。

a)   b)

图 4-2   Vivo 便签的"记账"界面

记账类型默认为"支出",其中可以输入记账金额、选择支出类型、添加备注、自动获取当前系统时间作为记账时间等。单击"记账"界面上方的"收入"选项卡,可以看到记录"收入"账单的界面,如图 4-2b 所示。从图 4-2a、b 可以看出,"收入"与"支出"界面相差无几,唯一的不同之处在于账单类型。

当输入一些账单数据后,会在应用首页看到如图 4-3 所示的"账单小计"界面。

单击图 4-3 中的"账单小计"列表,即可显示"收支详情"界面,如图 4-4 所示。

图 4-3 "账单小计"界面

图 4-4 "收支详情"界面

除此之外,用户还可以单击"收支详情"界面中的"月度报表"查看各月账目报表,有兴趣的读者可以自行尝试。

4.1.2 项目需求与概要设计

1. 分析项目需求

与 Vivo 便签中的记账功能类似,"手账"项目可以为用户提供记录日常收入和支出功能,并能以不同形式显示收支列表。

在运行时,主界面有"首页""记账""我的"三个选项卡。其中,"首页"选项卡当中按照记账时间顺序显示各项收支记录,单击某项记录就可以删除这笔账务记录;"记账"选项卡中可以记录收支项;"我的"选项卡中可以分别查看收入和支出的各项记录。

在记录收支时,用户需要输入收支金额(表示金额的数字最多只能包含两位小数);用户可以选择收支的明细类型,如记录收入项时,明细类型可以是"工资""理财""红包""奖励""其他";而记录支出项时,明细类型则为"餐饮""娱乐""住房""医疗""电话""购物""交通""其他",明细类型的默认选项为"其他";用户还能够为每笔收支添加不超过 45 个字的"备注"。

2. 设计模块结构

从项目需求中可知,"手账"项目的功能主要包括:用于按照记录时间查询账务并可删除选中账务记录的"首页"模块,用于记录收支账务的"记账"模块,以及用于分别按照收入、支出查询账务的"我的"模块。项目的模块结构如图 4-5 所示。

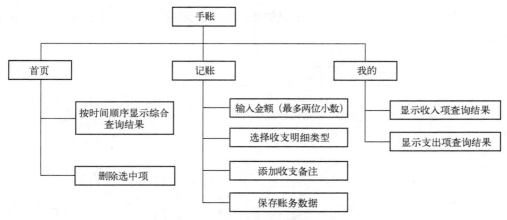

图 4-5 "手账"项目的模块结构

3．确定项目功能

综上，"手账"项目的功能要求描述如下。

① 应用程序启动时首先显示主界面。主界面有"首页""记账""我的"三个选项卡，在主界面中默认显示"首页"选项卡。

② 首次启动或者无任何账务记录时，"首页"内容为空；当存在哪怕一笔收支记录时，"首页"选项卡都将按照记录时间顺序以列表形式依次显示各项账务记录。记录的信息包含账务类别（收入或支出）、账务金额（不超过两位小数）、账务明细类型和记录日期等。

③ 单击"记账"选项卡后，跳转到能够详细记录账务的界面，从上到下依次是能够切换账务类别的"收入/支出"开关按钮，能够输入不超过两位小数的"账务金额"单行文本输入框，能够选择"账务明细类型"的单选按钮，能够添加不超过 45 个字的"备注"多行文本输入框，以及能够保存账务记录的"完成"按钮。

④ 单击"我的"选项卡后，界面跳转到能够分别查询收入和支出账务的界面。

⑤ 更改应用程序图标为自定义图标，以便在手机的应用程序列表中与其他应用加以区分。

⑥ 项目要能够在合适的模拟器中正常运行。模拟器各参数为：屏幕尺寸为 4.95in，分辨率为 1080 像素×1920 像素，密度为 420dpi，Android API 28。

4.2 项目设计与准备

4.2.1 设计用户交互流程

"手账"项目的交互流程如图 4-6 所示。

4.2.2 设计用户界面

1．"首页"界面

主界面中有三个选项卡："首页""记账"和"我的"，默认显示"首页"选项卡。在选中某个选项卡时，选项卡的标题文字会从黑色切换为浅绿色。

"首页"是项目的第一个用户界面，它显示所有账务记录的综合查询结果。其中，第一列的"+"图标表示账务记录类型是"收入"，"-"图标表示账务记录类型是"支出"；第二列是账务记录对应的具体金额；第三列是账务记录的明细类型；最后一列是记账日期。该界面效果如图 4-7 所示。

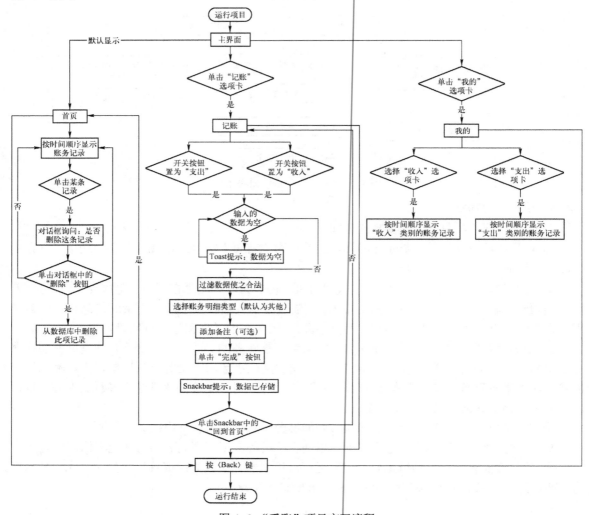

图 4-6 "手账"项目交互流程

图 4-7 "首页"界面

2."记账"界面

"记账"界面主要用于让用户记录账务，其中包含用于确定账务收支类型的开关按钮（收入、支出）、用于输入账务金额的单行文本输入框、用于提供收支明细类型选项的单选按钮、用于输入账务备注的多行文本输入框和用于提交数据的按钮。

支出和收入的"记账"界面效果分别如图 4-8a、b 所示。

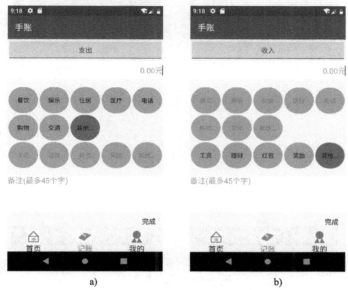

图 4-8 "记账"界面

在输入数据（如红包收入 20.36 元）并单击"记账"界面中的"完成"按钮后，会有入账提示，如图 4-9 所示。

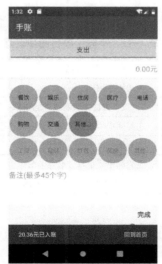

图 4-9 Snackbar 提示入账

从图 4-9 中可以看出，在提示信息的右侧有"回到首页"按钮，单击此按钮后会跳转回"首页"界面。如果用户未单击"回到首页"按钮，界面中的其他视图组件将都恢复到图 4-8a 所示的原始状态。

3. "我的"界面

"我的"界面分别以"收入明细""支出明细"显示查询结果。与"首页"界面中的查询结果的不同之处在于，除了可以显示各项账务记录的记账时间、金额、明细类型之外，还可以看到与账务有关的备注信息。"收入明细""支出明细"的查询结果界面如图4-10a、b所示。

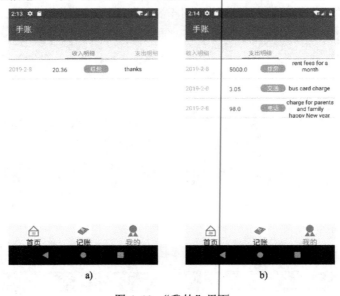

图4-10 "我的"界面

4.2.3 准备项目素材

1. 图片素材

"手账"项目中各个图片素材的名称和尺寸规格如表4-1所示。

表4-1 "手账"项目图片资源

编号	名称	用途说明	尺寸规格（宽×高，单位：像素×像素）
1	icon.jpg	应用程序图标	96×96
2	add.jpg	"首页"界面中表示收入的图标	128×128
3	main.png	主界面中"首页"选项卡图标	100×101
4	mine.png	主界面中"我的"选项卡图标	100×101
5	record.png	主界面中"记账"选项卡图标	100×101
6	substract.jpg	"首页"界面中表示支出的图标	128×128

2. 文字素材

项目实施前还需要将项目中用到的文字准备齐全，并保存在无格式的记事本或写字板等文件中，详见第4.3.2节。

4.3 项目界面的分析与创建

本项目开发环境及版本配置如表4-2所示。

表 4-2 "手账"项目开发环境及版本配置

编号	软件名称	软件版本
1	操作系统	Windows 7 64 位
2	JDK	1.8.0_76
3	Android Studio	3.2.1
4	Compile SDK	API 28: Android 9.0 (Pie)
5	Min SDK Version	API 15: Android 4.0 (IceCreamSandwich)
6	Target SDK Version	API 28: Android 9.0 (Pie)

4.3.1 创建项目

V42 创建
项目四

创建本项目的基本步骤及其需要设置的参数如下。

1）在 Android Studio 中新建项目，步骤同其他项目。创建项目时的各个参数值如下。

- Application name：AccountInHand。
- Company domain：tea.account_in_hand.com。
- Project location：E:\AccountInHand。
- Package name：com.account_in_hand.tea.accountinhand。

2）为项目选择运行的设备类型和最低的 SDK 版本号。本项目的运行设备为"Phone and Tablet"，Minimum SDK 的值设置为"API 15: Android 4.0(IceCreamScandwich)"。

3）为项目添加一个 Activity，即用户界面，此处选择"Empty Activity"。

4）设置 Activity 的名称等属性。此处"Activity Name"的值为"MainActivity"，"Layout Name"的值为"activity_main"，单击"Finish"按钮。

4.3.2 创建与定义资源

1. 可绘制资源（app\src\main\res\drawable）

1）图片资源文件。

将所有准备好的图片素材，全部复制并粘贴在项目的 app\src\main\res\drawable 目录中，即可完成图片资源的创建。将本目录及 mipmap 目录中其他不需要的图片资源文件全部删除。

由于默认的应用程序图标是 mipmap 目录中的 ic_launcher 等相关文件，因此在删除这些图片与文件后，保存并同步项目会出现如图 4-11 所示的错误。

图 4-11 丢失相关文件后导致构建出错

根据"Build"窗口中的提示可得知，这个错误是由未能配置成功（failed processing manifest）导致的，所以，其对应的修复方案即是在配置清单中修改相关配置项。

打开 app\src\main\AndroidManifest.xml 文件，会发现红色标识的错误代码提示。经分析可知，问题产生的主要原因是配置清单中使用到的图像资源"@mipmap/ic_launcher"与"@mipmap/ic_launcher_round"已经不复存在。修复时，只要将这些资源修改为"@drawable/icon"即可，参考代码如下。

```
android:icon="@drawable/icon"
```

2）选择器资源（selector）。

为了使主界面中的标签文本在选中和未选中时的颜色不同，需要在 app\src\main\res\drawable 中创建一个 selector 选择器文件，其名称为 main_bottom_tv_color.xml，参考代码如下。

```xml
<?xml version="1.0" encoding="utf-8"?>
<selector xmlns:android="http://schemas.android.com/apk/res/android">
    <item
        android:color="#000"
        android:state_enabled="true"/>
    <item
        android:color="@android:color/holo_green_dark"
        android:state_enabled="false"/>
</selector>
```

V43 创建
选项卡选择器

类似地，为了使"记账"界面中不可用的明细类型按钮为浅灰色，且可用时呈灰色背景，选中时呈红色背景，在 app\src\main\res\drawable 目录中创建一个 selector 选择器文件，其中每个选择器标签中都包含不同的 shape 标签，其名称为 record_btn_types_selector.xml，参考代码如下。

```xml
<?xml version="1.0" encoding="utf-8"?>
<selector xmlns:android="http://schemas.android.com/apk/res/android">
    <item android:state_enabled="false">
        <shape xmlns:android="http://schemas.android.com/apk/res/android"
            android:shape="rectangle">
            <!-- 圆角浅灰色按钮 -->
            <solid android:color="@android:color/darker_gray"/>
            <corners android:radius="50dip"/>
        </shape>
    </item>
    <item android:state_checked="true">
        <shape xmlns:android="http://schemas.android.com/apk/res/android"
            android:shape="rectangle">
            <!-- 圆角红色按钮 -->
            <solid android:color="#D9534F"/>
            <corners android:radius="50dip"/>
        </shape>
    </item>
    <item android:state_checked="false">
        <shape xmlns:android="http://schemas.android.com/apk/res/android"
            android:shape="rectangle">
            <!-- 圆角深灰色按钮 -->
            <solid android:color="@android:color/darker_gray"/>
            <corners android:radius="50dip"/>
        </shape>
    </item>
```

V44 创建按钮
选择器

```
</selector>
```

3）按钮样式资源（shape）。

为了使收入、支出查询列表中的明细类型文本显示灰色背景，需要在 app\src\main\res\drawable 目录中创建一个用 shape 标签定义的 XML 文件，其名称为 main_list_ types_tv_style.xml，参考代码如下。

V45 创建
shape 资源

```
<?xml version="1.0" encoding="utf-8"?>
<shape xmlns:android="http://schemas.android.com/apk/res/android"
    android:shape="rectangle">
    <!-- 圆角灰色背景 -->
    <corners android:radius="8dp" />
    <solid android:color="@android:color/darker_gray"/>
</shape>
```

2．字符串（数组）与数字资源（app\src\main\res\values\strings.xml）

打开 app\src\main\res\values\strings.xml 文件，将项目中需要的文字、数组和数字等数据按正确格式整理。参考代码如下。

V46 创建字符
串与数字资源

```
<resources>
    <string name="app_name">手账</string>
    <!--主界面底部的三个标签-->
    <string name="main_title">首页</string>
    <string name="record_title">记账</string>
    <string name="mine_title">我的</string>
    <!--记账页面中用到的文本-->
    <string name="record_finish">完成</string>
    <string name="income_title">收入</string>
    <string name="cost_title">支出</string>
    <string name="default_value">0.00 元</string>
    <string name="goto_main">回到首页</string>
    <string name="input_number_error">金额不能为空</string>
    <string name="record_finish_tips">已入账</string>
    <string name="record_tips">备注(最多 45 个字)</string>
    <!--支出类型对应的文字-->
    <string name="cost_eating">餐饮</string>
    <string name="cost_shopping">购物</string>
    <string name="cost_living">住房</string>
    <string name="cost_traffic">交通</string>
    <string name="cost_phone">电话</string>
    <string name="cost_entertain">娱乐</string>
    <string name="cost_medical">医疗</string>
    <!--收入类型对应的文字-->
    <string name="income_earning">工资</string>
    <string name="income_financing">理财</string>
    <string name="income_gift">红包</string>
    <string name="income_prize">奖励</string>
    <string name="others">其他...</string>
    <!--删除数据对话框中用到的提示语-->
    <string name="sure_to_delete_content">您确定要删除这条账务记录吗？</string>
    <string name="sure_to_delete_title">删除</string>
```

```
        <string name="yes">确定</string>
        <string name="cancel">取消</string>
        <!--"我的"界面中的两个标题,用数组存放-->
        <string-array name="page_titles">
            <item>收入明细</item>
            <item>支出明细</item>
        </string-array>
        <!--备注中的最多字符数-->
        <integer name="max_memory_chars">45</integer>
    </resources>
```

3. 尺寸资源(app\src\main\res\values\dimens.xml)

在 app\src\main\res\values 目录中创建 dimens.xml 资源文件。参考代码如下。

V47 创建
尺寸资源

```
    <resources>
        <!-- Default screen margins, per the Android Design guidelines. -->
        <dimen name="activity_horizontal_margin">16dp</dimen>
        <dimen name="activity_vertical_margin">16dp</dimen>
        <!--"首页"界面中各个列表项里图片的高度-->
        <dimen name="list_item_image_height">32dp</dimen>
        <!--"首页"界面中各个列表项的高度-->
        <dimen name="list_item_height">48dp</dimen>
        <!--"首页"界面中底部标签文本的大小-->
        <dimen name="main_tab_text_size">18sp</dimen>
        <!--"记账"界面中文本的大小-->
        <dimen name="record_text_size">16sp</dimen>
        <!--"我的"界面中文本的大小-->
        <dimen name="mine_text_size">22sp</dimen>
        <!--"记账"界面中收入及支出类型圆角按钮之间的间距-->
        <dimen name="record_types_span">2dp</dimen>
    </resources>
```

4. 样式资源(app\src\main\res\values\styles.xml)

在 app\src\main\res\values 目录中打开 styles.xml 资源文件,添加文本输入框的样式。参考代码如下。

```
    <resources>
        <style name="AppTheme" parent="Theme.AppCompat.Light.DarkActionBar">
            <item name="colorPrimary">@color/colorPrimary</item>
            <item name="colorPrimaryDark">@color/colorPrimaryDark</item>
            <item name="colorAccent">@color/colorAccent</item>
        </style>
        <!--添加文本编辑框在激活和正常状态下的样式-->
        <style name="EditTheme" parent="Theme.AppCompat.Light">
            <item name="colorControlNormal">@android:color/darker_gray</item>
            <item name="colorControlActivated">@color/colorPrimary</item>
        </style>
    </resources>
```

4.3.3 创建主界面布局

1. 布局分析

主界面分为上下两部分,上半部分用于显示或输入数据,约占 90%的界面空间,下半部分是选项卡图标和文字，约占 10%的界面空间。主界面的布局设计草图如图 4-12 所示。

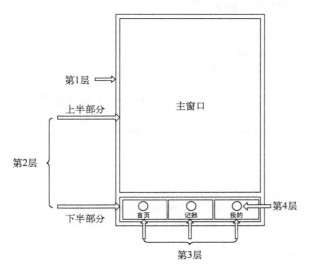

图 4-12   主界面的布局设计草图

2．布局实现（app\src\main\res\layout\activity_main.xml）

在 activity_main.xml 文件中，将根布局修改为竖直方向的 LinearLayout，其中下半部分是水平方向的 LinearLayout，水平放置三组图标和文字。

参考代码如下。

```xml
<?xml version="1.0" encoding="utf-8"?>
<LinearLayout
    xmlns:android="http://schemas.android.com/apk/res/android"
    android:layout_width="match_parent"
    android:layout_height="match_parent"
    android:orientation="vertical">
    <!--主界面-->
    <LinearLayout
        android:layout_width="match_parent"
        android:layout_height="0dp"
        android:layout_weight="9"
        android:id="@+id/main_fragment_container"
        android:orientation="vertical">
    </LinearLayout>
    <!--水平放置的三个标签-->
    <LinearLayout
        android:id="@+id/main_bottome_switcher_container"
        android:layout_width="match_parent"
        android:layout_height="0dp"
        android:layout_weight="1"
        android:layout_gravity="bottom"
        android:orientation="horizontal">
        <!--首页-->
        <FrameLayout
            android:layout_width="0dp"
```

```
                android:layout_height="match_parent"
                android:layout_weight="1">
                <!--图标-->
                <ImageView
                    android:layout_width="match_parent"
                    android:layout_height="30dp"
                    android:src="@drawable/main" />
                <!--文字，使用了 drawable/main_bottom_tv_color 选择器-->
                <TextView
                    android:layout_width="match_parent"
                    android:layout_height="20dp"
                    android:layout_gravity="bottom"
                    android:gravity="center"
                    android:text="@string/main_title"
                    android:textSize="@dimen/main_tab_text_size"
                    android:textColor="@drawable/main_bottom_tv_color" />
            </FrameLayout>
            <!--记账-->
            <FrameLayout
                android:layout_width="0dp"
                android:layout_height="match_parent"
                android:layout_weight="1">
                <!--图标-->
                <ImageView
                    android:layout_width="match_parent"
                    android:layout_height="30dp"
                    android:src="@drawable/record" />
                <!--文字，使用了 drawable/main_bottom_tv_color 选择器-->
                <TextView
                    android:layout_width="match_parent"
                    android:layout_height="20dp"
                    android:layout_gravity="bottom"
                    android:gravity="center"
                    android:text="@string/record_title"
                    android:textSize="@dimen/main_tab_text_size"
                    android:textColor="@drawable/main_bottom_tv_color" />
            </FrameLayout>
            <!--我的-->
            <FrameLayout
                android:layout_width="0dp"
                android:layout_height="match_parent"
                android:layout_weight="1">
                <!--图标-->
                <ImageView
                    android:layout_width="match_parent"
                    android:layout_height="30dp"
                    android:src="@drawable/mine" />
                <!--文字，使用了 drawable/main_bottom_tv_color 选择器-->
                <TextView
                    android:layout_width="match_parent"
                    android:layout_height="20dp"
```

```
                    android:layout_gravity="bottom"
                    android:gravity="center"
                    android:text="@string/mine_title"
                    android:textSize="@dimen/main_tab_text_size"
                    android:textColor="@drawable/main_bottom_tv_color" />
            </FrameLayout>
        </LinearLayout>
    </LinearLayout>
```

4.3.4 创建"首页"界面的布局

1."首页"列表宏布局（app\src\main\res\layout\fragment_main.java）

"首页"界面中要以列表的形式按时间顺序显示所有账务记录，所以在此布局中首先要包含一个 ListView 视图。

参考代码如下。

```
<?xml version="1.0" encoding="utf-8"?>
<LinearLayout xmlns:android="http://schemas.android.com/apk/res/android"
    android:layout_width="match_parent"
    android:layout_height="match_parent"
    android:orientation="vertical">
    <ListView
        android:id="@+id/lv_recorder"
        android:layout_width="match_parent"
        android:layout_height="wrap_content"
        />
</LinearLayout>
```

2."首页"列表项微布局（app\src\main\res\layout\list_item.java）

"首页"界面中的列表项使用自定义的布局，布局的设计草图如图 4-13 所示。

图 4-13 "首页"列表项微布局的设计草图

参考代码如下。

```
<?xml version="1.0" encoding="utf-8"?>
<LinearLayout xmlns:android="http://schemas.android.com/apk/res/android"
    android:layout_width="match_parent"
    android:layout_height="@dimen/list_item_height"
    android:orientation="horizontal">
    <ImageView
        android:id="@+id/img_income_or_cost"
        android:layout_width="0dp"
        android:layout_height="@dimen/list_item_image_height"
        android:layout_weight="1"
        android:layout_gravity="center"
        android:src="@drawable/substract" />
    <TextView
        android:id="@+id/tv_money"
        android:layout_width="0dp"
```

```xml
        android:layout_height="wrap_content"
        android:layout_weight="1"
        android:layout_margin="@dimen/activity_horizontal_margin"
        android:layout_gravity="left|center_vertical"
        android:textColor="@color/colorPrimaryDark" />
    <TextView
        android:id="@+id/tv_type"
        android:layout_width="0dp"
        android:layout_height="wrap_content"
        android:layout_weight="2"
        android:layout_gravity="center"
        android:background="@drawable/main_list_types_tv_style"
        android:gravity="center"
        android:textColor="#fff" />
    <TextView
        android:id="@+id/tv_date"
        android:layout_width="0dp"
        android:layout_height="wrap_content"
        android:layout_weight="3"
        android:layout_gravity="center"
        android:gravity="right"
        android:textColor="@android:color/holo_green_light" />
</LinearLayout>
```

4.3.5　创建"记账"界面的布局

1．布局分析

"记账"界面的布局从上到下依次是开关按钮、金额输入框、支出和收入明细类型选择按钮、备注输入框、完成按钮。该界面的布局设计草图如图 4-14 所示。

2．布局实现（**app\src\main\res\layout\fragment_recorder.xml**）

在 fragment_recorder.xml 文件中，将根布局修改为竖直方向的 LinearLayout。该布局包含了 ToggleButton、EditText、GridLayout、RadioButton、TextView 等视图组件。为了能让 EditText 只接收数字，为其添加 inputType 属性并将其值设置为 numberDecimal。为了确保输入框接收的数字最多两位小数，还需要在业务处理过程中对此需求进行单独实现，详见第 4.4.1 节。

参考代码如下。

```xml
<?xml version="1.0" encoding="utf-8"?>
<LinearLayout xmlns:android="http://schemas.android.com/apk/res/android"
    android:layout_width="match_parent"
    android:layout_height="match_parent"
    android:orientation="vertical">
    <!--收支开关按钮，默认选中支出-->
    <ToggleButton
```

图 4-14　"记账"界面的布局设计草图

```
                    android:id="@+id/tgbtn_income_or_cost"
                    android:layout_width="match_parent"
                    android:layout_height="0dp"
                    android:layout_weight="1.2"
                    android:textOn="@string/cost_title"
                    android:textOff="@string/income_title"
                    android:checked="true"
                    android:textSize="@dimen/record_text_size"
                    android:textColor="@color/colorPrimaryDark"/>
            <EditText
                    android:id="@+id/edt_number"
                    android:layout_width="match_parent"
                    android:layout_height="0dp"
                    android:layout_weight="1"
                    android:inputType="numberDecimal"
                    android:hint="@string/default_value"
                    android:gravity="end|center_vertical"
                    android:theme="@style/EditTheme"
                    android:background="@android:color/background_light">
                <requestFocus/>
            </EditText>
            <!--嵌入两行五列的网格布局，显示支出类型-->
            <GridLayout
                    android:id="@+id/grdlayout_cost"
                    android:layout_width="match_parent"
                    android:layout_height="0dp"
                    android:layout_weight="3"
                    android:columnCount="5"
                    android:rowCount="2"
                    android:layout_marginTop="@dimen/activity_vertical_margin">
                <!--android:button=@null 表示不使用单选按钮的固有样式-->
                <RadioButton
                        android:id="@+id/cost_eating"
                        android:layout_height="0dp"
                        android:layout_rowWeight="1"
                        android:layout_width="0dp"
                        android:layout_columnWeight="1"
                        android:text="@string/cost_eating"
                        android:button="@null"
                        android:textAlignment="center"
                        android:background="@drawable/record_btn_types_selector"
                        android:layout_margin="@dimen/record_types_span"/>
                <RadioButton
                        android:id="@+id/cost_entertain"
                        android:layout_height="0dp"
                        android:layout_rowWeight="1"
                        android:layout_width="0dp"
                        android:layout_columnWeight="1"
                        android:text="@string/cost_entertain"
                        android:button="@null"
                        android:textAlignment="center"
```

```
        android:background="@drawable/record_btn_types_selector"
        android:layout_margin="@dimen/record_types_span"/>
    <RadioButton
        android:id="@+id/cost_living"
        android:layout_height="0dp"
        android:layout_rowWeight="1"
        android:layout_width="0dp"
        android:layout_columnWeight="1"
        android:text="@string/cost_living"
        android:button="@null"
        android:textAlignment="center"
        android:background="@drawable/record_btn_types_selector"
        android:layout_margin="@dimen/record_types_span"/>
    <RadioButton
        android:id="@+id/cost_medical"
        android:layout_height="0dp"
        android:layout_rowWeight="1"
        android:layout_width="0dp"
        android:layout_columnWeight="1"
        android:text="@string/cost_medical"
        android:button="@null"
        android:textAlignment="center"
        android:background="@drawable/record_btn_types_selector"
        android:layout_margin="@dimen/record_types_span"/>
    <RadioButton
        android:id="@+id/cost_phone"
        android:layout_height="0dp"
        android:layout_rowWeight="1"
        android:layout_width="0dp"
        android:layout_columnWeight="1"
        android:text="@string/cost_phone"
        android:button="@null"
        android:textAlignment="center"
        android:background="@drawable/record_btn_types_selector"
        android:layout_margin="@dimen/record_types_span"/>
    <RadioButton
        android:id="@+id/cost_shopping"
        android:layout_height="0dp"
        android:layout_rowWeight="1"
        android:layout_width="0dp"
        android:layout_columnWeight="1"
        android:text="@string/cost_shopping"
        android:button="@null"
        android:textAlignment="center"
        android:background="@drawable/record_btn_types_selector"
        android:layout_margin="@dimen/record_types_span"/>
    <RadioButton
        android:id="@+id/cost_traffic"
        android:layout_height="0dp"
        android:layout_rowWeight="1"
        android:layout_width="0dp"
```

```
            android:layout_columnWeight="1"
            android:text="@string/cost_traffic"
            android:button="@null"
            android:textAlignment="center"
            android:background="@drawable/record_btn_types_selector"
            android:layout_margin="@dimen/record_types_span"/>
        <RadioButton
            android:id="@+id/cost_others"
            android:layout_height="0dp"
            android:layout_rowWeight="1"
            android:layout_width="0dp"
            android:layout_columnWeight="1"
            android:text="@string/others"
            android:button="@null"
            android:textAlignment="center"
            android:background="@drawable/record_btn_types_selector"
            android:layout_margin="@dimen/record_types_span"
            android:checked="true"/>
</GridLayout>
<!--嵌入一行五列的网格布局，显示收入类型-->
<GridLayout
        android:id="@+id/grdlayout_income"
        android:layout_width="match_parent"
        android:layout_height="0dp"
        android:layout_weight="1.5"
        android:columnCount="5"
        android:rowCount="1"
        android:layout_marginBottom="@dimen/activity_vertical_margin">
        <RadioButton
            android:id="@+id/income_earning"
            android:layout_height="0dp"
            android:layout_rowWeight="1"
            android:layout_width="0dp"
            android:layout_columnWeight="1"
            android:text="@string/income_earning"
            android:background="@drawable/record_btn_types_selector"
            android:layout_margin="@dimen/record_types_span"
            android:enabled="false"
            android:textAlignment="center"
            android:button="@null"/>
        <RadioButton
            android:id="@+id/income_financing"
            android:layout_height="0dp"
            android:layout_rowWeight="1"
            android:layout_width="0dp"
            android:layout_columnWeight="1"
            android:textAlignment="center"
            android:text="@string/income_financing"
            android:background="@drawable/record_btn_types_selector"
            android:layout_margin="@dimen/record_types_span"
            android:enabled="false"
```

```
                android:button="@null"/>
            <RadioButton
                android:id="@+id/income_gift"
                android:layout_height="0dp"
                android:layout_rowWeight="1"
                android:layout_width="0dp"
                android:layout_columnWeight="1"
                android:text="@string/income_gift"
                android:textAlignment="center"
                android:background="@drawable/record_btn_types_selector"
                android:layout_margin="@dimen/record_types_span"
                android:enabled="false"
                android:button="@null"/>
            <RadioButton
                android:id="@+id/income_prize"
                android:layout_height="0dp"
                android:layout_rowWeight="1"
                android:layout_width="0dp"
                android:layout_columnWeight="1"
                android:textAlignment="center"
                android:text="@string/income_prize"
                android:background="@drawable/record_btn_types_selector"
                android:layout_margin="@dimen/record_types_span"
                android:enabled="false"
                android:button="@null"/>
            <RadioButton
                android:id="@+id/income_others"
                android:layout_height="0dp"
                android:layout_rowWeight="1"
                android:layout_width="0dp"
                android:layout_columnWeight="1"
                android:text="@string/others"
                android:textAlignment="center"
                android:background="@drawable/record_btn_types_selector"
                android:layout_margin="@dimen/record_types_span"
                android:enabled="false"
                android:button="@null"/>
    </GridLayout>
    <!--备注文本输入框，最多输入 2 行-->
    <EditText
        android:id="@+id/edt_summary"
        android:lines="2"
        android:layout_width="match_parent"
        android:layout_height="0dp"
        android:layout_weight="2"
        android:hint="@string/record_tips"
        android:gravity="left|top"
        android:background="@android:color/background_light"
        android:maxLength="@integer/max_memory_chars"/>
    <TextView
        android:id="@+id/tv_finish_record"
```

```
            android:layout_width="wrap_content"
            android:layout_height="0dp"
            android:layout_weight="1"
            android:gravity="center_vertical"
            android:layout_gravity="right"
            android:text="@string/record_finish"
            android:textSize="@dimen/record_text_size"
            android:textStyle="bold"
            android:textColor="@color/colorPrimaryDark"
            android:layout_marginRight="@dimen/activity_horizontal_margin" />
    </LinearLayout>
```

4.3.6 创建"我的"界面的布局

1. "我的"宏布局（app\src\main\res\layout\fragment_mine.xml）

在 fragment_mine.xml 文件中，将根布局修改为竖直方向的 LinearLayout，布局中的视图组件包含用于实现左右滑动页面内容的 ViewPager，ViewPager 中又包含能够显示标题栏的 PagerTabStrip。

参考代码如下。

```
<?xml version="1.0" encoding="utf-8"?>
<LinearLayout xmlns:android="http://schemas.android.com/apk/res/android"
    android:layout_width="match_parent"
    android:layout_height="match_parent"
    android:orientation="vertical">
    <android.support.v4.view.ViewPager
        android:id="@+id/vp"
        android:layout_width="match_parent"
        android:layout_height="match_parent">
        <android.support.v4.view.PagerTabStrip
            android:id="@+id/pager_tab"
            android:layout_width="match_parent"
            android:layout_height="@dimen/list_item_height"
            android:layout_gravity="top"
            android:textColor="@android:color/holo_green_dark">
        </android.support.v4.view.PagerTabStrip>
    </android.support.v4.view.ViewPager>
</LinearLayout>
```

2. "我的"分页布局（app\src\main\res\layout\fragment_mine_page.xml）

在"我的"界面中有"收入明细"和"支出明细"两个页面，这两个页面中都只包含一个用于显示查询结果的列表，其布局均在 fragment_mine_page.xml 文件中定义。

参考代码如下。

```
<?xml version="1.0" encoding="utf-8"?>
<LinearLayout xmlns:android="http://schemas.android.com/apk/res/android"
    android:orientation="vertical"
    android:layout_width="match_parent"
    android:layout_height="match_parent">
    <ListView
```

```
        android:id="@+id/lv_detail"
        android:layout_width="match_parent"
        android:layout_height="match_parent"
        android:background="@android:color/background_light"
        android:gravity="center"
        android:textSize="@dimen/mine_text_size"/>
</LinearLayout>
```

3."我的"列表项微布局（app\src\main\res\layout\fragment_mine_page_items.xml）

在"收入明细"和"支出明细"的列表中，每项列表都包含记账日期、金额、明细类型和备注，故需重新定义其列表项布局，参考代码如下。

```
<?xml version="1.0" encoding="utf-8"?>
<LinearLayout xmlns:android="http://schemas.android.com/apk/res/android"
    android:orientation="horizontal"
    android:layout_width="match_parent"
    android:layout_height="@dimen/list_item_height">
    <!--记账日期-->
    <TextView
        android:id="@+id/tv_detail_date"
        android:layout_width="0dp"
        android:layout_height="wrap_content"
        android:layout_weight="1.5"
        android:layout_gravity="center"
        android:gravity="left"
        android:textColor="@android:color/holo_green_light"/>
    <!--记账金额-->
    <TextView
        android:id="@+id/tv_detail_money"
        android:layout_width="0dp"
        android:layout_height="wrap_content"
        android:layout_weight="1"
        android:layout_margin="@dimen/activity_horizontal_margin"
        android:layout_gravity="left|center_vertical"
        android:textColor="@color/colorPrimaryDark"/>
    <!--账务明细-->
    <TextView
        android:id="@+id/tv_detail_type"
        android:layout_width="0dp"
        android:layout_height="wrap_content"
        android:layout_weight="1"
        android:layout_gravity="center"
        android:background="@drawable/main_list_types_tv_style"
        android:gravity="center"
        android:textColor="#fff"/>
    <!--备忘-->
    <TextView
        android:id="@+id/tv_detail_summary"
        android:layout_width="0dp"
```

```
            android:layout_height="wrap_content"
            android:layout_weight="2"
            android:layout_gravity="center_vertical"
            android:gravity="center"
            android:textColor="#000"/>
    </LinearLayout>
```

4.4 项目开发与实现

4.4.1 实现工具类

构造工具类可以提高代码的复用率。本项目中使用的三个工具类全部存放于 app\src\main\java\包名(com.account_in_hand)\tools 目录中，分别如下。

1）为文本输入框（EditText）过滤非法字符的数字过滤工具类（DigitLengthFilter.java）。

2）使一组按钮实现互斥选择的视图组件选择互斥工具类（ViewTools.java）。

3）ViewPager 的适配工具类（MyPagerAdapter.java）。

创建工具类所在包的步骤如下。

1）右键单击 app\src\main\java 目录中的 com.account_in_hand 包文件夹。

2）在弹出的快捷菜单中选择"New"→"Package"命令。

3）在弹出的对话框中输入包名"tools"。

4）单击对话框中的"OK"按钮，即可完成工具类包的创建。

1. 小数位数过滤工具类（app\src\main\java\包名\tools\DigitLengthFilter.java）

DigitLengthFilter.java 工具类用来实现将小数位数控制在两位以内。该类的创建步骤如下。

1）右键单击 app\src\main\java\com.account_in_hand\tool 目录。

2）在弹出的快捷菜单中选择"New"→"Java Class"命令。

3）在弹出的对话框中，创建名为 DigitLengthFilter.java 的类。该类是一个工具类，用于过滤 InputFilter 接口中接收到的小数的位数。创建此类的对话框中的各项信息如图 4-15 所示。

4）单击"OK"按钮，将弹出选择要实现的相关方法的对话框，如图 4-16 所示。

5）在图 4-16 中选择 android.text.InputFilter 接口的 filter 方法。

6）单击"OK"按钮，进入此类的编辑窗口。参考代码如下。

```
package com.account_in_hand.tools;
import android.text.InputFilter;
import android.text.Spanned;
public class DigitLengthFilter implements InputFilter {
    /** 输入框中小数的位数默认为 2*/
    private int DECIMAL_DIGITS=2;
    //filter()方法中各参数的意义详见第 4.5.3 节
    @Override
    public CharSequence filter(CharSequence source, int start, int end, Spanned dest, int dstart, int dend) {
        //类似"退格"的删除字符
        if("".equals(source.toString())) {
            return null;
```

```
                }
                String dValue=dest.toString();
                String[] splitArray=dValue.split("\\.");
                if(splitArray.length>1) {
                    String dotValue=splitArray[1];
                    //获取小数点"."在字符串中的 index 值
                    int dotIndex=dValue.indexOf(".");
                    //小数位数超出 2 位且光标在小数点的后面,则不可以添加数字
                    if(dotValue.length()>=DECIMAL_DIGITS && dstart>dotIndex) {
                        return "";
                    }
                }
                return null;
            }
        }
```

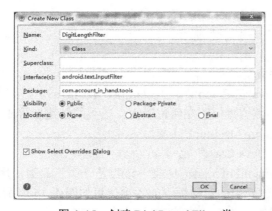

图 4-15 创建 DigitLengthFilter 类

图 4-16 选择要实现的相关方法

2.视图组件选择互斥工具类(**app\src\main\java\包名\tools\ViewTools.java**)

在"记账"界面中,有关收入、支出的明细类型按钮之间保持互斥关系。也就是说,当选择了收入的明细为红包时,其他项就不会再处于被选中状态,有点像单选按钮组中的各个单选按钮。此外,当将开关按钮置于"收入"时,支出明细类型的各个按钮处于不可用状态;反之亦然。为了降低代码冗余度,要实现这些视图组件间的互斥,在 tools 目录下创建名为 ViewTools.java 的视图组件选择互斥工具类。

参考代码如下。

```
public class ViewTools {
    //设置某个父容器中的所有子元素的可用性
    public void setEnable(View view, boolean b) {
        //父布局操作
        view.setEnabled(b);
        //判断 view 是否是 ViewGroup 的实例对象
```

```
        if(view instanceof ViewGroup) {
            int childCount=((ViewGroup) view).getChildCount();
            for (int i=0; i <childCount; i++) {
                View viewchild=((ViewGroup) view).getChildAt(i);
                //递归调用
                setEnable(viewchild, b);
            }
        }
    }
    //设置某个父容器中除当前子元素之外，其余都未被选中
    public void setCheckable(View view_parent, View current_view) {
        setCheckable(view_parent,false);
        ((RadioButton)current_view).setChecked(true);
    }
    //设置某个父容器中的所有子元素的可选性
    public void setCheckable(View view, boolean b) {
        if(view instanceof ViewGroup) {
            int childCount=((ViewGroup) view).getChildCount();
            for(int i=0; i <childCount; i++) {
                View viewchild=((ViewGroup) view).getChildAt(i);
                //递归调用
                setCheckable(viewchild, b);
            }
        }else{
            ((RadioButton)view).setChecked(b);
        }
    }
}
```

3．ViewPager 适配工具类（app\src\main\java\包名\tools\MyPagerAdapter.java）

通过 ViewPager 类可以实现在"我的"界面中又包含两个界面，该类需要适配器的支持才能正常使用。在 tools 目录下，创建继承自 PagerAdapter 类且名为 MyPagerAdapter.java 的适配工具类。创建此类的对话框中的各项信息如图 4-17 所示。

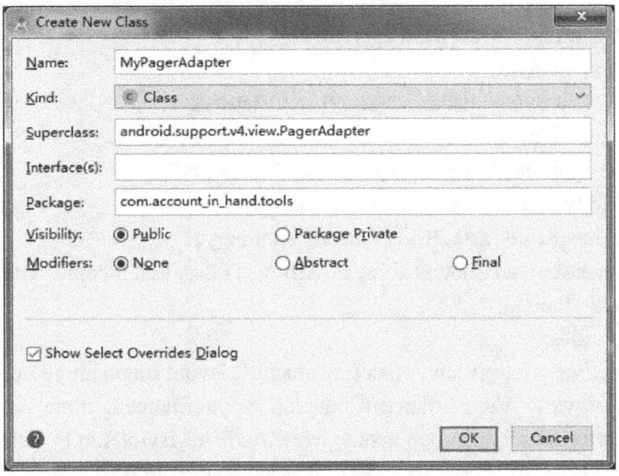

图 4-17　创建 MyPagerAdapter 类

单击图 4-17 中的"OK"按钮, 在弹出的对话框中, 按住〈Ctrl〉键的同时分别单击 android.
support.v4.view.PagerAdapter 类的 isViewFromObject()方法、getCount()方法、instantiateItem()方
法、destroyItem()方法和 getPageTitle()方法, 效果如图 4-18 所示。

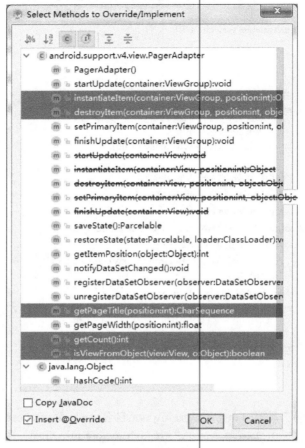

图 4-18 选择要覆盖的方法

该类的参考代码如下。

```
public class MyPagerAdapter extends PagerAdapter {
    private Context mContext;
    private List<View> view_list=new ArrayList<View>();
    private String mTitles[];
    String [] from={"money","detail_type","date","summary"};
    int [] to={ R.id.tv_detail_money, R.id.tv_detail_type,
            R.id.tv_detail_date, R.id.tv_detail_summary};
    public MyPagerAdapter(Context context , String [] titles, List income_data, List cost_data) {
        mContext=context;
        mTitles=titles;
        View income_view=View.inflate(mContext,R.layout.fragment_mine_page,null);
        View cost_view=View.inflate(mContext,R.layout.fragment_mine_page,null);
        ListView lv_detail_income=income_view.findViewById(R.id.lv_detail);
        ListView lv_detail_cost=cost_view.findViewById(R.id.lv_detail);
        SimpleAdapter simpleAdapter_income=new SimpleAdapter(
```

```
                    this.mContext,
                    income_data,
                    R.layout.fragment_mine_page_items,
                    from,
                    to);
            lv_detail_income.setAdapter(simpleAdapter_income);
            SimpleAdapter simpleAdapter_cost=new SimpleAdapter(
                    this.mContext,
                    cost_data,
                    R.layout.fragment_mine_page_items,
                    from,
                    to);
            lv_detail_cost.setAdapter(simpleAdapter_cost);
            view_list.add(income_view);
            view_list.add(cost_view);
        }
        @Override
        public boolean isViewFromObject(View view, Object object) {
            return view==object;
        }
        @Override
        public int getCount() {
            return view_list.size();
        }
        @Override
        public Object instantiateItem(ViewGroup container, int position) {
            container.addView(view_list.get(position));
            return view_list.get(position);
        }
        @Override
        public void destroyItem(ViewGroup container, int position, Object object) {
            container.removeView(view_list.get(position));
        }
        @Override
        public CharSequence getPageTitle(int position) {
            return mTitles[position];
        }
    }
```

4.4.2　实现数据库辅助类

　　右键单击 app\src\main 目录中的 java 文件夹，在弹出的快捷菜单中选择"New"→"Package"命令，创建名为"db"的包，用于存放与数据库操作有关的数据类。

　　1．数据库字段常量类（app\src\main\java\包名\db\DBConstants.java）

　　为了统一项目中数据库字段的名称，实现"一处修改，处处使用"，在 db 目录下创建实现继承自 BaseColumns 接口的名为 DBConstants 的数据库字段常量类。创建 DBConstants 类的对话框中的各项信息如图 4-19 所示。

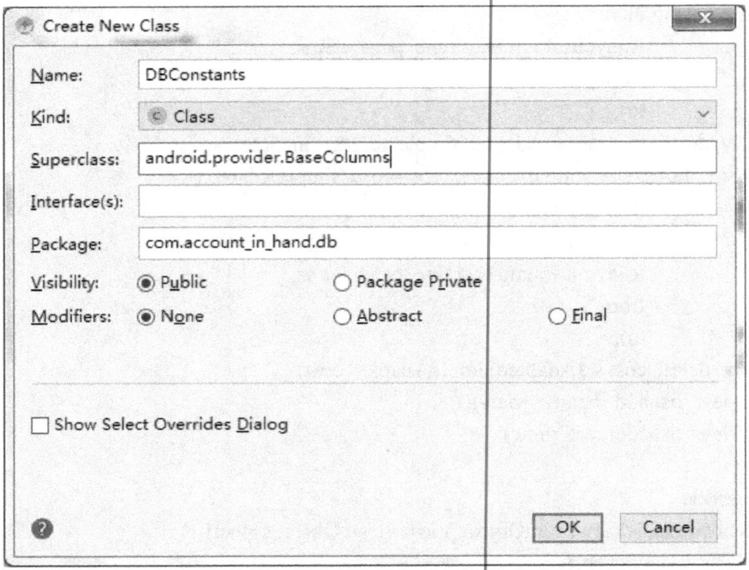

图 4-19 创建 DBConstants 类

单击图 4-19 中的"OK"按钮完成类创建，参考代码如下。

```
import android.provider.BaseColumns;
public class DBConstants implements BaseColumns {
    //数据库的名称
    public static final String DB_NAME="account.db";
    //数据表的名称
    public static final String TBL_NAME="account_table";
    //TYPE：收/支，整数类型，0 代表支出，1 代表收入
    public static final String TYPE="type";
    //DETAIL_TYPE：明细类别，如收入中的工资、奖金等；支出中的餐费、车费等
    public static final String DETAIL_TYPE="detail_type";
    //NUMBER：金额
    public static final String NUMBER="number";
    //SUMMARY：备注
    public static final String SUMMARY="summary";
    //YEAR，MONTH，DAY：系统日期（年，月，日）
    public static final String YEAR="year";
    public static final String MONTH="month";
    public static final String DAY="day";
}
```

2. 数据库辅助类（app\src\main\java\包名\db\DBHelper.java）

为了方便操作数据库，在 db 目录下创建继承自 SQLiteOpenHelper 类的名为 DBHelper 的数据库辅助类。创建 DBHelper 类的对话框中的各项信息如图 4-20 所示。

单击图 4-20 中的"OK"按钮，选择该类需要覆盖 SQLiteOpenHelper 类的方法：onCreate() 和 onUpgrade()。此后会看到错误提示，如图 4-21 所示。

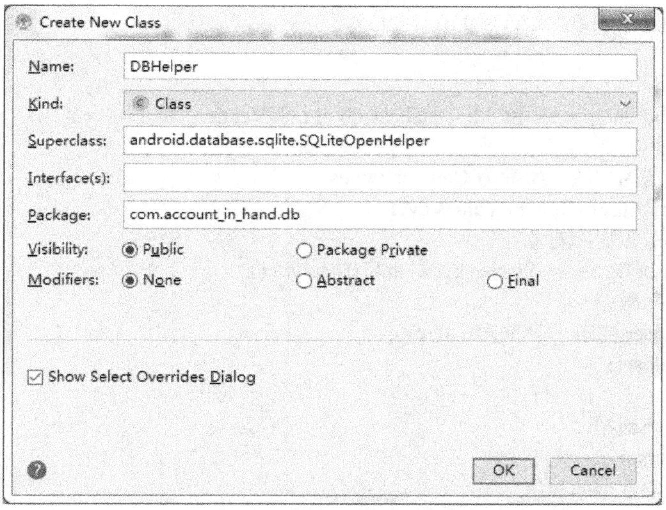

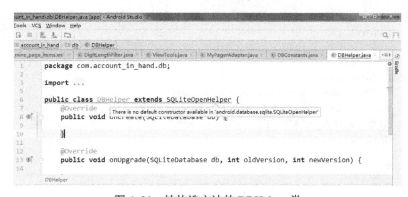

图 4-20　创建 DBHelper 类

图 4-21　缺构造方法的 DBHelper 类

从提示信息"There is no default constructor available in 'android.database.sqlite.SQLiteOpenHelper'"可以看出，这个错误的产生原因是缺少构造方法。为了修正此错误，只须在该类中定义构造方法。参考代码如下。

```java
//手动添加静态导入语句
import static android.provider.BaseColumns._ID;
import static com.account_in_hand.db.DBConstants.*;
public class DBHelper extends SQLiteOpenHelper {
    //创建表的语句，注意引号前后的空格
    private static final String CREATE_TBL="create table "
            + TBL_NAME + " ( "+_ID+" integer primary key autoincrement, " +
            YEAR + " integer, "+MONTH +" integer," +DAY +" integer, " +
            SUMMARY + " text, " + NUMBER + " float," + TYPE +" integer, "+
            DETAIL_TYPE+" text);";
    //构造方法
    public DBHelper(Context context, String name, SQLiteDatabase.CursorFactory factory, int version) {
        super(context, name, factory, version);
    }
    @Override
    public void onCreate(SQLiteDatabase db) {
```

```
            db.execSQL(CREATE_TBL);
        }
        @Override
        public void onUpgrade(SQLiteDatabase db, int oldVersion, int newVersion) {
        }
        //插入数据的方法，参数为 ContentValues
        public void insert(ContentValues cv){
            //获取数据库对象
            SQLiteDatabase db=this.getWritableDatabase();
            //插入数据
            db.insert(TBL_NAME, null, cv);
            db.close();
        }
        //查询全部数据
        public Cursor query(){
            //获取数据库对象
            SQLiteDatabase db=this.getReadableDatabase();
            //查询
            Cursor c=db.query(TBL_NAME, null, null, null, null, null, null);
            return c;
        }
        //删除指定数据
        public void delete(int id){
            SQLiteDatabase db=this.getWritableDatabase();
            String [] whereArgs=new String[]{String.valueOf(id)};
            db.delete(TBL_NAME, _ID+"=?", whereArgs);
            db.close();
        }
    }
```

4.4.3 实现"首页"碎片类

HomeFragment 类（app\src\main\java\包名\HomeFragment.java）是继承自 Fragment、用于显示综合查询结果的页面。创建 HomeFragment 类的对话框中的各项信息如图 4-22 所示。

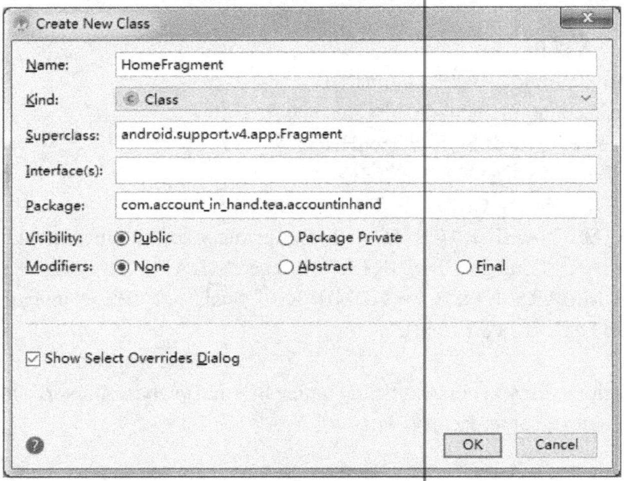

图 4-22 创建 HomeFragment 类

单击图 4-22 中的 "OK" 按钮，在随后弹出的对话框中选择 Fragment 类的 onCreateView()
和 onActivityCreated()方法，然后实现该类全部功能。参考代码如下。

```
//手动添加静态导入语句
import static android.provider.BaseColumns._ID;
import static com.account_in_hand.db.DBConstants.*;
public class HomeFragment extends Fragment {
    List data_list=new ArrayList();
    String [] from={"income_or_cost","money","detail_type","date"};
    int [] to={R.id.img_income_or_cost, R.id.tv_money, R.id.tv_type, R.id.tv_date};
    //数据库辅助类对象
    DBHelper dbHelper;
    //查询结果集
    Cursor cursor;
    //定义 List 对象，用来存放列表数据对应的 ID 字段值
    private List<Integer> currentDataIds=new ArrayList<Integer>();
    //需要呈现的数据：收支、金额、类型、年月日
    int type;
    float number;
    String detail_type;
    String date_year, date_month, date_day;
    //不需要呈现但要使用到的"_ID"关键字
    int account_id;
    //声明该 Fragment 对应的 Activity
    Activity activity;
    ListView lv_recorder;
    @Override
    public View onCreateView(
            LayoutInflater inflater, @Nullable ViewGroup container,
            @Nullable Bundle savedInstanceState) {
        return inflater.inflate(R.layout.fragment_main, container, false);
    }
    @Override
    public void onActivityCreated(Bundle savedInstanceState) {
        super.onActivityCreated(savedInstanceState);
        activity=getActivity();
        lv_recorder=activity.findViewById(R.id.lv_recorder);
        dbHelper=new DBHelper(getContext(),DB_NAME,null,1);
        init_data();
        setAdapterForListView(lv_recorder,data_list);
        //单击列表项删除对应数据
        lv_recorder.setOnItemClickListener(new AdapterView.OnItemClickListener() {
            @Override
            public void onItemClick(AdapterView<?> parent, View view, int position, long id) {
                //取得选择的列表项 id
                final int current_id=currentDataIds.get(position);
                AlertDialog ad=new AlertDialog.Builder(getContext())
                        .setTitle(getString(R.string.sure_to_delete_title))
                        .setMessage(getString(R.string.sure_to_delete_content))
```

```
                                    .setPositiveButton(
                                        getString(R.string.yes),
                                        new DialogInterface.OnClickListener() {
                                            @Override
                                            public void onClick(DialogInterface dialog, int which) {
                                                //删除数据库中的数据
                                                dbHelper.delete(current_id);
                                                //重新加载 Fragment
                                                init_data();
                                                setAdapterForListView(lv_recorder, data_list);
                                            }
                                        })
                                    .setNegativeButton(getString(R.string.cancel), null)
                                    .create();
                            ad.show();
                        }
                    });
            }
        public void init_data() {
            //清除列表的原有信息
            data_list.clear();
            currentDataIds.clear();
            //执行查询
            cursor=dbHelper.query();
            //如果查询结果不为空
            if(cursor!=null){
                //在查询结果中循环
                for(cursor.moveToFirst(); !cursor.isAfterLast(); cursor.moveToNext()){
                    //依次取出每条记录的收支、金额、明细类型、记账日期
                    type=cursor.getInt(cursor.getColumnIndex(TYPE));//0 表示支出，1 表示收入
                    number=cursor.getFloat(cursor.getColumnIndex(NUMBER));
                    detail_type=cursor.getString(cursor.getColumnIndex(DETAIL_TYPE));
                    date_year=cursor.getString(cursor.getColumnIndex(YEAR));
                    date_month=cursor.getString(cursor.getColumnIndex(MONTH));
                    date_day=cursor.getString(cursor.getColumnIndex(DAY));
                    account_id=cursor.getInt(cursor.getColumnIndex(_ID));
                    //将摘要和 id 分别添加到 currentData 和 currentDataId 列表中
                    Map<String,Object> map=new HashMap<>();
                    if(type==1){//0 是支出，1 是收入
                        map.put("income_or_cost",R.drawable.add);
                    }else{
                        map.put("income_or_cost",R.drawable.substract);
                    }
                    map.put("money",number);
                    map.put("detail_type", detail_type);
                    map.put("date", date_year + "-" +date_month + "-" + date_day);
                    data_list.add(map);
                    //存放所有数据的 id
                    currentDataIds.add(account_id);
```

```
                }
            }
        }
        private void setAdapterForListView(ListView listView, List data){
            //创建适配器
            SimpleAdapter simpleAdapter=new SimpleAdapter(
                    getContext(),
                    data,
                    R.layout.list_item,
                    from,
                    to);
            //为 ListView 对象设置适配器
            listView.setAdapter(simpleAdapter);
        }
    }
```

4.4.4 实现"记账"碎片类

RecorderFragment 类（app\src\main\java\包名\RecorderFragment.java）是继承自 Fragment、用于输入账务数据的页面。创建 RecorderFragment 类的对话框中，各信息项（除类名外）均与"首页"碎片类相同，覆盖的父类方法也是 onCreateView()和 onActivityCreated()，创建步骤参考第 4.4.3 节。

创建好该类之后，在菜单栏中选择"File"→"Project Structure"命令，然后在弹出的对话框的左侧窗格中选择"app"选项，在右侧窗格中选择"Dependencies"选项卡，如图 4-23 所示。

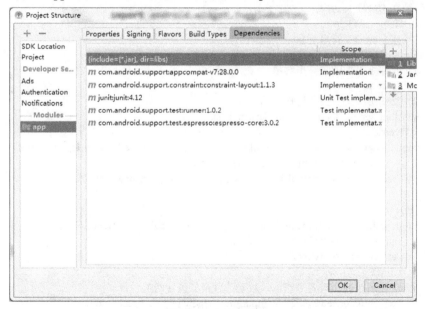

图 4-23　添加依赖

单击图 4-23 右上方的"+"按钮，在弹出的下拉列表中选择第 1 项"Library dependency"，然后为项目添加"com.android.support:design（com.android.support:design:28.0.0）"依赖包，以便使用 Snackbar 类，如图 4-24 所示。

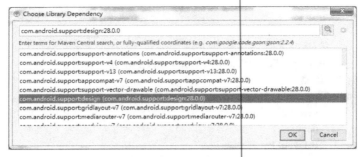

图 4-24　为项目添加依赖包

参考代码如下。

```java
//手动输入静态导入语句
import static com.account_in_hand.db.DBConstants.*;
public class RecorderFragment extends Fragment {
    //界面类声明
    Activity activity;
    //视图组件声明
    TextView tv_finish;
    EditText edt_number, edt_summary;
    ToggleButton tgbtn_income_or_cost;
    GridLayout grdlayout_cost, grdlayout_income;
    RadioButton rdbtn_income_types[], rdbtn_cost_types[];
    //声明视图组件的工具对象，用以设置单选按钮的可用性和选择状态
    ViewTools viewTools;
    //数据库辅助类对象
    DBHelper dbHelper;
    //接收金额的字符串对象
    String s_number;
    //接收详细类型的字符串对象
    String detail_type;
    //收支明细类型对应单选按钮的个数
    int rdbtn_length_income, rdbtn_length_cost;
    @Override
    public View onCreateView(LayoutInflater inflater, @Nullable ViewGroup container,
            @Nullable Bundle savedInstanceState) {
        return inflater.inflate(R.layout.fragment_recorder, container, false);
    }
    @Override
    public void onActivityCreated(@Nullable Bundle savedInstanceState) {
        super.onActivityCreated(savedInstanceState);
        activity=getActivity();
        init();
        //使用过滤器设置只能输入数字并且最多包含两位小数
        edt_number.setFilters(new InputFilter[]{new DigitLengthFilter()});
        //为开关按钮设置监听，保证类型一致
        tgbtn_income_or_cost.setOnCheckedChangeListener(
            new CompoundButton.OnCheckedChangeListener() {
            @Override
            public void onCheckedChanged(CompoundButton buttonView, boolean isChecked) {
                if(isChecked) {
```

```java
                        //开关按钮打开，表示账务类型为支出，将所有的收入明细类型设为不可用
                        viewTools.setEnable(grdlayout_income, false);
                        viewTools.setEnable(grdlayout_cost, true);
                        clearCheckedRdbtns(rdbtn_cost_types,false);
                    } else {
                        viewTools.setEnable(grdlayout_income, true);
                        viewTools.setEnable(grdlayout_cost, false);
                        clearCheckedRdbtns(rdbtn_income_types,false);
                    }
                }
            });
            tv_finish.setOnClickListener(new View.OnClickListener() {
                @Override
                public void onClick(View v) {
                    s_number=edt_number.getText().toString();
                    if(s_number.equals("")) {
                        Toast.makeText(
                                getContext(),
                                getString(R.string.input_number_error),
                                Toast.LENGTH_LONG).show();
                    } else {
                        //保存数据：收/支、金额、类型、备注、系统日期（年，月，日）
                        //获取系统当前日期（年，月，日）
                        Calendar calendar=Calendar.getInstance();
                        String year=String.valueOf(calendar.get(Calendar.YEAR));
                        String month=String.valueOf(calendar.get(Calendar.MONTH)+1);
                        String day=String.valueOf(calendar.get(Calendar.DAY_OF_MONTH));
                        //封装数据
                        //年，月，日
                        ContentValues cv=new ContentValues();
                        cv.put(YEAR, year);
                        cv.put(MONTH, month);
                        cv.put(DAY, day);
                        //金额
                        cv.put(NUMBER,s_number);
                        //收支，0 表示支出，1 表示收入
                        cv.put(TYPE,tgbtn_income_or_cost.isChecked()?0:1);
                        //明细类型
                        cv.put(DETAIL_TYPE, detail_type);
                        //备注
                        cv.put(SUMMARY, edt_summary.getText().toString());
                        dbHelper.insert(cv);
                        dbHelper.close();
                        //Snackbar 提醒
                        s_number=s_number+"元";
                        Snackbar.make(
                                tv_finish,
                                s_number+getString(R.string.record_finish_tips),
                                Snackbar.LENGTH_LONG)
                        .setAction(
                                getString(R.string.goto_main),
                                new View.OnClickListener() {
                                        @Override
```

```java
                    public void onClick(View v) {
                        Intent intent=new Intent(
                            activity.getApplicationContext(),
                            MainActivity.class);
                        activity.startActivity(intent);
                        activity.finish();
                    }
                })
                .setActionTextColor(Color.YELLOW)
                .show();
            //在保存后将金额清空，并将界面中的所有其他视图组件置于初始状态
            edt_number.setText("");
            edt_summary.setText("");
            tgbtn_income_or_cost.setChecked(true);
            edt_number.requestFocus();
            //清除收支明细类型的选择状态
            clearCheckedRdbtns(rdbtn_cost_types,false);
            clearCheckedRdbtns(rdbtn_income_types,false);
            clearCheckedRdbtns(new ToggleButton[]{tgbtn_income_or_cost},true);
        }
    }
    });
    //为支出类型单选按钮设置监听，确保选择互斥
    setDetailTypesListener(grdlayout_cost,rdbtn_cost_types);
    setDetailTypesListener(grdlayout_income,rdbtn_income_types);
}
//初始化视图组件及其他成员变量
private void init() {
    tgbtn_income_or_cost=activity.findViewById(R.id.tgbtn_income_or_cost);
    tv_finish=activity.findViewById(R.id.tv_finish_record);
    edt_number=activity.findViewById(R.id.edt_number);
    grdlayout_cost=activity.findViewById(R.id.grdlayout_cost);
    grdlayout_income=activity.findViewById(R.id.grdlayout_income);
    edt_summary=activity.findViewById(R.id.edt_summary);
    rdbtn_length_cost=grdlayout_cost.getChildCount();
    rdbtn_cost_types=new RadioButton[rdbtn_length_cost];
    for (int i=0; i<rdbtn_length_cost; i++) {
        rdbtn_cost_types[i]=(RadioButton) grdlayout_cost.getChildAt(i);
    }
    rdbtn_length_income=grdlayout_income.getChildCount();
    rdbtn_income_types=new RadioButton[rdbtn_length_income];
    for (int i=0; i<rdbtn_length_income; i++) {
        rdbtn_income_types[i]=(RadioButton) grdlayout_income.getChildAt(i);
    }
    viewTools=new ViewTools();
    dbHelper=new DBHelper(getContext(), DB_NAME, null, 1);
    detail_type=getString(R.string.others);
}
private void setDetailTypesListener(final View view_parent, final RadioButton []rdbtns){
    for (int i=0; i<rdbtns.length; i++) {
        final int index=i;
        rdbtns[index].setOnCheckedChangeListener(
            new CompoundButton.OnCheckedChangeListener() {
```

```
                    @Override
                    public void onCheckedChanged(CompoundButton buttonView, boolean isChecked) {
                        if(isChecked) {
                            viewTools.setCheckable(view_parent, rdbtns[index]);
                            detail_type=rdbtns[index].getText().toString();
                        }
                    }
                });
        }
    }
    private void clearCheckedRdbtns(CompoundButton [] cmpbtns, boolean state){
        for(int i=0; i<cmpbtns.length; i++){
            cmpbtns[i].setChecked(state);
            //将明细类型中的"其他"置为选中状态
            if(cmpbtns[i].getText().equals(getString(R.string.others))){
                cmpbtns[i].setChecked(!state);
            }
        }
    }
}
```

4.4.5 实现"我的"碎片类

　　MineFragment 类（app\src\main\java\包名\MineFragment.java）是继承自 Fragment、用于分页显示收支账务数据查询结果的页面。创建此类时，对话框中的各信息项除类名外均与"首页"碎片类相同，覆盖的父类方法也是 onCreateView()和 onActivityCreated()。

　　参考代码如下。

```
//手动输入静态导入语句
import static com.account_in_hand.db.DBConstants.*;
public class MineFragment extends Fragment {
    Activity activity;
    String [] titles;
    List income_data_list=new ArrayList();
    List cost_data_list=new ArrayList();
    //数据库辅助类对象
    DBHelper dbHelper;
    //查询结果集
    Cursor cursor;
    //需要显示的数据：收支、金额、类型、年月日、备注
    int type;
    float number;
    String detail_type;
    String date_year, date_month, date_day, summary;
    @Override
    public View onCreateView(LayoutInflater inflater, @Nullable ViewGroup container,
                            @Nullable Bundle savedInstanceState) {
        return inflater.inflate(R.layout.fragment_mine, container, false);
    }
    @Override
```

```java
public void onActivityCreated(@Nullable Bundle savedInstanceState) {
    super.onActivityCreated(savedInstanceState);
    init_data();
    setVp();
}
private void setVp() {
    ViewPager vp=activity.findViewById(R.id.vp);
    vp.setAdapter(new MyPagerAdapter(
                        getContext(), titles, income_data_list, cost_data_list));
}
public void init_data() {          //初始化数据
    activity=getActivity();
    titles=getResources().getStringArray(R.array.page_titles);
    dbHelper=new DBHelper(getContext(),DB_NAME,null,1);
    //清除列表信息
    income_data_list.clear();
    cost_data_list.clear();
    //执行查询
    cursor=dbHelper.query();
    //当查询结果不为空时
    if(cursor!=null){
        //在查询结果中循环
        for(cursor.moveToFirst(); !cursor.isAfterLast(); cursor.moveToNext()){
            //依次取出每条记录的收支、金额、明细类型、记账日期
            type=cursor.getInt(cursor.getColumnIndex(TYPE));
            number=cursor.getFloat(cursor.getColumnIndex(NUMBER));
            detail_type=cursor.getString(cursor.getColumnIndex(DETAIL_TYPE));
            date_year=cursor.getString(cursor.getColumnIndex(YEAR));
            date_month=cursor.getString(cursor.getColumnIndex(MONTH));
            date_day=cursor.getString(cursor.getColumnIndex(DAY));
            summary=cursor.getString(cursor.getColumnIndex(SUMMARY));
            //将摘要添加到 data_list 列表中
            Map<String,Object> map=new HashMap<>();
            map.put("money",number);
            map.put("detail_type", detail_type);
            map.put("date", date_year + "-" +date_month + "-" + date_day);
            map.put("summary", summary);
            if(type==1){    //0 代表支出，1 代表收入
                income_data_list.add(map);
            }else{
                cost_data_list.add(map);
            }
        }
    }
}
```

4.4.6　实现主界面类

最后将三个碎片类添加到主界面类文件 MainActivity.java（app\src\main\java\包名\MainActivity.

java）中，参考代码如下。

```
<?xml version="1.0" encoding="utf-8"?>
<RelativeLayout
    xmlns:android="http://schemas.android.com/apk/res/android"
    android:layout_width="match_parent"
    android:layout_height="match_parent"
    android:padding="20dp">
```

4.4.7　AndroidManifest 配置清单

在 AndroidManifest.xml 文件（app\src\main\AndroidManifest.xml）中对项目组件进行配置。该文件中的全部代码如下。

```
<?xml version="1.0" encoding="utf-8"?>
<manifest xmlns:android="http://schemas.android.com/apk/res/android"
    package="com.account_in_hand.tea.accountinhand">
    <application
        android:allowBackup="true"
        android:icon="@drawable/icon"
        android:label="@string/app_name"
        android:supportsRtl="true"
        android:theme="@style/AppTheme">
        <activity android:name=".MainActivity">
            <intent-filter>
                <action android:name="android.intent.action.MAIN" />
                <category android:name="android.intent.category.LAUNCHER" />
            </intent-filter>
        </activity>
    </application>
</manifest>
```

4.5　相关知识与开发技术

4.5.1　项目中的视图组件

1．开关按钮（ToggleButton）

开关按钮用 ToggleButton 类来表示，它继承自 Button 类，主要向用户提供可以切换选择状态的按钮，并且在不同选择状态下按钮可以显示不同的文本。除了 android:id、android:layout_width 和 android:layout_height 这三个常用属性之外，开关按钮的其他常用属性如表 4-3 所示。

表 4-3　开关按钮的其他常用属性

编号	属性名称	属性值	说明
1	android:checked	true 或 false，默认为 false	按钮的状态，true 表示选中（即"开"），false 表示未选中（即"关"）
2	android:textOff	字符串资源或字符，默认为 off	"关"状态下的显示文本
3	android:textOn	字符串资源或字符，默认为 on	"开"状态下的显示文本
4	android:disabledAlpha	浮点数，取值范围为 0~1，默认值为 0.5	按钮在禁用时的透明度

在布局中定义好开关按钮后，即可在对应的 Activity 文件中使用。使用时，应先声明此组件，然后再对它初始化以及添加监听事件，参考代码如下。

```
//声明
ToggleButton tgbtn_income_or_cost;
//初始化
tgbtn_income_or_cost=activity.findViewById(R.id.tgbtn_income_or_cost);
//添加监听
tgbtn_income_or_cost.setOnCheckedChangeListener(new CompoundButton.OnCheckedChangeListener() {
    @Override
    public void onCheckedChanged(CompoundButton buttonView, boolean isChecked) {
        //…
    }
});
```

2. 单选按钮（RadioButton）

单选按钮用 RadioButton 类表示，它继承自 Button 类，它是一种可以向用户提供一次性选择的按钮。除与其他常用视图组件相同的 android:id、android:layout_width 以及 android:layout_height 属性之外，它还有两个常用属性，如表 4-4 所示。

表 4-4 单选按钮的其他常用属性

编号	属性名称	属性值	说明
1	android:checked	true 或 false，默认为 false	按钮的状态，true 表示选中，false 表示未选中
2	android:text	字符串资源或字符	单选按钮的显示文本

在布局中定义好开关按钮后，即可在对应的 Activity 文件中使用。使用时，应先声明此组件，然后再对它初始化以及添加监听事件，参考代码如下。

```
//声明
RadioButton rdbtn_income;
//初始化
rdbtn_income=activity.findViewById(R.id.rdbtn_income);
//添加监听
rdbtn_income.setOnCheckedChangeListener(new CompoundButton.OnCheckedChangeListener() {
    @Override
    public void onCheckedChanged(CompoundButton buttonView, boolean isChecked) {
        if(isChecked) {
            //…
        }
    }
});
```

4.5.2 形状资源与选择器

1. 形状资源（shape）简介

在 Android 中用 shape 标签可以定义形状资源，它是一种特殊类型的 Drawable 对象。使用它可以很方便地得到矩形、圆形、椭圆形、环形等用于修饰视图组件的形状；可以很方便地实现圆角、渐变（线性渐变、径向渐变、扫描渐变）等效果；可以代替图片作为视图组件的背景，减少安装文件的体积，节省内存。

shape 标签的常用属性如表 4-5 所示。

表 4-5　shape 标签的常用属性

编号	属性名称	属性值	说明
1	xmlns:android	http://schemas.android.com/apk/res/android	命名空间
2	android:shape	rectangle	矩形
		oval	椭圆形
		line	线条
		ring	环形

shape 标签中还可以包含其他子标签，用于设置具体的形状。常见的子标签及其属性如表 4-6 所示。

表 4-6　shape 子标签及其属性

编号	子标签名称	属性名称	属性值	说明
1	size（大小）	android:width	整数，如 50dp	shape 的宽度
		android:height	整数，如 50dp	shape 的高度
2	corners（圆角）	android:radius	整数，如 10dp	圆角半径
		android:topLeftRadius	整数，如 10dp	左上角半径
		android:topRightRadius	整数，如 10dp	右上角半径
		android:bottomLeftRadius	整数，如 10dp	左下角半径
		android:bottomRightRadius	整数，如 10dp	右下角半径
3	gradient（渐变）	android:startColor	颜色资源值，如@android:color/white	起始颜色
		android:endColor	颜色资源值，如@android:color/black	结束颜色
		android:centerColor	颜色资源值，如@android:color/black	渐变的中间颜色
		android:angle	整数（45 的倍数），如 0，45，90	渐变角度
		android:type	linear（默认值，线性渐变）；radial（以开始色为中心，放射性渐变）；sweep（扫描线式的渐变）	渐变类型
		android:gradientRadius	整数，与 android:type="radial"配合使用	渐变色半径
		android:centerX	整数，如 0	渐变中心 X 点坐标的相对位置
		android:centerY	整数，如 0	渐变中心 Y 点坐标的相对位置
4	padding（边距）	android:left	整数，如 5dp	左内边距
		android:top	整数，如 5dp	上内边距
		android:right	整数，如 5dp	右内边距
		android:bottom	整数，如 5dp	下内边距
5	solid（填充）	android:color	颜色资源值，如@android:color/white	填充颜色
6	stroke（描边）	android:width	整数，如 1dp	描边的宽度
		android:color	颜色资源值，如@android:color/black	描边的颜色
		android:dashWidth	整数，如 1dp	描边的样式是虚线的宽度，值为 0 时，表示为实线。值大于 0 时，则为虚线
		android:dashGap	整数，如 2dp	描边为虚线时，虚线之间的间隔

使用时，首先在 drawable 目录中创建根元素为 shape 的 XML 文件。例如，创建 main_list_types_tv_style.xml 的参考代码如下。

```
<shape xmlns:android="http://schemas.android.com/apk/res/android"
    android:shape="rectangle">
    <!-- 圆角灰色背景 -->
    <corners android:radius="8dp" />
    <solid android:color="@android:color/darker_gray"/>
</shape>
```

然后在布局文件中直接引用这个 XML 文件。例如，使用上面定义的格式修饰文本显示框，参考代码如下。

```
<TextView
        android:id="@+id/tv_type"
        android:layout_width=" wrap_content "
        android:layout_height="wrap_content"
        android:background="@drawable/main_list_types_tv_style"/>
```

2. 选择器（selector）简介

选择器在 Android 中使用得非常广泛，单击、选中、聚焦视图组件等状态切换的样式都可通过使用选择器实现。

在 Android 中，选择器需要在 drawable 目录中进行配置。selector 标签的常用属性如表 4-7 所示。

表 4-7   selector 标签的常用属性

编号	属性名称	属性值	说明
1	android:drawable	图片源，如 @drawable/bg_selected	需要显示的图片
2	android:state_pressed	true 或 false	true 表示被单击时显示；false 表示未被单击时显示
3	android:state_focused	true 或 false	true 表示获得焦点时显示；false 表示未获得焦点时显示
4	android:state_selected	true 或 false	true 表示被选择时显示；false 表示未被选择时显示
5	android:state_checkable	true 或 false	true 表示当 CheckBox 能使用时显示；false 表示当 CheckBox 不能使用时显示
6	android:state_checked	true 或 false	true 表示当 CheckBox 被选中时显示；false 表示当 CheckBox 未被选中时显示
7	android:state_enabled	true 或 false	true 表示能用时显示；false 表示不能用时显示
8	android:state_window_focused	true 或 false	true 表示 Activity 获得焦点在最前面时显示；false 表示没在最前面时显示

上述属性可以叠加使用，例如：

```
<?xml version="1.0" encoding="utf-8"?>
<selector xmlns:android="http://schemas.android.com/apk/res/android">
    <item
        android:state_window_focused="true"
        android:state_pressed="true"
        android:color="#000"
        android:state_enabled="true"/>
</selector>
```

4.5.3　InputFilter 接口

InputFilter 接口的主要功能是对输入的文本进行过滤，其中只有一个 filter()方法。该方法的定义语句如下。

```
public CharSequence filter(CharSequence source, int start, int end, Spanned dest, int dstart, int dend);
```

由上可知，在 filter 方法中共有 6 个参数，各参数的含义如表 4-8 所示。

表 4-8　filter()方法的 6 个参数及其含义

编号	参数名称	参数类型	含义
1	source	CharSequence	新输入的字符串
2	start	int	source 的起始位置值，值为 0
3	end	int	source 的结束位置值，值为 source 的长度-1
4	dest	Spanned	输入框中原来的内容
5	dstart	int	原内容中光标所在位置
6	dend	int	原内容最后一个字符的坐标，一般为 dest 的长度-1。若选择字符串进行更改，则为选中字符串的最后一个字符在 dest 中的位置

4.5.4　创建与使用非模态弹窗

非模态弹窗用 Snackbar 类表示，它是 Android 支持库中用于显示简单消息并且向用户提供简单操作的机制。

Snackbar 没有公有的构造方法，但是提供如下两种静态 make()方法。

```
static Snackbar make(View view, CharSequence text, int duration)
static Snackbar make(View view, int resId, int duration)
```

其中 view 参数是用于触发弹出 Snackbar 的一个视图组件，如果父布局是一个 CoordinatorLayout，那么 Snackbar 还会有别的一些特性：可以滑动消除；并且如果有 FloatingActionButton，会将 FloatingActionButton 上移，使其不会遮挡 Snackbar。

在创建了一个 Snackbar 对象后，可以调用一些 set 方法进行设置。其中，setAction()方法用于设置右侧的文字显示以及单击事件；setActionTextColor()方法用于设置右侧文字的颜色。例如：

```
Snackbar.make(tv_finish, s_number, Snackbar.LENGTH_LONG)
    .setAction(getString(R.string.goto_main), new View.OnClickListener() {
        @Override
        public void onClick(View v) {
            Intent intent=new Intent(activity.getApplicationContext(), MainActivity.class);
            activity.startActivity(intent);
            activity.finish();
        }
    })
    .setActionTextColor(Color.YELLOW)
    .show();
```

使用 Snackbar 时，提示会出现在界面最底部，通常包含一段信息和一个可单击的按钮。相对 Toast，Snackbar 增加了一个用户操作，并且在同时弹出多个消息时，Snackbar 会停止前一个，直接显示后一个，也就是说，在同一时刻只会有一个 Snackbar 在显示；而 Toast 则不然，如果不做特殊处理，可以同时有多个 Toast 出现。相对于 Dialog 而言，Snackbar 更轻量。

4.5.5 SQLite 数据库技术

1．SQLite 简介

SQLite 是一个轻量级的、嵌入式的关系型数据库，主要针对各种嵌入式设备而设计。由于其本身占用的存储空间较小，SQLite 目前已经在 Android 操作系统中广泛使用。在 SQLite 数据库中可以方便地使用 SQL 语句或 SQLiteDatabase 类的相关方法实现数据的增加、修改、删除和查询等操作。

2．SQLiteDatabase 简介

在 Android 中，每个 SQLiteDatabase 实例都代表了一个 SQLite 数据库的操作，通过 SQLiteDatabase 类可以执行 SQL 语句，以完成对数据的增、删、改、查等常用操作。SQLiteDatabase 类的常用方法如表 4-9 所示。

表 4-9　SQLiteDatabase 类的常用方法

编号	方法名称	说明
1	public int delete(String table, String whereClause, String[] whereArgs)	删除数据。参数分别是表名、where 子句和参数
2	public void execSQL(String sql)	执行 SQL 语句
3	public long insert(String table, String nullColumnHack, ContentValues values)	插入数据。参数分别是表名、传入数据的列名和插入的数据
4	public int update(String table, ContentValues values, String whereClause, String[] whereArgs)	修改数据。参数分别是表名、更新的数据、where 子句和 where 参数
5	public void close()	继承自 SQLiteClosable 类的方法，用来关闭数据库
6	public Cursor query(String table, String[] columns, String selection, String[] selectionArgs, String groupBy, String having, String orderBy)	查询数据。参数分别是表名、查询的列名、where 子句、where 条件参数、分组、过滤和排序字段

3．SQLiteOpenHelper 简介

SQLiteOpenHelper 类是一个抽象类，它可以帮助用户进行数据库操作，使用时需要定义其子类，并在子类中重写相应的抽象方法。SQLiteOpenHelper 类的常用方法如表 4-10 所示。

表 4-10　SQLiteOpenHelper 类的常用方法

编号	方法名称	说明
1	public synchronized void close()	关闭数据库
2	public SQLiteDatabase getReadableDatabase()	获取只读的数据库
3	public SQLiteDatabase getWritableDatabase()	获取可写的数据库
4	public abstract void onCreate(SQLiteDatabase db)	创建数据表。此方法不是在实例化 SQLiteOpenHelper 类时调用，而是在对象调用了 getReadableDatabase()或 getWritableDatabase()方法后被调用
5	public abstract void onUpgrade(SQLiteDatabase db, int oldVersion, int newVersion)	更新数据表。当数据库需要进行升级时会调用此方法，一般可以在此方法中将数据表删除，并且在删除表之后往往会调用 onCreate()方法重新创建新的数据表

例如，在 DBHelper 辅助类的 onCreate()方法中可以执行创建数据表的语句，参考代码如下。

```
public void onCreate(SQLiteDatabase db) {
```

```
String CREATE_TBL="create table "
    + TBL_NAME + " ( "+_ID+" integer primary key autoincrement, " +YEAR
    + " integer, "+MONTH +" integer," +DAY +" integer, " +SUMMARY
    + " text, " +CONTENT + " text);";
db.execSQL(CREATE_TBL);
}
```

4．ContentValues 的定义与使用

在 SQLiteDatabase 类中提供的 insert()、update()、delete()、query()方法均需要使用 ContentValues 类进行封装。ContentValues 类的常用方法如表 4-11 所示。

表 4-11　ContentValues 类的常用方法

编号	方法名称	说明
1	public ContentValues()	构造函数，创建 ContentValues 对象
2	public void clear()	清空全部数据
3	public Object get(String key)	根据 key 键获取数据
4	public void put(String key，类型　value)	设置 key 键对应的数据 value
5	public int size()	返回保存数据的个数

例如，在 DBHelper 辅助类的 insert()方法中，需要先给定 ContentValues 类型的参数，然后调用 SQLiteDatabase 的 insert(String table, String nullColumnHack, ContentValues values) 方法执行插入操作。参考代码如下。

```
public void insert(ContentValues cv){
    SQLiteDatabase db=this.getWritableDatabase();
    db.insert(TBL_NAME, null, cv);
    db.close();
}
```

调用 DBHelper 辅助类的 insert(ContentValues cv)方法的参考代码如下。

```
ContentValues cv=new ContentValues();
cv.put(YEAR, year);
cv.put(MONTH, month);
DBHelper db=new DBHelper(this.getApplicationContext(),DB_NAME,null,1);
db.insert(cv);
```

4.6　拓展练习

1．试按如下代码在 drawable 目录中创建 ex_shape_border.xml 文件，参考代码如下。然后在任意布局的某 TextView 的 android:background 属性中使用此资源，查看运行效果。

```
<?xml version="1.0" encoding="utf-8"?>
<shape
    xmlns:android="http://schemas.android.com/apk/res/android"
    android:shape="rectangle">
    <size
        android:height="100dp"
        android:width="100dp"/>
```

```
<stroke
    android:width="2dp"
    android:color="#ffff0000" />
<solid
    android:color="#8000ff00" />
<corners
    android:bottomLeftRadius="2dp"
    android:bottomRightRadius="2dp"
    android:topLeftRadius="2dp"
    android:topRightRadius="2dp" />
</shape>
```

2．试使用 ToggleButton 在应用程序中完成模拟开关灯的过程：ToggleButton 被选中时，房间变亮；ToggleButton 未被选中时，房间变暗。

3．在第 2 题的基础上，用 Snackbar 使得房间变暗时弹出信息"灯已灭"。Snackbar 的动作提示语为金黄色的"离开房间"文字，当该动作被触发时，退出应用程序。

4．以本项目为基础，实现以下功能。

1）在"首页"界面中，长按某个账单项，可以跳转到"修改账单"界面（类名为 ModifyActivity.java），并且该账单的收支类型、金额等数据都可以在该界面再现。该界面对应的布局（文件名为 activity_modify.xml）类似"记账"界面，如图 4-25 所示。

2）修改后的账单数据保存在数据库中，所以"首页"及"我的"界面中的数据也同步发生改变，效果分别如图 4-26a、b 所示。

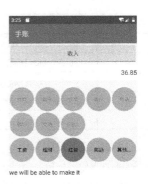

图 4-25 "修改账单"界面

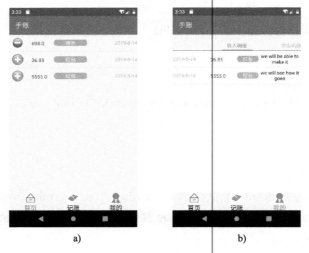

a)   b)

图 4-26 修改账单后的两个界面

项目 5　　故　事　夹

本章要点
- Android 中列表组件 RecyclerView 的使用方法与步骤。
- 为 Android 应用程序申请权限的方法与步骤。
- Android 系统相机与相册的调用方法。
- Android 应用程序中音频文件的录制、保存和播放方法。
- 隐式 Intent 的使用场景与使用方法。

5.1　项目简介

5.1.1　项目原型：微信笔记

微信笔记的打开步骤如下。

1）启动微信应用程序。

2）单击微信应用程序底部的"我"选项卡。

3）单击"收藏"菜单，然后在打开的新界面中单击右上角的"+"按钮，即可打开微信笔记的编辑界面，如图 5-1 所示。

在微信笔记中，用户可以添加图片、照片、位置、录音、编号、待办事项等。本章要讨论的"故事夹"项目的原型就是此微信笔记。

图 5-1　微信笔记编辑界面

5.1.2　项目需求与概要设计

1. 分析项目需求

"故事夹"项目主要是让用户可以随时记录身边的故事，以便日后查阅。它基于 Android 平台开发，以"微信笔记"为蓝本，可以为用户提供以文字、拍照、录音等形式记录故事的功能。项目使用了 Android v7 的列表视图组件 RecyclerView 作为内容项的呈现形式，涉及相机的文件数据存储、ContentProvider 的内容读取，以及数据库的使用等技术。

学习者还可以在该项目的基础上利用网络通信和微信第三方接口等开发技术，继续完善项目的其他功能，例如微信分享、网络内容的插入等。

2. 设计模块结构

"故事夹"项目的功能主要包括文字记录、图片记录、拍照记录、录音记录等。项目的模块结构如图 5-2 所示。

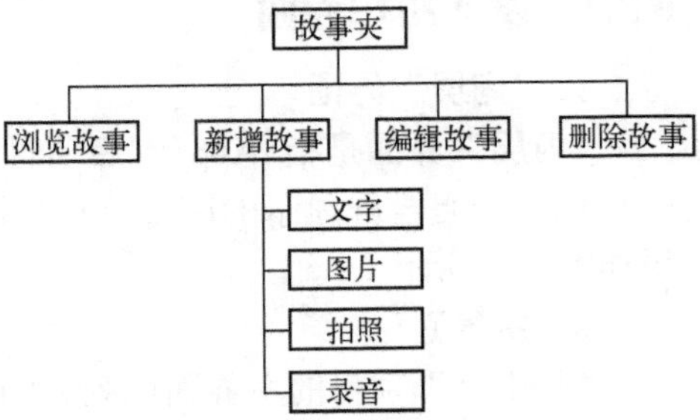

图 5-2　"故事夹"项目的模块结构

3. 确定项目功能

综上，"故事夹"项目的功能要求描述如下。

① 应用程序启动时，呈现已经记录的故事，便于用户浏览。如果尚无任何故事项，则提示用户可以新增故事。

② 在新增故事界面中可以添加文字、图片及录音形式的信息。

③ 浏览故事时，单击其中的故事项可以进入相应的编辑界面。

④ 单击故事夹右上角的"删除"按钮可以删除故事。

⑤ 使用自定义的项目 Logo 和项目背景图。

⑥ 项目要能够在合适的模拟器中正常运行。模拟器各参数设置如下：屏幕尺寸为 5.96in，分辨率为 1440 像素×2560 像素，密度为 560dpi，Android 9 API 28。

5.2 项目设计与组织

5.2.1 设计用户交互流程

根据项目的功能需求，可以绘制出本项目的交互流程，如图 5-3 所示。

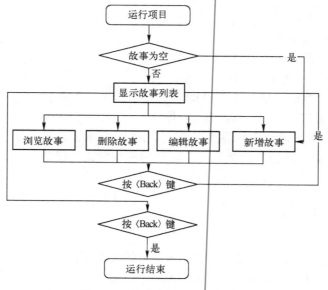

图 5-3 "故事夹"项目交互流程

5.2.2 设计用户界面

1. "闪屏"界面

"闪屏"界面是指 App 刚启动时的界面，短暂停顿后自动跳转到主界面。在"闪屏"界面中只包含一幅全屏显示的图片，使用渐现的动画效果，主要是向用户引出项目主题。该界面效果如图 5-4 所示。

2. 主界面

"故事夹"项目的主界面以列表的形式呈现故事概述，在列表视图中主要显示故事概述、故事创建的时间。列表的右上角有"删除"按钮，可以删除对应的故事项。单击主界面右上角的

"+"按钮，可以添加新故事。主界面的效果如图 5-5 所示。

3．"故事编辑"界面

"故事编辑"界面上方是文本编辑区域，下方有拍照按钮、插入图片按钮、录音按钮。该界面效果如图 5-6 所示。

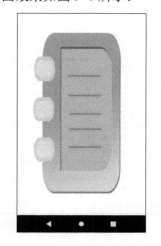

图 5-4 "闪屏"界面

图 5-5 主界面

图 5-6 "故事编辑"界面

5.2.3 准备项目素材

1．图片素材

项目需要的图片全部采用规范的小写字母命名，本项目中的图片资源如表 5-1 所示。

表 5-1 "故事夹"项目图片资源

编号	名称	功能说明	尺寸规格（宽×高，单位：像素×像素）
1	add.png	新增故事按钮图片	100×100
2	audio.png	录音按钮图片	100×100
3	close.png	删除故事按钮图片	50×50
4	main.png	闪屏界面背景图片	200×200
5	play.png	录音播放按钮图片	128×128
6	camera.png	相机按钮图片	100×100
7	jsb.png	主界面背景图片	500×426

2．文字素材

项目中动态的字符串资源统一在 string.xml 文件中进行定义，详见第 5.3.2 节。

5.2.4 项目组织

有效的软件项目团队由担当各种角色的人员所组成。每位成员扮演一个或多个角色，可能由一个人专门负责项目管理，而另一些人则积极地参与系统的设计与实现。常见的项目角色包括需求分析师、产品经理、开发人员、设计人员、测试人员等。需求分析师应有丰富的业务经验，熟悉业务工作流程；产品经理负责产品原型设计和后续的跟进工作，具备较强的沟通协调能力；开发人员应熟悉对应的开发工具，具有一定的编程经验，负责不同层或不同模块的编程工作；设计人员要具备一定的美工基础，能把产品经理的需求转为可视化的界面；测试人员要有一定的自动化测试经验，撰写测试用例和测试报告。

5.3 项目开发与实现

本项目开发环境及版本配置如表 5-2 所示。

表 5-2 "故事夹"项目开发环境及版本配置

编号	软件名称	软件版本
1	操作系统	Windows 10 64 位
2	JDK	1.8
3	Android Studio	3.2.1
4	Compile SDK	API 28: Android 9.0
5	Build Tools Version	28.0.3
6	Min SDK Version	28
7	Target SDK Version	28
8	Gradle	gradle-4.10.3-bin

5.3.1 创建项目

创建本项目的基本步骤及其需要设置的参数如下。

1）在 Android Studio 中新建项目，步骤同其他项目。创建项目时的各个参数值如下。

● Application name：Notepad。

● Company domain：shigang.bjypc.com。

● Project location：D:\Notepad。

● Package name：com.bjypc.shigang.notepad。

2）为项目选择运行的设备类型和最低的 SDK 版本号。本项目的运行设备为 "Phone and Tablet"，Minimum SDK 的值设置为 "API 28: Android 9.0(Pie)"。

3）为项目添加一个 Activity，即用户界面，此处选择 Empty Activity。

4）设置 Activity 的名称等属性。此处 "Activity Name" 的值为 "MainActivity"，"Layout Name" 的值为 "activity_main"，单击 "Finish" 按钮。

5）项目创建好后，在菜单栏中选择 "File" → "Project Structure" 命令，在弹出的对话框的左侧窗格中选择 "app" 选项，在右侧窗格中选择 "Dependencies" 选项卡，单击右上方的 "+" 按钮，添加项目的依赖包，如图 5-7 所示。

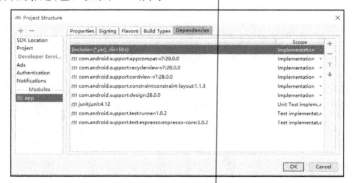

图 5-7 配置项目依赖包

5.3.2 创建与定义资源

1．可绘制资源（app\src\main\res\drawable）

将所有准备好的图片素材，全部复制并粘贴到项目的 app\src\main\res\drawable 目录和 app\src\main\res\mipmap 目录中。项目的图片资源如图 5-8 所示。

其中，mipmap 目录存放图标和小图片资源。为了加快渲染，其他图片存放在 drawable 目录中。Android 8.0（API 26）引入了自适应启动器图标，可以在不同设备模型中显示各种形状。项目的自适应图标被定义为 XML 文件，不同分辨率的机型需要到对应分辨率文件夹下找到背景图和前景图，然后生成对应的 ic_launcher，通过定义 XML 文件可以设计出个性化的图标呈现形式。

背景层定义在 ic_launcher_background.xml 文件中，前景层定义在 ic_launcher_foreground.xml 文件中，桌面图标定义在 ic_launcher.xml 文件中，桌面圆形图标定义在 ic_launcher_round.xml 文件中。这些文件均属系统自动生成。

图 5-8 项目的图片资源

2．尺寸资源（app\src\main\res\values\dimens.xml）

打开 app\src\main\res\values\dimens.xml 资源文件，添加本项目需要的其他尺寸数据。参考代码如下。

```xml
<resources>
    <dimen name="activity_horizontal_margin">16dp</dimen>
    <dimen name="activity_vertical_margin">16dp</dimen>
    <dimen name="fab_margin">16dp</dimen>
</resources>
```

3．颜色资源（app\src\main\res\values\colors.xml）

在 app\src\main\res\values 目录中创建 colors.xml 文件，添加项目中需要的颜色资源，参考代码如下。

```xml
<resources>
    <color name="colorPrimary">#3F51B5</color>
    <color name="colorPrimaryDark">#303F9F</color>
    <color name="colorAccent">#FF4081</color>
</resources>
```

4．字符串资源（app\src\main\res\values\strings.xml）

打开 app\src\main\res\values\strings.xml 文件，将项目中需要的文字素材按照 XML 文件格式整理，参考代码如下。

```xml
<resources>
    <string name="app_name">Notepad</string>
</resources>
```

5.3.3 实现"闪屏"界面布局及功能

项目的第一个界面是"闪屏"界面，该界面中只包含一幅全屏显示的图片，使用渐现的动画效果实现。

V48 实现"闪屏"界面及功能

1. 创建"闪屏"界面的布局（app\src\main\res\layout\activity_splash.xml）

"闪屏"界面中仅有一幅图片，所以在 activity_splash.xml 文件中删除原有的 TextView，只保留布局组件，参考代码 C1。

2. 实现闪屏效果（app\src\main\java\SplashActivity.java）

根据"闪屏"界面的功能要求，在应用程序启动时此界面应由浅入深渐变出现。通过设置 android.view.animation 的 AlphaAnimation 动画类的 alpha 属性来实现，具体原理详见第 2.3.3 节。

C1 "闪屏"界面布局代码

本项目中通过显式 Intent 实现界面跳转，然后用 finish 结束本界面。参考代码如下。

```java
public class SplashActivity extends Activity {
    @Override
    protected void onCreate(Bundle savedInstanceState) {
        super.onCreate(savedInstanceState);
        //标题栏设置
        this.requestWindowFeature(Window.FEATURE_NO_TITLE);
        setContentView(R.layout.activity_splash);
        RelativeLayout layoutSplash=(RelativeLayout) findViewById(R.id.activity_splash);
        AlphaAnimation alphaAnimation=new AlphaAnimation(0.0f,1.0f);
        alphaAnimation.setDuration(1000);        //设置透明动画播放时长 1000ms
        layoutSplash.startAnimation(alphaAnimation);
        //设置动画监听
        alphaAnimation.setAnimationListener(new Animation.AnimationListener() {
            @Override
            public void onAnimationStart(Animation animation) {
            }
            //动画结束
            @Override
            public void onAnimationEnd(Animation animation) {
                //跳转至主界面
                Intent intent=new Intent(SplashActivity.this,MainActivity.class);
                startActivity(intent);
                finish();
            }
            @Override
            public void onAnimationRepeat(Animation animation) {
            }
        });
    }}
```

3. 修改配置清单文件（app\src\main\AndroidManifest.xml）

项目默认的启动界面是 MainActivity，现在要把"闪屏"界面设置为启动界面，需要修改配置文件。本项目中，还会调用系统相册、照相机、录音等功能，这就需要在配置文件中添加相关权限。参考代码 C2。

C2 项目五配置清单代码

4. 处理拍照结果的配置文件（**app\src\res\xml\update_files.xml**）

在 AndroidManifest.xml 文件中用到了尚未创建的 Activity 类文件和 update_files.xml 文件。其中，各个界面对应的 Activity 类文件在后文中会逐个创建。此处，重点说明 update_files.xml 文件。

在 Android 7.0 以上的系统中，需要使用 FileProvider 来创建 Uri，主要有以下几个步骤。

1）在 AndroidManifest.xml 文件中声明 FileProvider。参考代码如下。

```xml
<provider
    android:name="android.support.v4.content.FileProvider"
    android:authorities="com.bjypc.shigang.notepad"
    android:exported="false"
    android:grantUriPermissions="true">
    <meta-data
        android:name="android.support.FILE_PROVIDER_PATHS"
        android:resource="@xml/update_files" />
</provider>
```

2）在 res 目录下新建 xml 文件夹，并在其中创建 update_files.xml 文件，指定共享目录。参考代码如下。

```xml
<?xml version="1.0" encoding="utf-8"?>
<resources xmlns:android="http://schemas.android.com/apk/res/android">
    <paths>
        <!--https://blog.csdn.net/leilifengxingmw/article/details/57405908-->
        <!--代表外部存储区域的根目录下的文件-->
        <!--Environment.getExternalStorageDirectory()/DCIM/camerademo 目录-->
        <external-path
            name="hm_DCIM"
            path="DCIM/" />
        <!--Environment.getExternalStorageDirectory()/Pictures/camerademo 目录-->
        <external-path
            name="hm_Pictures"
            path="Pictures/camerademo" />
        <!--Context.getExternalFilesDir(Environment.DIRECTORY_PICTURES)中的 Pictures 目录-->
        <!--/storage/emulated/0/Android/data/包名/files/Pictures-->
        <external-files-path
            name="hm_external_files"
            path="Pictures" />
        <!--Context.getExternalCacheDir 目录下的 images 目录-->
        <!--/storage/emulated/0/Android/data/包名/cache/images-->
        <external-cache-path
            name="hm_external_cache"
            path="" />
        <!--代表 App 私有存储区域 Context.getFilesDir()中的 images 目录-->
        <!-- /data/user/0/包名/files/images-->
        <files-path
            name="hm_private_files"
            path="images" />
        <!--代表 App 私有存储区域 Context.getCacheDir()中的 images 目录-->
        <!--/data/user/0/包名/cache/images-->
        <cache-path
            name="hm_private_cache"
```

```
                    path="images" />
            </paths>
        </resources>
```

3）生成并分享 Content Uri，具体代码详见第 5.3.8 节的 ImgUtil.java 类。

5.3.4 实现"故事编辑"界面布局

V49 创建"故事
编辑"布局

"故事编辑"界面主要实现编辑文本、相机拍照、插入相册图片、开启录音等。在故事为空或者在主界面中单击"+"按钮时，会显示"故事编辑"界面。

1．创建"故事编辑"布局（app\src\main\res\layout\activity_write_notepad.xml）

"故事编辑"界面使用相对布局 RelativeLayout，其中包含一个列表 RecyclerView、一个提交按钮 Button、浏览大图的图像视图 ImageView 和关闭图片浏览的图像按钮 ImageButton。参考代码 C3。

C3 "故事编辑"布局代码

2．"故事编辑"列表项布局（app\src\main\res\layout\activity_write_notepad_item.xml）

在"故事编辑"界面的布局文件 activity_write_notepad.xml 中，RecyclerView 组件的列表项布局文件为 activity_write_notepad_item.xml。其中包含一个删除按钮 ImageButton、一个文本编辑框 EditText、一个录音文件列表 RecyclerView 和一个图片文件列表 RecyclerView。这样确保一次可以编辑多个录音与图片。参考代码 C4。

V50 创建列表项布局

3．"编辑故事"列表项适配器类（app\src\main\java\WriteNotepadAdapter.java）

该适配器负责将数据库中的故事记录与 RecyclerView 的列表项适配。参考代码如下。

C4 "故事编辑"列表项布局代码

```java
public class WriteNotepadAdapter extends RecyclerView.Adapter<WriteNotepadViewHolder> {
    private Context mContext;
    private List<Notepad> data;
    MyItemClickListener photoPicItemClickListener, musicItemClickListener;
    private Uri takePhoto;
    private DBHelper dbHelper;
    public WriteNotepadAdapter(List<Notepad> data,final Context context){
        this.data=data;
        this.mContext=context;
        photoPicItemClickListener=new MyItemClickListener(){
            @Override
            public void onItemClick(View view,final int position,int index){
                ImgUtil imgUtil=new ImgUtil(context);
                ((WriteNotepad)context).index=index;
                switch (position){
                    case 0:    //拍照
                        setTakePhoto(imgUtil.takePhoto());
                        break;
                    case 1:    //选取相册照片
                        imgUtil.pickPhoto();
                        break;
                    case 2:    //录音
                        break;
```

V51 列表项适配器类（1）

```java
                    default:
                        final Notepad notepad=((WriteNotepad)mContext).data.get(index);
                        final String[] items=new String[]{"查看图片","删除图片"};
                        AlertDialog alertDialog=new AlertDialog.Builder(mContext)
                            .setTitle("请选择您的操作")
                            .setItems(items, new DialogInterface.OnClickListener() {
                            @Override
                            public void onClick(DialogInterface dialogInterface, int i) {
                                //前两个图片分别是相册图片和录音图片，真正插入的图片是第
```

三个，所以 position-2

```java
                                String imgName=dealImgName(notepad.getImgName(),position-2);
                                if(i==0) {     //查看图片
                                    ((WriteNotepad) mContext).showBjgImg(imgName);
                                }else{         //删除图片
                                    notepad.setImgName(notepad.getImgName().
                                    replace(imgName,"").replace(";;",";"));
                                    notifyDataSetChanged();
                                }
                            }
                        }).create();
                        alertDialog.show();
                    }
                }
            };
            musicItemClickListener=new MyItemClickListener() {
        @Override
        public void onItemClick(View view, final int position, int index) {
            //单击了录音的名字
            final Notepad notepad=((WriteNotepad)mContext).data.get(index);
            final String[] items=new String[]{"播放录音","删除录音"};
            AlertDialog alertDialog=new AlertDialog.Builder(mContext)
                .setTitle("选择您的操作")
                .setItems(items, new DialogInterface.OnClickListener() {
                @Override
                    public void onClick(DialogInterface dialogInterface, int i) {
                        String musicName=dealImgName(notepad.getMusicName(),
                                        position+1).split("共")[0];
                        File file=new File ( mContext.getApplicationContext().
                                        getFilesDir().getAbsolutePath()+"/"+musicName);
                        if(i==0){     //播放录音
                            MusicUtil musicUtil=new MusicUtil(mContext);
                            musicUtil.startPlay(file);
                    }else{        //删除录音
                        notepad.setMusicName("");
                        file.delete();
                        notifyDataSetChanged();
                    }
                }
            }).create();
            alertDialog.show();
        }
```

V52 列表项适
配器类（2）

V53 列表项适
配器类（3）

```java
        };
        dbHelper=new DBHelper(mContext,"notepad",null,1);
    }
    public String dealImgName(String imgName,int position) {
        String[] ins=imgName.split(";");
        for(int i=0; i<ins.length; i++){
            if(ins[i]!=null && !ins[i].equals("") && !ins[i].equals("null")){
                position--;
                if(position==0){
                    return ins[i];
                }
            }
        }
        return "";
    }
    @NonNull
    @Override
    public WriteNotepadViewHolder onCreateViewHolder(@NonNull ViewGroup viewGroup, int i) {
        //加载 item 布局文件
        View view=LayoutInflater.from(
                viewGroup.getContext()).inflate(R.layout.activity_write_notepad_item,
                viewGroup, false);
        return new WriteNotepadViewHolder(view);
    }
    @Override
    public void onBindViewHolder(@NonNull WriteNotepadViewHolder holder, final int position) {
        //故事记录可以放多张图片
        List list=new ArrayList();
        list.add("camera.png");
        list.add("xiangce.png");
        list.add("audio.png");
        final Notepad notepad=data.get(position);
        if(notepad.getContext()!=null || notepad.getImgName()!=null){
            //打开存在的故事编辑，将数据添加到 item 上
            String context=notepad.getContext();
            if(context!=null&&!context.equals("")&&!context.equals("null")){
                holder.context.setText(context.replace("null",""));
            }
            String notepadName=notepad.getImgName();
                if(notepadName!=null && !notepadName.equals("")
                    && !notepadName.equals("null")){
                    final String[] imgs=notepadName.split(";");
                    changeToList(imgs,list);
                }
        }
        //图片的列表视图
        RecyclerView recyclerView_img=holder.imgs;
        LinearLayoutManager linearLayoutManager_img=new LinearLayoutManager(mContext);
        linearLayoutManager_img.setOrientation(LinearLayoutManager.HORIZONTAL);
        //为 recyclerView 设置 LayoutManager
        recyclerView_img.setLayoutManager(linearLayoutManager_img);
```

V54 列表项适
配器类（4）

V55 列表项适
配器类（5）

160

```java
        ImgAdapter imgAdapter=new ImgAdapter(list,mContext,photoPicItemClickListener,position);
        recyclerView_img.setAdapter(imgAdapter);
        //录音文件名称集
        List<String> musicList=new ArrayList<>();
        String musicName=notepad.getMusicName();
        if(musicName!=null&&!musicName.equals("")&&!musicName.equals("null")){
            final String[] musics=musicName.split(";");
            changeToList(musics,musicList);
        }
        //录音文件的列表视图
        RecyclerView recyclerView_music=holder.write_item_music;
        LinearLayoutManager linearLayoutManager_music=new LinearLayoutManager(mContext);
        linearLayoutManager_music.setOrientation(LinearLayoutManager.VERTICAL);
        recyclerView_music.setLayoutManager(linearLayoutManager_music);
    MusicAdapter musicAdapter=new MusicAdapter(musicList,mContext, musicItemClickListener,position);
    recyclerView_music.setAdapter(musicAdapter);
    //实时刷新数据
    holder.context.addTextChangedListener(new TextWatcher() {
        @Override
        public void beforeTextChanged(CharSequence s, int start, int count, int after) {
        }
        @Override
        public void onTextChanged(CharSequence s, int start, int before, int count) {
            notepad.setContext(s.toString());
        }
        @Override
        public void afterTextChanged(Editable s) {
        }
    });
    holder.notepad_Item_delete.setOnClickListener(new View.OnClickListener() {
        @Override
        public void onClick(View v) {          //单击关闭编辑界面
            //只有在浏览界面中存在的故事数量大于 1 时，才跳转到 MainActivity
            if(((WriteNotepad)mContext).data_size>1){
                Intent intent=new Intent(mContext, MainActivity.class);
                mContext.startActivity(intent);
            }
            ((WriteNotepad) mContext).finish();
        }
    });
}
@Override
public int getItemCount() {
    return data.size();
}
//数组转集合
public void changeToList(String[] data,List list){
    for(int i=0;i<data.length;i++){
        String imgName=data[i];
        if(imgName!=null && !imgName.equals("") && !imgName.equals("null")){
            list.add(imgName);
```

V56 列表项适
配器类（6）

```
                }
            }
        }
        //选择拍照时提前创建存储图片的文件并生成 Uri
        public Uri getTakePhoto(){
            return takePhoto;
        }
        public void setTakePhoto(Uri takePhoto){
            this.takePhoto=takePhoto;
        }
    }
```

4．列表项适配器的视图辅助类（app\src\main\java\WriteNotepadViewHolder.java）

ViewHolder 通常出现在适配器里，为列表视图（如 RecyclerView、ListView 等）滚动时快速设置值，而不必每次都重新创建很多对象，从而提升性能。

本项目中使用到了 WriteNotepadViewHolder.java 类。参考代码如下。

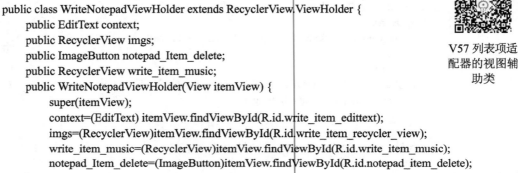

V57 列表项适配器的视图辅助类

```
    public class WriteNotepadViewHolder extends RecyclerView.ViewHolder {
        public EditText context;
        public RecyclerView imgs;
        public ImageButton notepad_Item_delete;
        public RecyclerView write_item_music;
        public WriteNotepadViewHolder(View itemView) {
            super(itemView);
            context=(EditText) itemView.findViewById(R.id.write_item_edittext);
            imgs=(RecyclerView)itemView.findViewById(R.id.write_item_recycler_view);
            write_item_music=(RecyclerView)itemView.findViewById(R.id.write_item_music);
            notepad_Item_delete=(ImageButton)itemView.findViewById(R.id.notepad_item_delete);
        }
    }
```

5.3.5　实现编辑故事中图片的功能

1．图片适配器对应的布局（app\src\main\res\layout\showimg.xml）

该布局中仅包含一个图像视图，用于呈现故事中的某幅图片。参考代码 C5。

V58 图片适配器布局

2．图片适配器类（app\src\main\java\ImgAdapter.java）

该适配器负责将数据库中的图片信息与 RecyclerView 中的列表项适配。参考代码如下。

C5 图片适配器布局代码

```
    public class ImgAdapter extends RecyclerView.Adapter<ImageViewHolder> {
        private Context mContext;
        private List data;
        //当图片列表有变化时需要知道是第几个适配器需要更新
        private int index;
        //回调接口
        MyItemClickListener mItemClickListener;
        public ImgAdapter(List data, Context context, MyItemClickListener mItemClickListener, int index) {
            this.data=data;
            this.mContext=context;
```

V59 图片适配器类（1）

```java
            this.mItemClickListener=mItemClickListener;
            this.index=index;
    }
    @Override
    public ImageViewHolder onCreateViewHolder(ViewGroup parent, int viewType) {
        //加载 item 布局文件
        View view=LayoutInflater.from(parent.getContext()).inflate(R.layout.showimg, parent, false);
        return new ImageViewHolder(view, mItemClickListener, index);
    }
    @Override
    public void onBindViewHolder(ImageViewHolder holder, final int position) {
        final String imgName=(String) data.get(position);
        //获取之前写笔记时存储的图片
        Bitmap img;
        if(imgName.equals("camera.png")) {
            img=BitmapFactory.decodeResource(mContext.getResources(), R.mipmap.camera);
        } else if(imgName.equals("xiangce.png")) {
            img=BitmapFactory.decodeResource(mContext.getResources(), R.mipmap.xiangce);
        }else if(imgName.equals("audio.png")){
            img=BitmapFactory.decodeResource(mContext.getResources(), R.mipmap.audio);
            final MusicUtil musicUtil=new MusicUtil(mContext);
            holder.img.setOnTouchListener(new View.OnTouchListener() {
                long startTime,endTime;      //记录开始、结束录音时间
                int record_time;
                @Override
                public boolean onTouch(View view, MotionEvent motionEvent) {
                    switch (motionEvent.getAction()) {
                        //按下操作
                        case MotionEvent.ACTION_DOWN:
                            if(Build.VERSION.SDK_INT>22) {      //Android 6.0 以上录音相应权限处理
                                musicUtil.permissionForM();
                            } else {
                    musicUtil.startRecord();
            }
            startTime=System.currentTimeMillis();              //初始化录音开始时间
            Toast.makeText(mContext,"录音开始", Toast.LENGTH_LONG).show();
            break;
            //松开操作
            case MotionEvent.ACTION_CANCEL:
            case MotionEvent.ACTION_UP:
            endTime=System.currentTimeMillis();
            record_time=(int)((endTime-startTime)/1000);
            if(record_time>=MusicUtil.RECORD_MIN_TIME){
                FileBean fileBean=musicUtil.stopRecord(record_time);
                Toast.makeText(mContext,"录音结束",Toast.LENGTH_LONG).show();
                if(fileBean!=null){
                    Notepad notepad=(( WriteNotepadActivity)mContext).data.get(index);
                    notepad.setMusicName(notepad.getMusicName()+";"+
                        fileBean.getFile().getName()+"共"+fileBean.getFileLength()+"s");
                    ((WriteNotepadActivity)mContext).adapter.notifyDataSetChanged();
                }
```

V60 图片适配
器类（2）

```
                            }else{
                                musicUtil.setAudioFile(null);
                                Toast.makeText(mContext,"录音时长太短，不足"
                                        +MusicUtil.RECORD_MIN_TIME +"秒", Toast.LENGTH_LONG).show();
                            }
                            break;
                        }
                    return true; //对 OnTouch 事件做了处理，返回 true
                    }
                });
            } else {
                String path=mContext.getApplicationContext().getFilesDir().getAbsolutePath();
                //获取之前写笔记时存储的图片
                img=BitmapFactory.decodeFile(path + "/" + imgName);
            }
            holder.img.setImageBitmap(img);
            holder.img.setId(position);
        }
        @Override
        public int getItemCount() {
            return data.size();
        }
    }
```

3. 图片适配器类的视图辅助类（app\src\main\java\ImageViewHolder.java）

本项目为图片适配器类搭配了 ImageViewHolder.java 类。参考代码如下。

```
public class ImageViewHolder extends RecyclerView.ViewHolder implements View.OnClickListener {
    ImageView img;
    private MyItemClickListener mListener;
    private int index;
    public ImageViewHolder(final View itemView, MyItemClickListener myItemClickListener, final int index) {
        super(itemView);
        img=(ImageView) itemView.findViewById(R.id.showImg);
        this.mListener=myItemClickListener;
        this.index=index;
        img.setOnClickListener(this);
    }
    @Override
    public void onClick(View view) {
        if(mListener!=null) {
            mListener.onItemClick(view, view.getId(), index);
        }
    }
}
```

V61 图片适配
器类的视图辅
助类

V62 录音适配
器布局

5.3.6 实现编辑故事中录音的功能

1. 录音适配器对应的布局（app\src\main\res\layout\music_item.xml）

该布局中包含一个图像视图和一个文本视图，分别用于呈现录音图标和录音文件名称。参考代码 C6。

C6 录音适配器
布局代码

2．录音适配器类（app\src\main\java\MusicAdapter.java）

该适配器负责将数据库中的录音文件与 RecyclerView 中的列表项适配。参考代码如下。

```java
public class MusicAdapter extends RecyclerView.Adapter<MusicViewHolder> {
    private Context mContext;
    private List data;
    //当图片列表有变化时需要知道是第几个适配器需要更新
    private int index;
    //回调接口
    MyItemClickListener mItemClickListener;
    public MusicAdapter(List data, Context context, MyItemClickListener mItemClickListener, int index) {
        this.data=data;
        this.mContext=context;
        this.mItemClickListener=mItemClickListener;
        this.index=index;
    }
    @Override
    public MusicViewHolder onCreateViewHolder(ViewGroup parent, int viewType) {
        //加载 item 布局文件
        View view=LayoutInflater.from(parent.getContext()).inflate(R.layout.music_item, parent, false);
        return new MusicViewHolder(view, mItemClickListener, index);
    }
    @Override
    public void onBindViewHolder(MusicViewHolder holder, final int position) {
        holder.music_name.setText((String) data.get(position));
        holder.music_name.setId(position);
    }
    @Override
    public int getItemCount() {
        return data.size();
    }
}
```

V63 录音适配
器类

3．录音适配器类的视图辅助类（app\src\main\java\MusicViewHolder.java）

本项目为录音适配器类搭配了 MusicViewHolder.java 类。参考代码如下。

```java
public class MusicViewHolder extends RecyclerView.ViewHolder implements
View.OnClickListener{
    TextView music_name;
    private MyItemClickListener mListener;
    private int index;
    public MusicViewHolder(View itemView, MyItemClickListener myItemClickListener, int index) {
        super(itemView);
        music_name=(TextView) itemView.findViewById(R.id.music_name);
        this.mListener=myItemClickListener;
        this.index=index;
        music_name.setOnClickListener(this);
    }
    @Override
    public void onClick(View view) {
        if(mListener!=null){
            mListener.onItemClick(view, view.getId(),index);
```

V64 录音适配
器类的视图辅
助类

```
            }
        }
    }
```

5.3.7　实现编辑故事界面类的功能

1. 故事封装类（app\src\main\java\Notepad.java）

故事封装类对故事编号（对应数据库中主键 id）、故事编码、故事内容、故事图片、故事音频、故事创建时间进行了封装，便于实现数据库的增、删、改、查。参考代码如下。

```java
import java.io.Serializable;
public class Notepad implements Serializable {
    private int id; //主键 id
    private String notepadNum; //故事编码
    private String context; //故事内容
    //故事中插入图片文件的名称（多张图的名称之间用 ";" 隔开）
    private String imgName;
    //故事保存的音频文件的名称（多个音频的名称之间用 ";" 隔开）
    private String musicName;
    private String createTime; //故事的创建时间
    public Notepad(){
        id=0;
        notepadNum="";
        context="";
        imgName="";
        musicName="";
        createTime="";
    }
    public Notepad(int id, String createTime, String context, String imgName, String
                     notepadNum,String musicName) {
        this.id=id;
        this.createTime=createTime;
        this.context=context;
        this.imgName=imgName;
        this.notepadNum=notepadNum;
        this.musicName=musicName;
    }
    public int getId() {
        return id;
    }
    public void setId(int id) {
        this.id=id;
    }
    public String getContext() {
        return context;
    }
    public void setContext(String context) {
        this.context=context;
    }
    public String getImgName() {
```

```
            return imgName;
        }
        public void setImgName(String imgName) {
            this.imgName=imgName;
        }
        public String getCreateTime() {
            return createTime;
        }
        public void setCreateTime(String createTime) {
            this.createTime=createTime;
        }
        public String getNotepadNum() {
            return notepadNum;
        }
        public void setNotepadNum(String notepadNum) {
            this.notepadNum=notepadNum;
        }
        public String getMusicName() {
            return musicName;
        }
        public void setMusicName(String musicName) {
            this.musicName=musicName;
        }
    }
```

2. 编辑故事界面类（app\src\main\java\WriteNotepadActivity.java）

编辑故事的界面类创建步骤同 MainActivity.java，本项目运行在 Android 6.0（API 23）以上的系统，需要在运行时向用户请求权限。因此在该界面中需要请求文件读写权限、相机使用权限和录音权限。参考代码如下。

V66 编辑故事
界面类（1）

```
import static com.bjypc.shigang.notepad.util.ImgUtil.SELECT_PIC_BY_TACK_PHOTO;
public class WriteNotepadActivity extends AppCompatActivity {
    private RecyclerView recyclerView;
    private ImageButton showImg_close;
    private ImageView imgBig;
    private Button notepad_submit;
    public List<Notepad> data;
    private Notepad notepad;
    private DBHelper dbHelper;
    public WriteNotepadAdapter adapter;
    public int index=0; //当前正在操作的是第几则故事
    public int data_size=0; //当前已有故事数量
    @Override
    protected void onCreate(@Nullable Bundle savedInstanceState) {
        super.onCreate(savedInstanceState);
        setContentView(R.layout.activity_write_notepad);
        notepad=(Notepad) getIntent().getSerializableExtra("notepad");
        data_size=getIntent().getIntExtra("datasize",0);
        dbHelper=new DBHelper(this, "notepad", null, 1);
        initData();
        initView();
```

```
            checkPermission();              //检查是否有文件读写权限以及相机使用权限
        }
    public void initView() {
        showImg_close=findViewById(R.id.showImg_close);
        imgBig=findViewById(R.id.imgBig);
        showImg_close.setOnClickListener(new View.OnClickListener() {
            @Override
            public void onClick(View v) {
                if(data_size>1){          //有故事存在时，跳转到浏览界面 MainActivity
                    Intent intent=new Intent(WriteNotepadActivity.this, MainActivity.class);
                    startActivity(intent);
                }
                WriteNotepadActivity.this.finish();
            }
        });
        notepad_submit=findViewById(R.id.notepad_submit);
        notepad_submit.setOnClickListener(new View.OnClickListener() {
            @Override
            public void onClick(View v) {
                if(notepad!=null && notepad.getNotepadNum()!=null
                    && !notepad.getNotepadNum().equals("")
                    && !notepad.getNotepadNum().equals("null")) {
                    dbHelper.updateData(dbHelper, data);     //更新旧故事
                } else {
                    dbHelper.insertData(dbHelper, data);     //添加新故事
                }
                Intent intent=new Intent(WriteNotepadActivity.this, MainActivity.class);
                startActivity(intent);
                finish();
            }
        });
        recyclerView=findViewById(R.id.write_recycler_view);
        LinearLayoutManager recyclerViewLayoutManager=new LinearLayoutManager(this);
        recyclerViewLayoutManager.setOrientation(LinearLayoutManager.VERTICAL);
        recyclerView.setLayoutManager(recyclerViewLayoutManager);
        adapter=new WriteNotepadAdapter(data, this);
        recyclerView.setAdapter(adapter);
    }
    //初始化笔记数据 data
    private void initData() {
        data=new ArrayList<>();
        if(notepad!=null && notepad.getNotepadNum()!=null
            && !notepad.getNotepadNum().equals("")) {
            DBHelper dbHelper=new DBHelper(this, "notepad", null, 1);
            //查询条件 condition
            List<Object> condition=new ArrayList<>();
            condition.add(" notepadNum=? ");
            condition.add(new String[]{notepad.getNotepadNum()});
            condition.add(null);
            condition.add(null);
            condition.add(null);
```

V67 编辑故事
界面类（2）

168

```java
        data=dbHelper.selectData(dbHelper, data, condition);
        //如果查询到的数据为空，意味着该数据尚不存在，则新增数据
        if(data.size()<=0){
            Notepad notepad1=new Notepad();
            notepad1.setNotepadNum(notepad.getNotepadNum());
            notepad1.setImgName(null);
            notepad1.setContext(null);
            notepad1.setId(-1);
            data.add(notepad1);
        }

    } else {
        data.add(new Notepad());
    }
}
public void showBjgImg(String imgName) {
    String path=WriteNotepadActivity.this.getApplicationContext().getFilesDir().getAbsolutePath();
    //获取之前写笔记时存储的照片
    Bitmap img=BitmapFactory.decodeFile(path + "/" + imgName);
    showImg_close.setImageResource(R.mipmap.close);
    imgBig.setImageBitmap(img);
    imgBig.getBackground().setAlpha(150);
}
@Override
protected void onActivityResult(int requestCode, int resultCode, @Nullable Intent intent) {
    super.onActivityResult(requestCode, resultCode, intent);
    Bitmap bt=null;
    if(resultCode==Activity.RESULT_OK && requestCode==SELECT_PIC_BY_TACK_PHOTO) {
        try{
            bt=MediaStore.Images.Media.getBitmap(this.getContentResolver(), adapter.getTakePhoto());
        } catch (IOException e) {
            e.printStackTrace();
        }
    } else {
        try {
            if(intent!=null) {
                Uri uri=intent.getData();
                bt=MediaStore.Images.Media.getBitmap(this.getContentResolver(), uri);
            }
        } catch (IOException e) {
            e.printStackTrace();
        }
    }
    Notepad n=data.get(index);
    String imgName="";
    try {
        ImgUtil imgUtil=new ImgUtil(WriteNotepadActivity.this);
        imgName=imgUtil.saveBitmap(bt);
        String nimgName=n.getImgName();
        if(nimgName!=null) {
            n.setImgName(nimgName.replace("null", "") + ";" + imgName);
```

V68 编辑故事
界面类（3）

```
            } else {
                n.setImgName(imgName);
            }
        } catch (Exception e) {
            e.printStackTrace();
        }
        //刷新数据
        adapter=new WriteNotepadAdapter(data, this);
        recyclerView.setAdapter(adapter);
    }
    @Override
    public void onBackPressed() {
        if(data_size>0){
            Intent intent=new Intent(WriteNotepadActivity.this, MainActivity.class);
            startActivity(intent);
        }
        this.finish();
    }
    //检查权限（NEED_PERMISSION）是否被授权
    private void checkPermission() {
        //PackageManager.PERMISSION_GRANTED 表示同意授权
        if(ActivityCompat.checkSelfPermission(this,
            Manifest.permission.WRITE_EXTERNAL_STORAGE)!=
            PackageManager.PERMISSION_GRANTED) {
            if(ActivityCompat.shouldShowRequestPermissionRationale(this,
                Manifest.permission.WRITE_EXTERNAL_STORAGE)) {
                //用户拒绝之后，再次弹出权限申请对话框并给出提示
                Toast.makeText(this, "请允许相关权限，否则无法正常使用本应用!",
                    Toast.LENGTH_SHORT).show();
            }
            //申请权限
            ActivityCompat.requestPermissions(this,
                new String[]{"android.permission.READ_EXTERNAL_STORAGE",
                    "android.permission.WRITE_EXTERNAL_STORAGE",
                    "android.permission.CAMERA",
                    "android.permission.RECORD_AUDIO"}, 1);
        }
    }
}
```

V69 编辑故事
界面类（4）

V70 图片工具类

5.3.8　编辑故事时使用到的工具类与数据库辅助类

1.　处理图片的工具类（app\src\main\java\ImgUtil.java）

本项目在拍照和从相册获取图片时需要对图片进行相关处理。处理逻辑置于工具类
ImgUtil.java 中，参考代码如下。

```
public class ImgUtil {
    public final static int SELECT_PIC_BY_TACK_PHOTO=1;    //使用相机拍照获得图片
    public final static int SELECT_PIC_BY_PICK_PHOTO=2;    //使用相册中的图片
    private Uri takePhoto;  //获得到的图片路径
    public static final String KEY_PHOTO_PATH="photo_path";    //从 Intent 获取图片路径的 KEY
    private Context mcontext;
```

170

```java
public ImgUtil(Context context) {
    this.mcontext=context;
}
public Uri takePhoto() {
    //执行拍照前，应该先判断 SD 卡是否存在
    String SDState=Environment.getExternalStorageState();
    if(SDState.equals(Environment.MEDIA_MOUNTED)){
        Intent intent=new Intent(MediaStore.ACTION_IMAGE_CAPTURE);
        //获得项目的路径
        String path=Environment.getExternalStorageDirectory() + "/DCIM/";
        File file=new File(path + "notepad" + System.currentTimeMillis() + ".jpg");
        if(!file.getParentFile().exists()){
            file.getParentFile().mkdir();
        }
        //判断版本
        if(Build.VERSION.SDK_INT>=Build.VERSION_CODES.N){
            //Android 7.0 以上使用 FileProvider 获取 Uri
            intent.setFlags(Intent.FLAG_GRANT_WRITE_URI_PERMISSION);
            takePhoto=FileProvider.getUriForFile(mcontext,"com.bjypc.shigang.notepad",file);
            intent.putExtra(MediaStore.EXTRA_OUTPUT,takePhoto);
        }else{
            //否则使用 Uri.fromFile(file)方法获取 Uri
            takePhoto=Uri.fromFile(file);
            intent.putExtra(MediaStore.EXTRA_OUTPUT,takePhoto);
        }
        //添加权限
        intent.addFlags(Intent.FLAG_GRANT_READ_URI_PERMISSION);
        ((WriteNotepadActivity)mcontext).startActivityForResult(intent,SELECT_PIC_BY_TACK_PHOTO);
        return takePhoto;
    }else{
        Toast.makeText(mcontext,"内存卡不存在",Toast.LENGTH_SHORT).show();
    }
    return takePhoto;
}
public void pickPhoto(){          //从相册中取图片
    Intent intent=new Intent(Intent.ACTION_PICK,null);
    //通过 Intent 筛选所有的照片
    intent.setDataAndType(MediaStore.Images.Media.EXTERNAL_CONTENT_URI,"image/*");
    ((WriteNotepadActivity)mcontext).startActivityForResult(intent,SELECT_PIC_BY_PICK_PHOTO);
}
//将 Bitmap 文件保存到本地，图片因太大需要压缩处理
public String saveBitmap(Bitmap bitmap){
    Matrix matrix=new Matrix();
    matrix.setScale(0.5f,0.5f);
    Bitmap mSrcBitmap=Bitmap.createBitmap(bitmap,0,0,bitmap.getWidth(),
                        bitmap.getHeight(),matrix,true);
    bitmap=null;
    String imgName="notepad"+System.currentTimeMillis()+".png";
    String path=mcontext.getApplicationContext().getFilesDir().getAbsolutePath();
    File f=new File(path,imgName);
    if(f.exists()){
```

```
                    f.delete();
                }
                try{
                    FileOutputStream out=new FileOutputStream(f);
                    //图片压缩处理
                    mSrcBitmap.compress(Bitmap.CompressFormat.PNG,80,out);
                    out.flush();
                    out.close();
                } catch (FileNotFoundException e) {
                    e.printStackTrace();
                }catch (IOException e){
                    e.printStackTrace();
                }
                return imgName;
            }
        }
```

2. 处理录音的工具类（app\src\main\java\MusicUtil.java）

本项目在录音时需要对音频文件进行相关处理。处理逻辑置于工具类文件 MusicUtil.java中，参考代码如下。

V71 录音
工具类（1）

```
public class MusicUtil {
    private Context mContext;
    private ExecutorService mExecutorService;            //线程操作
    private MediaRecorder mMediaRecorder;                //录音器对象
    public void setAudioFile(File mAudioFile) {
        this.mAudioFile=mAudioFile;
    }
    private File mAudioFile;                              //保存的文件
    private String mFilePath;                            //文件保存的位置
    private MediaPlayer mediaPlayer;                     //音频文件播放器
    static final int RECORD_MIN_TIME=3;                  //设置录音的最少时间
    public MusicUtil(Context context){
        this.mContext=context;
        //录音及播放要使用单线程操作
        mExecutorService=Executors.newSingleThreadExecutor();
        mFilePath=mContext.getApplicationContext().getFilesDir().getAbsolutePath();
    }
    //Android 6.0 以上版本的权限处理
    public void permissionForM(){
        //判断是否获取到录音权限
        if(ContextCompat.checkSelfPermission(mContext,
                Manifest.permission.RECORD_AUDIO)!=PackageManager.PERMISSION_GRANTED
                ||ContextCompat.checkSelfPermission(mContext,
                Manifest.permission.WRITE_EXTERNAL_STORAGE)!=
                PackageManager.PERMISSION_GRANTED){      //判断是否获取能往 SD 卡写的权限
                //如果没有授权，获取权限
                ActivityCompat.requestPermissions((Activity)mContext,
                    new String[]{Manifest.permission.RECORD_AUDIO,
                    Manifest.permission.WRITE_EXTERNAL_STORAGE},1);
        }else{
            startRecord();                //开始录音
```

```java
        }
    }
    public void startRecord() {
        mExecutorService.submit(new Runnable() {
            @Override
            public void run() {
                releaseRecorder();    //录音前释放资源
                recordOperation();     //执行录音操作
            }
        });
    }
    //录音操作
    public void recordOperation() {
        mMediaRecorder=new MediaRecorder();    //创建 MediaRecorder 对象
        //创建录音文件，.m4a 为 MPEG-4 音频标准的文件的扩展名
        mAudioFile=new File(mFilePath+"/"+System.currentTimeMillis()+".m4a");
        mAudioFile.getParentFile().mkdirs();        //创建父文件夹
        try {
            mAudioFile.createNewFile();            //创建文件
            //配置 mMediaRecorder 相应的参数
            //从麦克风采集声音数据
            mMediaRecorder.setAudioSource(MediaRecorder.AudioSource.MIC);
            //设置保存文件格式为 MPEG-4
            mMediaRecorder.setOutputFormat(MediaRecorder.OutputFormat.MPEG_4);
            //设置采集频率，44100 是所有安卓设备都支持的频率，频率越高，音质越好，文件越大
            mMediaRecorder.setAudioSamplingRate(44100);
            //设置声音数据编码格式，音频通用格式是 AAC
            mMediaRecorder.setAudioEncoder(MediaRecorder.AudioEncoder.AAC);
            //设置编码频率
            mMediaRecorder.setAudioEncodingBitRate(96000);
            //设置录音保存的文件
            mMediaRecorder.setOutputFile(mAudioFile.getAbsolutePath());
            //开始录音
            mMediaRecorder.prepare();
            mMediaRecorder.start();
        } catch (IOException e) {
            e.printStackTrace();
            recordFail();
        }
    }
    //释放录音相关资源
    public void releaseRecorder() {
        if(mMediaRecorder!=null){
            mMediaRecorder.release();
            mMediaRecorder=null;
        }
    }
    //结束录音操作
    public FileBean stopRecord(int record_time){
        FileBean bean=null;
        //添加 try/catch 防止误触录音按钮而引发的闪退
```

V72 录音
工具类（2）

173

```
        try {
            //停止录音
            mMediaRecorder.stop();
            bean=new FileBean();
            bean.setFile(mAudioFile);
            bean.setFileLength(record_time);
            //释放录音资源
            releaseRecorder();
        } catch (IllegalStateException e) {
            e.printStackTrace();
        }
        return bean;
    }
    //录音失败处理
    public void recordFail(){
        mAudioFile=null;
    }
    //开始播放音频文件
    public void startPlay(File mFile){
        try{
            //初始化播放器
            mediaPlayer=new MediaPlayer();
            //设置播放音频数据文件
            mediaPlayer.setDataSource(mFile.getAbsolutePath());
            //设置播放监听事件
            mediaPlayer.setOnCompletionListener(new MediaPlayer.OnCompletionListener() {
                @Override
                public void onCompletion(MediaPlayer mediaPlayer) {
                    //播放完成
                    playEndOrFail();
                }
            });
            //播放发生错误监听事件
            mediaPlayer.setOnErrorListener(new MediaPlayer.OnErrorListener() {
                @Override
                public boolean onError(MediaPlayer mediaPlayer, int i, int j) {
                    playEndOrFail();
                    return true;
                }
            });
            //播放音量配置
            mediaPlayer.setVolume(1,1);
            //是否循环播放
            mediaPlayer.setLooping(false);
            //准备及播放
            mediaPlayer.prepare();
            mediaPlayer.start();
        } catch (IOException e) {
            e.printStackTrace();
            //播放失败处理
            playEndOrFail();
```

```
            }
        }
        //停止播放或播放失败处理
        private void playEndOrFail(){
            if(mediaPlayer!=null){
                mediaPlayer.setOnCompletionListener(null);
                mediaPlayer.setOnErrorListener(null);
                mediaPlayer.stop();
                mediaPlayer.reset();
                mediaPlayer.release();
                mediaPlayer=null;
            }
        }
    }
```

3．单击事件回调接口类（app\src\main\java\MyItemClickListener.java）

本项目的多个适配器类中的视图组件都要设置单击事件，为此创建了 MyItemClickListener 回调接口类。参考代码如下。

```
public interface MyItemClickListener {
    void onItemClick(View view, int position, int index);
}
```

V73 回调
接口类

4．文件生成器（app\src\main\java\FileBean.java）

在图片适配器类（ImgAdapter.java）和音频处理工具类（MusicUtil.java）中都使用到了文件生成器类（FileBean.java）。该类的主要属性包含文件对象和文件时长。参考代码如下。

```
public class FileBean implements Serializable {
    private File file;           //文件对象
    private int fileLength;       //文件时长
    public File getFile() {
        return file;
    }
    public void setFile(File file) {
        this.file=file;
    }
    public int getFileLength() {
        return fileLength;
    }
    public void setFileLength(int fileLength) {
        this.fileLength=fileLength;
    }
}
```

V74 文件
生成器

5．数据库操作类（app\src\main\java\DBHelper.java）

数据库操作类主要完成故事数据的增、删、改、查，数据表的名称为 notepad，其中包含故事编号、故事文本、故事图、创建时间、故事音频等字段。参考代码如下。

```
public class DBHelper extends SQLiteOpenHelper {
    private static final String sql="insert into notepad (notepadNum, context, imgName,
                    createTime, musicName) values (?,?,?,?,?);";
    private static final String delete="delete from notepad where notepadNum=?";
```

V75 数据库
操作类（1）

175

```java
    private static final String deleteById="delete from notepad where id=?";
    public DBHelper(Context context, String name,
                    SQLiteDatabase.CursorFactory factory, int version) {
        super(context, name, factory, version);
    }
    @Override
    public void onCreate(SQLiteDatabase sqLiteDatabase) {
        String sql="create table notepad(id integer primary key autoincrement,
                    notepadNum varchar(20), context text, imgName text, musicName text,
                    createTime datetime)";
        sqLiteDatabase.execSQL(sql);
    }
    @Override
    public void onUpgrade(SQLiteDatabase sqLiteDatabase, int i, int version) {
    }
    //插入数据
    public int insertData(DBHelper dbHelper, List<Notepad> notepads) {
        //得到一个可写的数据库
        SQLiteDatabase db=dbHelper.getWritableDatabase();
        String notepadNum=System.currentTimeMillis() + "";
        SimpleDateFormat format=new SimpleDateFormat("yyyy-MM-dd HH:mm:ss");
        String dateString=format.format(new Date());
        try {
            for(int i=0; i<notepads.size(); i++) {
                Notepad notepad=notepads.get(i);
                //判断图片名称、音频名称和文字，只要其中一项不空就插入数据
                if((notepad.getImgName()!=null &&!(notepad.getImgName().equals("")
                    && !notepad.getImgName().equals("null")) ||
                        (notepad.getContext()!=null && !notepad.getContext().equals("")
                    && !notepad.getContext().equals("null"))||
                        (notepad.getMusicName()!=null
                    && !notepad.getMusicName().equals("")
                    && !notepad.getMusicName().equals("null"))) {
                    if(notepad.getNotepadNum()!=null
                            && !notepad.getNotepadNum().equals("")
                            && !notepad.getNotepadNum().equals("null")) {
                        notepadNum=notepad.getNotepadNum();
                    }
                    db.execSQL(sql, new Object[]{
                            notepadNum,
                            notepad.getContext().replace("null", ""),
                            notepad.getImgName()==null ? "" :
                                notepad.getImgName().replace("null", ""),
                            dateString,
                            notepad.getMusicName()});
                }
            }
            return 1;
        } catch (Exception e) {
            return 0;
        } finally {
            db.close();      //关闭数据库
```

V76 数据库
操作类（2）

176

```
        }
    }
//根据故事名称删除数据
public int deleteData(DBHelper dbHelper, String notepadNum) {
    SQLiteDatabase db=dbHelper.getWritableDatabase();
    try {
        db.execSQL(delete, new Object[]{notepadNum});
        return 1;
    } catch (SQLException e) {
        return 0;
    } finally {
        db.close();        //关闭数据库
    }
}
```

V77 数据库
操作类（3）

```
//查询数据
public List<Notepad> selectData(DBHelper dbHelper, List<Notepad> data, List<Object> condition) {
    SQLiteDatabase db=dbHelper.getReadableDatabase();
    Cursor cursor=db.query("notepad",           //表名
            new String[]{"id", "notepadNum", "context", "imgName",
                    "createTime", "musicName"},   //要显示的列
            (String) condition.get(0),            //where 子句
            (String[]) condition.get(1),          //where 子句对应的条件值
            (String) condition.get(2),            //分组方式
            (String) condition.get(3),            //having 条件
            (String) condition.get(4));           //排序方式
    while (cursor.moveToNext()) {
        Notepad notepad=new Notepad(cursor.getInt(cursor.getColumnIndex("id")),
                cursor.getString(cursor.getColumnIndex("createTime")),
                cursor.getString(cursor.getColumnIndex("context")),
                cursor.getString(cursor.getColumnIndex("imgName")),
                cursor.getString(cursor.getColumnIndex("notepadNum")),
                cursor.getString(cursor.getColumnIndex("musicName")));
        data.add(notepad);
    }
    db.close();
    return data;
}
```

V78 数据库
操作类（4）

```
//更新数据
public int updateData(DBHelper dbHelper, List<Notepad> notepads) {
    SQLiteDatabase db=dbHelper.getWritableDatabase();
    for(int i=0; i<notepads.size(); i++) {
        Notepad notepad=notepads.get(i);
        //三个判断中分别更新文字、录音和图片
        ContentValues cv=new ContentValues();
        if(notepad.getContext()!=null &&
                !notepad.getContext().equals("") &&
                !notepad.getContext().equals("null")) {       //文字判断
            cv.put("context", notepad.getContext());
        }
        if(notepad.getMusicName()!=null &&
                !notepad.getMusicName().equals("") &&
                !notepad.getMusicName().equals("null")) {      //录音判断
```

V79 数据库
操作类（5）

```
                    cv.put("musicName", notepad.getMusicName());
                }
                if(notepad.getImgName()!=null &&
                        !notepad.getImgName().equals("") &&
                        !notepad.getImgName().equals("null")) {        //图片判断
                    cv.put("imgName", notepad.getImgName());
                }
                if(notepad.getId()!=-1){
                    //id 不为-1 时更新故事内容及记录时间
                    SimpleDateFormat simpleDateFormat=new SimpleDateFormat("yyyy-MM-dd HH:mm:ss");
                    String dateString=simpleDateFormat.format(new Date());
                    cv.put("createTime",dateString);
                    String whereClause="id=?";        //where 子句中的"?"是占位符
                    String[] whereArgs={String.valueOf(notepad.getId())};
                    db.update("notepad",              //表名
                            cv,                       //ContentValues 对象
                            whereClause,              //where 子句
                            whereArgs);               //where 子句的参数值
                }else{
                    //id 为-1 时在数据库中新增数据记录
                    List<Notepad> ns=new ArrayList<>();
                    ns.add(notepad);
                    insertData(dbHelper,ns);
                }
            }
            return 1;
        }
    }
```

5.3.9 实现主界面布局

当"闪屏"界面结束后自动进入主界面，主界面以列表形式呈现数据库中记录的故事。在主界面右上角的"+"按钮用来实现快捷添加新故事，同时为每一个故事提供一个快捷的删除按钮。单击列表右侧的故事项直接单击进入修改故事界面。

1. 主界面的布局（app\src\main\res\layout\activity_main.xml）

本项目的主界面采用线性布局 LinearLayout，布局组件的背景图片为 jsb.png。布局中包含自定义标题栏和呈现故事的子布局，在呈现故事的子布局中包含一个列表视图 RecyclerView。参考代码 C7。

V80 创建主界面布局

C7 主界面布局代码

2. 主界面中各故事项的布局（app\src\main\res\layout\ notepad.xml）

各故事项的布局使用 CardView，每项都包含一个用于显示故事内容的文本视图、显示故事中图片的图像视图以及用于显示故事创建或修改时间的文本视图。参考代码见 C8。

V81 主界面故事项布局

C8 主界面故事项布局代码

5.3.10 实现主界面的功能

1. 实现主界面的功能（app\src\main\java\MainActivity.java）

主界面中 RecyclerView 组件采用瀑布流布局实现，数据初始化封装在

V82 实现主界面功能

initData()方法中，界面组件初始化封装在 initView()方法中。如果数据库中没有故事记录则新增故事，如果数据库中有故事记录则以列表加载数据，方便滚动浏览。根据 Activity 的生命周期理论，重新跳转回来的时候 Activity 不会执行 onCreate()方法，所以需要在 onStart()方法中重新加载布局。为了在用户按〈Back〉键时，将当前 Activity 退出栈，还需要在 onBackPressed()方法中添加退出语句。参考代码如下。

```java
import static java.lang.System.exit;
public class MainActivity extends AppCompatActivity {
    private RecyclerView recyclerView;
    private List<Notepad> data;
    @Override
    protected void onCreate(Bundle savedInstanceState) {
        super.onCreate(savedInstanceState);
        initData();
        if(data.size()==1) {
            Toast.makeText(MainActivity.this,"暂无信息，请新建",Toast.LENGTH_SHORT).show();
            Intent intent=new Intent(MainActivity.this, WriteNotepadActivity.class);
            intent.putExtra("notepad", new Notepad());
            startActivity(intent);
            finish();
        } else {
            setContentView(R.layout.activity_main);
            initView();
        }
    }
    @Override
    protected void onStart() {
        super.onStart();
        initData();
        if(data.size()==1) {
            Toast.makeText(MainActivity.this,"暂无信息，请新建",Toast.LENGTH_SHORT).show();
            Intent intent=new Intent(MainActivity.this, WriteNotepadActivity.class);
            intent.putExtra("notepad", new Notepad());
            startActivity(intent);
        } else {
            setContentView(R.layout.activity_main);
            initView();
        }
    }
    private void initView() {
        recyclerView=findViewById(R.id.recycler_view);
        ImageView imageView=findViewById(R.id.toolbar_add);
        imageView.setOnClickListener(new View.OnClickListener() {
            @Override
            public void onClick(View v) {
                Intent intent=new Intent(MainActivity.this, WriteNotepadActivity.class);
                intent.putExtra("datasize",data.size());
                startActivity(intent);
                finish();
            }
```

```java
        });
        ImageView img_exit=findViewById(R.id.tuichu);          //退出按钮
        img_exit.setOnClickListener(new View.OnClickListener() {
            @Override
            public void onClick(View v) {
                System.exit(0);
            }
        });
        //使用瀑布流布局，第 1 个参数是列数，第 2 个参数是排列方向
        StaggeredGridLayoutManager recyclerViewLayoutManager=new
                StaggeredGridLayoutManager(2, StaggeredGridLayoutManager.VERTICAL);
        recyclerView.setLayoutManager(recyclerViewLayoutManager);
        MainActivityAdapter adapter=new MainActivityAdapter(data, this);
        recyclerView.setAdapter(adapter);
    }
    private void initData() {
        //初始化故事数据 data
        data=new ArrayList<>();
        DBHelper dbHelper=new DBHelper(this, "notepad", null, 1);
        data.add(null);
        List<Object> condition=new ArrayList<>();
        condition.add(null);
        condition.add(null);
        condition.add("notepadNum");
        condition.add(null);
        condition.add(null);
        dbHelper.selectData(dbHelper, data, condition);
    }
    @Override
    public void onBackPressed() {
        exit(0);
    }
}
```

2. 主界面的适配器类（app\src\main\java\MainActivityAdapter.java）

该适配器将数据库中的故事记录与 RecyclerView 中的列表项适配。参考代码如下。

```java
public class MainActivityAdapter extends RecyclerView.Adapter<MainActivityViewHolder> {
    private Context mContext;
    private List<Notepad> data;
    private DBHelper dbHelper;
    public MainActivityAdapter(final List<Notepad> data, Context context) {
        this.data=data;
        this.mContext=context;
        dbHelper=new DBHelper(mContext, "notepad", null, 1);
    }
    @Override
    public MainActivityViewHolder onCreateViewHolder(ViewGroup parent, int viewType) {
        //加载故事项对应的布局文件
        View view=LayoutInflater.from(parent.getContext()).inflate(R.layout.notepad, parent, false);
        return new MainActivityViewHolder(view);
    }
```

V83 主界面的适配器类（1）

180

```java
@Override
public void onBindViewHolder(MainActivityViewHolder holder, final int position) {
    //将数据设置到 item 上
    //除去加号按钮的位置，data 的脚标从 1 开始
    if(position!=data.size()-1) {
        final Notepad notepad=data.get(position+1);
        if(notepad!=null) {
            //一条记录中有多幅照片时，用分号分隔
            String[] imgNames=notepad.getImgName().split(";");
            String imgName="";
            for(int i=0; i<imgNames.length; i++) {
                String imgN=imgNames[i];
                if(imgN!=null && !imgN.equals("") && !imgN.equals("null")) {
                    imgName=imgN;
                    break;
                }
            }
            String context=notepad.getContext();
            if(!imgName.equals("")) {
                String path=mContext.getApplicationContext().getFilesDir().getAbsolutePath();
                Bitmap bitmap=BitmapFactory.decodeFile(path + "/" + imgName);
                //获取屏幕
                DisplayMetrics dm=mContext.getResources().getDisplayMetrics();
                int bwidth=bitmap.getWidth();                 //获取图片资源的宽
                int bHeight=bitmap.getHeight();               //获取图片资源的高
                int contentIvWidth=dm.widthPixels/2;          //屏幕宽度的 1/2
                float sy=(float) (contentIvWidth*0.1) / (float) (bwidth*0.1);//计算缩放比例
                ViewGroup.LayoutParams params=holder.img.getLayoutParams();
                //因为设定的是两列，所以这里是屏幕宽度除以 2
                params.width=dm.widthPixels/2;
                //计算图片等比例放大后的高
                params.height=(int) (bHeight*sy);
                holder.img.setLayoutParams(params);
                holder.img.setImageBitmap(BitmapFactory.decodeFile(path + "/" + imgName));
                holder.img.setOnClickListener(new View.OnClickListener() {
                    @Override
                    public void onClick(View view) {
                        Intent intent=new Intent(mContext, WriteNotepadActivity.class);
                        intent.putExtra("notepad", notepad);
                        mContext.startActivity(intent);
                    }
                });
                if(context.length()>10) {
                    holder.context.setText(context.substring(0, 9) + "...");
                } else {
                    holder.context.setText(context);
                }
            } else {
                if(context.length()>30) {
                    holder.context.setText(context.substring(0, 9) + "...");
                } else {
```

V84 主界面的适
配器类（2）

```
                        holder.context.setText(context);
                    }
                    if(context.equals("")) {
                        holder.context.setText("这条故事暂无文字或图片");
                    }
                    holder.context.setOnClickListener(new View.OnClickListener() {
                        @Override
                        public void onClick(View view) {
                            Intent intent=new Intent(mContext, WriteNotepadActivity.class);
                            intent.putExtra("notepad", notepad);
                            mContext.startActivity(intent);
                        }
                    });
                }
                holder.createTime.setText(notepad.getCreateTime());
                holder.notepad_delete.setImageResource(R.mipmap.close);
                holder.notepad_delete.setOnClickListener(new View.OnClickListener() {
                    @Override
                    public void onClick(View view) {
                        //除去加号按钮的位置，position 要加 1
                        dbHelper.deleteData(dbHelper, data.get(position+1).getNotepadNum());
                        removeData(position+1);
                    }
                });
            }
        }
    }
    @Override
    public int getItemCount() {
        //除去加号按钮的位置，填充数-1
        return data.size()-1;
    }
    //删除数据
    public void removeData(int position) {
        data.remove(position);
        //删除动画
        notifyItemRemoved(position);
        notifyDataSetChanged();
    }
}
```

3．主界面适配器的视图辅助类功能（app\src\main\java\MainActivityViewHolder.java）

本项目中为主界面适配器类搭配了 MainActivityViewHolder.java 类，参考代码如下。

```
public class MainActivityViewHolder extends RecyclerView.ViewHolder {
    public ImageView img;
    public TextView context;
    public TextView createTime;
    public ImageButton notepad_delete;
    public MainActivityViewHolder(View itemView) {
        super(itemView);
        context=(TextView)itemView.findViewById(R.id.context);
```

V85 主界面适配
器的视图辅助类

```
        createTime=(TextView)itemView.findViewById(R.id.createTime);
        img=(ImageView)itemView.findViewById(R.id.image);
        notepad_delete=(ImageButton)itemView.findViewById(R.id.notepad_delete);
    }
}
```

5.4   相关知识与开发技术

本项目涉及的基本组件、布局和 SQLite 数据库请读者参考前面的项目相关知识介绍。本节主要介绍"故事夹"项目中使用到的新内容，包含 RecyclerView 组件、隐式 Intent 的使用方法，如何申请运行权限、录制和播放音频，如何使用系统相机和相册等。

5.4.1   列表组件（RecyclerView）

列表组件用 RecyclerView 类来表示，它是自 Android 5.0 开始推出的一个用于大量数据展示的新控件，具有更加强大和灵活的功能，可以用来代替 ListView。

使用 RecyclerView 组件时，还会涉及该类的四大组成元素：LayoutManager、Adapter、ItemDecoration 和 ItemAnimator。

1）LayoutManager 主要负责布局子视图。子视图在滚动过程中，LayoutManager 根据子视图在布局中所处的位置，决定何时添加子视图和删除子视图。它提供了以下三种布局管理器。

① LinearLayoutManager，以垂直或者水平列表方式展示子视图。

② GridLayoutManager，以网格方式展示子视图。

③ StaggeredGridLayoutManager，以瀑布流方式展示子视图。

2）Adapter 是适配器，它是一个抽象类并支持泛型，主要负责为 RecyclerView 提供数据。

3）ItemDecoration 用于为每个子元素添加间隔样式。间隔样式可以是分隔线，还可以是自定义分隔效果，如时间轴、分组条等。

4）ItemAnimator 用于定义 RecylcerView 的子元素的动画效果。具体的，RecyclerView 通过调用 setItemAnimator(ItemAnimator animator)方法来设置。

RecyclerView 的使用步骤具体如下。

1）在项目的 build.gradle 文件中添加依赖包。例如：

```
    implementation 'com.android.support:recyclerview-v7:28.0.0。
```

2）在布局文件中定义 RecyclerView 组件。例如：

```
    <android.support.v7.widget.RecyclerView
            android:id="@+id/recycler_view"
            android:layout_width="match_parent"
            android:layout_height="match_parent"/>
```

3）在界面类中初始化组件并设置适配器。例如：

```
RecyclerView recyclerView=(RecyclerView) findViewById(R.id.write_recycler_view);
LinearLayoutManager recyclerViewLayoutManager=new LinearLayoutManager(this);
recyclerViewLayoutManager.setOrientation(LinearLayoutManager.VERTICAL);
recyclerView.setLayoutManager(recyclerViewLayoutManager);
```

```
        WriteNotepadAdapter adapter=new WriteNotepadAdapter(data, this);
        recyclerView.setAdapter(adapter);
```

4）在适配器类 WriteNotepadAdapter 的 onBindViewHolder()方法中为列表项设置单击事件。例如：

```
public void onBindViewHolder(MainActivityViewHolder holder, final int position) {
    MainActivityViewHolder holder.img.setOnClickListener(new View.OnClickListener() {
        @Override
        public void onClick(View view) {
            Intent intent=new Intent(mContext, WriteNotepad.class);
            intent.putExtra("notepad",notepad);
            mContext.startActivity(intent);
        }
    });
}
```

5.4.2　隐式 Intent

Intent 分显式（Explicit）和隐式（Implicit）两种。显式 Intent 通过 Component 直接设置需要调用的 Activity 类，可以唯一确定一个 Activity 类，意图特别明确。设置这个类的方式可以是 Class 对象，也可以是包名加类名的字符串在应用内部跳转界面。

隐式 Intent 不明确指定启动哪个 Activity 类，而是通过设置 Action、Data、Category 让系统来筛选出合适的 Activity 类。系统筛选是根据所有的<intent-filter>来判断的。下面以 Action 为例说明。

1）在应用程序的配置清单文件 AndroidManifest.xml 里注册需要的 Activity 类。例如：

```
<activity
        android:name=".ActivityB"
        android:screenOrientation="portrait">
            <intent-filter>
                <action android:name="Notepad.ActivityB" />
                <category android:name="android.intent.category.DEFAULT" />
            </intent-filter>
</activity>
```

上述代码中，<intent-filter>是隐式 Intent 必须要设置的属性，其中的子元素<action android:name>为自定义的（建议使用项目名），<category>属性使用默认的<category android:name="android.intent.category=DEFAULT " />。

2）使用隐式 Intent 在 ActivityA 中启动 ActivityB。例如：

```
Intent intent=new Intent();
intent.setAction("Notepad.ActivityB ");
intent.addCategory("android.intent.category.DEFAULT");
startActivity(intent);
```

5.4.3　录制和播放音频

Android 系统和声音录制与播放相关的类主要有 MediaRecorder 和 MediaPlayer。MediaRecorder 可以录制视频和音频文件。使用 MediaRecorder 对象实现录制音频的步骤如下。

1）初始化即创建 MediaRecorder 对象，用构造方法实例化 MediaRecorder。例如：

```
MediaRecorder mMediaRecorder=new MediaRecorder();
```

2）设置 MediaRecorder 对象，输出文件格式、路径、编码器等。例如：

```
mMediaRecorder.setAudioSource(MediaRecorder.AudioSource.MIC);
//设置保存文件格式为 MPEG-4
mMediaRecorder.setOutputFormat(MediaRecorder.OutputFormat.MPEG_4);
//设置采样频率，44100 是所有安卓设备都支持的频率，频率越高，音质越好，文件也越大
mMediaRecorder.setAudioSamplingRate(44100);
//设置声音数据编码格式，音频通用格式是 AAC
mMediaRecorder.setAudioEncoder(MediaRecorder.AudioEncoder.AAC);
//设置编码频率
mMediaRecorder.setAudioEncodingBitRate(96000);
//设置录音文件的保存路径
mMediaRecorder.setOutputFile(mAudioFile.getAbsolutePath());
```

3）准备录制。例如：

```
mMediaRecorder.prepare();
```

4）开始录制。例如：

```
mMediaRecorder.start ();
```

5）停止录制。例如：

```
mMediaRecorder.stop ();
```

6）释放资源。例如：

```
mMediaRecorder.release ();
```

7）添加声明权限。例如：

```
<uses-permission android:name="android.permission.WRITE_EXTERNAL_STORAGE"/>
<uses-permission android:name="android.permission.RECORD_AUDIO">
```

8）添加运行权限。例如：

```
public void permissionForM() {
        if(ContextCompat.checkSelfPermission(mContext, Manifest.permission.RECORD_AUDIO)!=Package
Manager.PERMISSION_GRANTED || ContextCompat.checkSelfPermission(mContext, Manifest.permission.WRITE_
EXTERNAL_STORAGE)!=PackageManager.PERMISSION_GRANTED) {
                ActivityCompat.requestPermissions((Activity)  mContext,  new  String[]{Manifest.permission.
RECORD_ AUDIO, Manifest.permission.WRITE_EXTERNAL_STORAGE}, 1);
        } else {
                startRecord();
        }
    }
}
```

MediaPlayer 对象可以播放视频和音频文件。使用 MediaPlayer 对象实现播放音频的步骤如下。

1）实例化音频播放器。例如：

```
MediaPlayer mediaPlayer=new MediaPlayer();
```

2）设置播放源。例如：

```
mediaPlayer.setDataSource(mFile.getAbsolutePath());
```

3）配置播放参数。例如：

```
//播放器音量配置左右声道
mediaPlayer.setVolume(1, 1);
//是否循环播放
mediaPlayer.setLooping(false);
```

4）播放控制函数。例如：

```
//停止播放或播放失败处理
private void playEndOrFail() {
    if(null!=mediaPlayer) {
        mediaPlayer.setOnCompletionListener(null);
        mediaPlayer.setOnErrorListener(null);
        mediaPlayer.stop();
        mediaPlayer.reset();
        mediaPlayer.release();
        mediaPlayer=null;
    }
}
```

5）设置播放监听事件函数。例如：

```
mediaPlayer.setOnCompletionListener(new MediaPlayer.OnCompletionListener() {
    @Override
    public void onCompletion(MediaPlayer mediaPlayer) {
        //播放完成
        playEndOrFail();
    }
});
```

6）设置播放错误事件函数。例如：

```
mediaPlayer.setOnErrorListener(new MediaPlayer.OnErrorListener() {
    @Override
    public boolean onError(MediaPlayer mediaPlayer, int i, int i1) {
        playEndOrFail();
        return true;
    }
});
```

7）开始播放。例如：

```
mediaPlayer.prepare();
mediaPlayer.start();
```

5.4.4 使用系统相机和相册

在很多场景中都需要用摄像头去拍摄照片或视频，此时，直接调用系统现有的相机可以避免因不同设备的摄像头导致出现的一些细节问题。

使用系统相机时需要注意以下几点。

1）开启系统现有相机应用拍摄照片时，需要用 MediaStore.ACTION_IMAGE_CAPTURE 作为 Intent 的 Action 开启 Activity。

2）在使用系统现有相机的时候，默认会把图片保存到系统图库的目录下，如果需要指定图片文件的保存路径，需要额外在 Intent 中设置。设置系统现有相机应用所拍摄照片的保存路径，需要用 Intent.putExtra()方法通过 MediaStore.EXTRA_OUTPUT 去设置 Intent 的额外数据，这里传递的是一个 Uri 参数，可以是一个文件路径的 Uri。

3）获取系统相册中图片的方法。在新开启的 Activity 中，如果需要获取它的返回值，则需要使用 startActivityForResult(Intent,int)方法开启 Activity，并重写 onActivityResult(int,int,Intent)获取系统相机的返回数据。

4）必要的图片处理。由于手机像素越来越高，拍摄得到的图片也越来越大，因此在项目中存储图片时通常需要进行压缩，例如：

```
Matrix matrix=new Matrix();
matrix.setScale(0.5f, 0.5f);
Bitmap mSrcBitmap=Bitmap.createBitmap(bitmap, 0, 0, bitmap.getWidth(), bitmap.getHeight(), matrix, true);
mSrcBitmap.compress(Bitmap.CompressFormat.PNG, 80, out);
```

5）开启文件读写权限，详见第 5.4.2 节。

6）从 Android 7.0 开始，应用私有目录的访问权限被限制。不能再简单地通过 file://URI 访问其他应用的私有目录文件或者让其他应用访问自己的私有目录文件。ContentProvider 实现了应用间共享资源，FileProvider 是 ContentProvider 的一个特殊子类，它可以将访问受限的 file://URI 转化为可以授权共享的 content://URI。

7）系统图库相册的使用方法。通过设置 Intent 调用系统相册 Intent.ACTION_PICK，进入相册选取图片，返回数据到应用，在 onActivityResult()方法中接收返回的 Uri，调用裁剪方法对图像进行处理。

5.4.5　在 Android 中申请权限

Android 6.0 及之前版本是声明式权限，通过在 AndroidManifest.xml 中配置 uses-permission 即可。在安装 APK 时要求用户一次性授予权限，用户一旦安装就无法撤销权限，只能卸载应用，而且存在安全隐患。

Android 6.0 之后版本是声明权限与运行式权限联合使用。普通的权限只须在 AndroidManifest.xml 文件中声明，特殊权限是应用在运行时向用户请求权限。用户可随时调用权限，因此应用在每次运行时均须检查自身是否具备所需的权限。

1）检查权限。ActivityCompat.checkSelfPermission 检查权限是否被允许。如果权限被拒绝，则使用 ActivityCompat.shouldShowRequestPermissionRationale 检查权限是否被彻底拒绝。

2）申请权限。如果权限没有被彻底拒绝，则可以使用 ActivityCompat.requestPermissions 申请权限。

3）处理申请结果。当用户处理完权限请求后，可以通过 onRequestPermissionsResult 获取用户处理的结果。特殊权限如表 5-3 所示。

表 5-3　特殊权限

编号	权限组	权限	权限说明
1	group:android.permission-group.CONTACTS	permission:android.permission.WRITE_CONTACTS	写通信录
		permission:android.permission.GET_ACCOUNTS	获取通信录
		permission:android.permission.READ_CONTACTS	读取通信录
2	group:android.permission-group.PHONE	permission:android.permission.READ_CALL_LOG	读取电话日志
		permission:android.permission.READ_PHONE_STATE	读取电话状态
		permission:android.permission.CALL_PHONE	打电话
		permission:android.permission.WRITE_CALL_LOG	写电话日志
3	group:android.permission-group.CALENDAR	permission:android.permission.READ_CALENDAR	读取日程信息
		permission:android.permission.WRITE_CALENDAR	写日程信息
4	group:android.permission-group.CAMERA	permission:android.permission.CAMERA	获取照相机操作
5	group:android.permission-group.SENSORS	permission:android.permission.BODY_SENSORS	获取传感器操作
6	group:android.permission-group.LOCATION	permission:android.permission.ACCESS_FINE_LOCATION	读取 GPS 定位
		permission:android.permission.ACCESS_COARSE_LOCATION	读取 WiFi 或蜂窝位置
7	group:android.permission-group.MICROPHONE	permission:android.permission.RECORD_AUDIO	获取录音操作
8	group:android.permission-group.SMS	permission:android.permission.READ_SMS	读取短信
		permission:android.permission.RECEIVE_WAP_PUSH	监控 WAP PUSH 信息
		permission:android.permission.RECEIVE_MMS	监控 MMS 彩信
		permission:android.permission.RECEIVE_SMS	监控短信
		permission:android.permission.SEND_SMS	发送短信
		permission:android.permission.READ_CELL_BROADCASTS	小区广播
9	group:android.permission-group.STORAGE	permission:android.permission.READ_EXTERNAL_STORAG	读取外部存储
		permission:android.permission.WRITE_EXTERNAL_STORAGE	写外部存储

5.5　拓展练习

1. 请在单击删除故事按钮后弹出提示对话框以防误删信息。在对话框提示后选择确定删除时才进行数据库删除，选择取消则关闭对话框并不删除数据库。（提示：在 MainActivityAdapter 类的 onBindViewHolder()方法中实现该功能）

2. 请对"故事夹"项目主界面的列表组件内容实现时间轴分隔效果。（提示：需要自定义 Recycler View.ItemDecoration 类）

项目 6 爱 健 康

本章要点

- Android 中工具栏（Toolbar）的使用场景与方法。
- Android 应用程序中使用 Intent 传递数据的步骤。
- Android 应用程序中的 SharedPreferences 数据存储技术。
- Android 中使用服务（Service）播放音频。
- Android 中使用第三方接口（微信分享）的方法与步骤。
- Android 中广播（BroadcastReceiver）的使用方法。

6.1 项目简介

6.1.1 项目背景知识

身体质量指数（Body Mass Index，BMI）是与体内脂肪总量密切相关的指标，主要用于衡量身体肥胖程度。其计算公式如下。

BMI=体重（kg）/身高 ^{2}（m^2）

BMI 的不同标准如表 6-1 所示。

由表 6-1 可知，BMI 指数保持在 22 左右是比较理想的。

表 6-1 BMI 的不同标准

BMI 分类	WHO 标准	亚洲标准	中国参考标准
偏瘦	<18.5	<18.5	<18.5
正常	18.5~24.9	18.5~22.9	18.5~23.9
超重	≥25	≥23	≥24
偏胖	25.0~29.9	23~24.9	24~26.9
肥胖	30.0~34.9	25~29.9	27~29.9
重度肥胖	35.0~39.9	≥30	≥30
极重度肥胖	≥40.0		

6.1.2 项目需求与概要设计

1. 分析项目需求

"爱健康"项目主要向用户提供计算 BMI 的功能。此外，也可以将自己的健康状况发送给微信好友或者分享到微信朋友圈。项目运行时可以播放背景音乐。

2. 设计模块结构

"爱健康"项目的模块结构如图 6-1 所示。

3. 确定项目功能

综上，"爱健康"项目的功能要求描述如下。

① 应用程序启动时，首先显示"数据输入"界面，实现身高、体重数据的输入和存储，以及背景音乐的播放和停止功能。

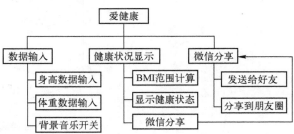

图 6-1 "爱健康"项目的模块结构

② 输入完数据后可以计算并显示 BMI 的值，同时还可显示该指数所处范围所对应的健康状况。

③ 当用户单击"健康状况显示"界面的菜单图标时，将弹出微信分享相关的菜单项。生成

的健康状况简报可以发送给微信好友或者分享到朋友圈。

6.2 项目设计与准备

6.2.1 设计用户交互流程

项目运行时首先进入"数据输入"界面，通过该界面右上角的音符图标实现背景音乐的播放和停止控制功能。使用者可以通过单击"数据输入"界面的"计算"按钮跳转到"健康状况显示"界面。单击"健康状况显示"界面右上角的菜单图标，将弹出两个菜单项，分别实现将健康状况发送给微信好友和分享到朋友圈功能。按手机的〈Back〉键可以退出当前界面，直至退出应用程序。

"爱健康"项目的交互流程如图 6-2 所示。

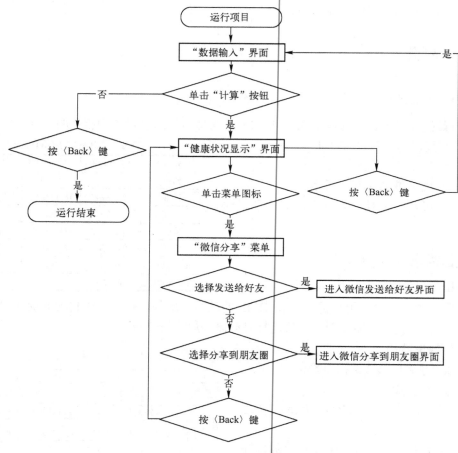

图 6-2 "爱健康"项目交互流程

6.2.2 设计用户界面

1. "数据输入"界面

"数据输入"界面是项目的第一个用户界面。界面上部为工具栏，其左侧放置应用图标和名称，右侧音符状的图标为背景音乐播放开关。界面主体部分从上到下分别为应用的简单说明，身高、体重的输入文本框和计算 BMI 指数的按钮。效果如图 6-3 所示。

2．"健康状况显示"界面

"健康状况显示"界面最上部的工具栏左侧为应用名称，右侧是实现微信分享功能的菜单图标。界面主体部分显示计算得到的 BMI 指数所对应的健康状况。效果如图 6-4 所示。

3．"微信分享"菜单

单击"健康状况显示"界面右上角的菜单图标将弹出"微信分享"菜单，包含"发送给微信好友"和"分享到朋友圈"两个菜单项。效果如图 6-5 所示。

图 6-3 "数据输入"界面　　图 6-4 "健康状况显示"界面　　图 6-5 "微信分享"菜单

6.2.3 准备项目素材

"爱健康"项目中各项目素材如表 6-2 所示。

表 6-2 "爱健康"项目素材

编号	名称	用途说明	尺寸规格
1	lovehealth.png	应用程序图标	512 像素×512 像素
2	startplay.png	背景音乐播放启动按钮图片	76 像素×76 像素
3	stopplay.png	背景音乐播放停止按钮图片	76 像素×76 像素
4	music.mp3	背景音乐文件	4 175KB

6.3 项目开发与实现

本项目开发环境及版本配置如表 6-3 所示。

表 6-3 "爱健康"项目开发环境及版本配置

编号	软件名称	软件版本
1	操作系统	Windows 7 64 位
2	JDK	1.8.0_152
3	Android Studio	3.2.1

编号	软件名称		软件版本
4	Compile SDK		API 28: Android 9.0(Pie)
5	Build Tools Version		28.0.0
6	Min SDK Version		21
7	Target SDK Version		28
8	Gradle Version		4.6
9	Gradle Plugin Version		3.2.1

6.3.1　创建项目

创建本项目的基本步骤及其需要设置的参数如下。

1）在 Android Studio 中新建项目，步骤同其他项目。创建项目时的各个
参数值如下。

V86 创建项目六

> Application name：LoveHealth
> Company domain：school
> Project location：自定义路径
> Package name：school.lovehealth

注意：为了支持微信分享功能，上述两个名称已经在微信开发者论坛上注册，不能更改。

2）为项目选择运行的设备类型和最低的 SDK 版本号，本项目的运行设备为"Phone and Tablet"，Minimum SDK 的值设置为"API 21: Android 5.0(Lollipop)"。

3）为项目添加一个 Activity，即用户界面，此处选择 Empty Activity。

4）设置 Activity 的名称等属性。此处"Activity Name"的值为"MainActivity"，"Layout Name"的值为"activity_main"，单击"Finish"按钮。

5）项目创建好后，打开 app 目录下的 build.gradle 文件，在 dependencies 对应的大括号中添加如下依赖包。

```
implementation 'com.android.support:appcompat-v7:28.0.0'
implementation 'com.tencent.mm.opensdk:wechat-sdk-android-without-mta:+'
```

其中，"com.android.support:appcompat-v7"是支持 Toolbar 需要使用的库文件，"com. tencent. mm.opensdk:wechat-sdk-android-without-mta"是支持微信分享功能需要引入的 SDK 库文件。

在该文件 android 对应的大括号中添加如下代码，用于生成微信分享功能需要的签名文件。

```
signingConfigs {
    release {
        storeFile file('lovehealth.jks')
        storePassword "android"
        keyAlias "lovehealth0"
        keyPassword "android"
    }
}
```

6.3.2　创建与定义资源

1. 应用图标资源

在本项目中，为了在不同移动设备上看到的应用图标都保持清晰、大小合适，使用如下步

V87 创建应用
图标资源

骤创建应用图标。

1）在 Android Studio 开发界面中右键单击 LoveHealth 项目的"app"文件夹。

2）在弹出的快捷菜单中选择"New"→"Image Asset"命令，如图 6-6 所示。

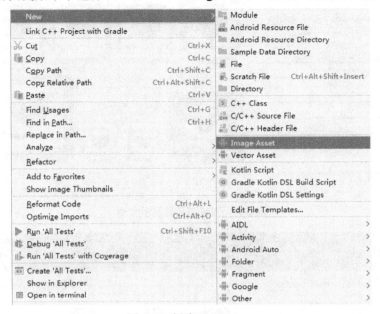

图 6-6　新建 Image Asset

3）在弹出的"Configure Image Asset"对话框中，单击"Path"文本框后的选择路径按钮，在弹出的对话框中选择项目图标文件 lovehealth.png，如图 6-7 所示。

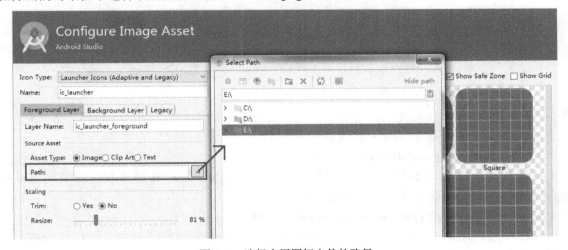

图 6-7　选择应用图标文件的路径

4）拖动"Resize"栏的滑动块，将应用程序图标缩放到合适的比例，如图 6-8 所示。

5）单击图 6-8 中的"Background Layer"选项卡，在"Asset Type"中选择"Color"单选按钮，并在单选按钮下方的"Color"文本框中输入"FFFFFF"，将应用图标的背景设置为白色，如图 6-9 所示。

6）连续单击"Next"按钮，直至单击"Finish"按钮，完成应用图标的设置。

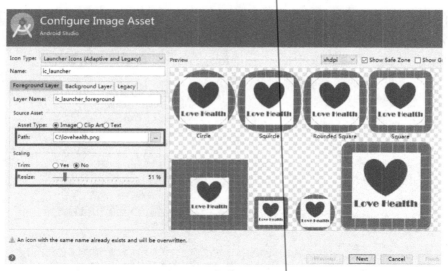

图 6-8　调整图标的显示大小

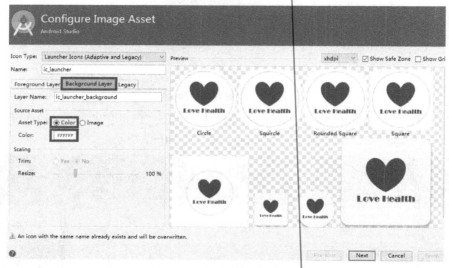

图 6-9　调整图标背景色

2. 图片资源（app\src\main\res\drawable）

将背景音乐播放（startplay.png）和停止（stopplay.png）图片资源复制并粘贴到项目的 app\src\main\res\drawable 目录中，完成图片资源的创建。

3. 颜色资源（app\src\main\res\values\colors.xml）

修改 app\src\main\res\values\colors.xml 文件中名称为"colorPrimaryDark"的颜色值为"#4169E1"。该颜色将作为应用窗口上部 Toolbar 的底色。参考代码如下。

```
<?xml version="1.0" encoding="utf-8"?>
<resources>
    <color name="colorPrimary">#008577</color>
    <color name="colorPrimaryDark">#4169E1</color>
    <color name="colorAccent">#D81B60</color>
</resources>
```

4. 菜单资源（app\src\main\res\menu\menu_main.xml）

在本项目中创建菜单资源的步骤如下。

1）选择 app\src\main\res 目录，在 Android Studio 开发界面的菜单栏中选择"File"→"New"→"Android Resource File"命令，如图 6-10 所示。

2）在弹出的"New Resource File"对话框中，在"Resource type"下拉列表框中选择"Menu"，在"File name"文本框中输入文件名称"menu_main.xml"，如图 6-11 所示。

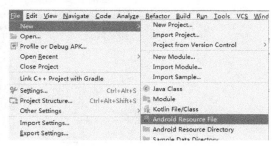

图 6-10　新建资源文件

图 6-11　创建菜单资源文件

3）单击图 6-11 中的"OK"按钮，即可完成菜单资源文件的创建。

4）在 menu_main.xml 文件中添加两个菜单项，分别对应微信分享功能中的"发送给微信好友"和"分享到朋友圈"功能，设置菜单项 id 分别为"wx_send"和"wx_share"。参考代码如下。

```xml
<?xml version="1.0" encoding="UTF-8"?>
<menu
    xmlns:app="http://schemas.android.com/apk/res-auto"
    xmlns:android="http://schemas.android.com/apk/res/android">
        <item
            android:title="发送给微信好友"
            android:icon="@mipmap/ic_launcher" android:id="@+id/wx_send"/>
        <item
            android:title="分享到朋友圈"
            android:icon="@mipmap/ic_launcher" android:id="@+id/wx_share"/>
</menu>
```

5. 音乐资源（app\src\main\res\raw\music.mp3）

在本项目中添加音乐资源文件的步骤如下。

1）选择 app\src\main\res 目录，在 Android Studio 开发界面的菜单栏中选择"File"→"New"→"Folder"→"Raw Resources Folder"命令，如图 6-12 所示。

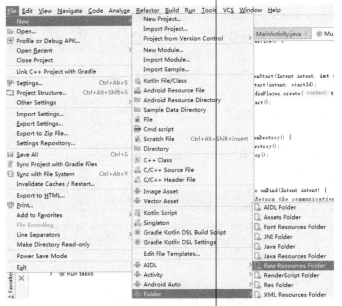

图 6-12　创建 RAW 资源文件夹

2）在弹出的对话框中单击"Finish"按钮后，在 app\src\main\res 目录中将出现 raw 文件夹。

3）将背景音乐文件 music.mp3 复制并粘贴到 raw 文件夹中，即可完成音乐资源文件的创建。

6．样式资源（app\src\main\res\values\styles.xml）

为了支持 Toolbar 工具栏，需要实现"NoActionBar"样式。修改 app\src\main\res\values 目录下的 styles.xml 文件，参考代码如下。

```xml
<resources>
    <style name="AppTheme" parent="Theme.AppCompat.Light.NoActionBar"/>
</resources>
```

V88 创建"数据输入"布局

6.3.3　实现"数据输入"模块

1．创建"数据输入"布局（app\src\main\res\layout\activity_main.xml）

"数据输入"界面是应用程序的初始界面，窗口整体采用垂直线性布局。最上部为固定高度的 Toolbar 工具栏，下面按照 2:1:1:1 的比例分别放置提示信息、输入身高的水平线性布局、输入体重的水平线性布局和用于计算 BMI 指数的按钮。参考代码 C9。

C9 "数据输入"布局代码

2．实现背景音乐功能（app\src\main\java\school\lovehealth\MusicService.java）

为了实现背景音乐功能，首先创建一个 Service 服务类，步骤如下。

1）右键单击 app\src\main\java\school\lovehealth 目录，在弹出的快捷菜单中选择"New"→"Service"→"Service"命令，将弹出如图 6-13 所示的对话框。

2）在"Class Name"文本框中输入 Service 名称"MusicService"，然后单击"Finish"按钮，即可创建 MusicService.java 文件。

V89 实现背景音乐功能

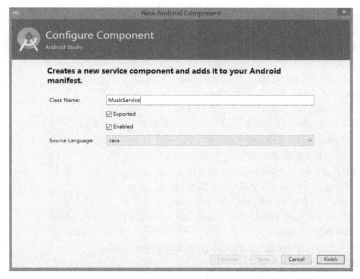

图 6-13　新建 Service 服务类

3）修改 MusicService.java 代码，实现通过 MediaPlayer 进行背景音乐播放的功能。参考代码如下。

```java
public class MusicService extends Service {
    private MediaPlayer player;
    public MusicService() {
    }
    @Override
    public void onStart(Intent intent, int startId) {
        super.onStart(intent, startId);
        player=MediaPlayer.create(this,R.raw.music);
        player.start();
    }
    @Override
    public void onDestroy() {
        super.onDestroy();
        player.stop();
    }
    @Override
    public IBinder onBind(Intent intent) {
        throw new UnsupportedOperationException("Not yet implemented");
    }
}
```

4）播放音乐时，用到了外存储器，所以需要修改 AndroidManifest.xml 文件，添加存储器操作权限。参考代码如下。

```xml
<uses-permission android:name="android.permission.WRITE_EXTERNAL_STORAGE" />
```

3．实现数据输入功能（app\src\main\java\school\lovehealth\MainActivity.java）

修改 app\src\main\java\school\lovehealth\MainActivity.java 文件，实现数据输入的各项功能。参考代码如下。

```java
public class MainActivity extends AppCompatActivity {
```

```java
EditText edtHeight,edtWeight;
ImageView musicPlay;
public boolean isMusicOn=false;
@Override
protected void onCreate(Bundle savedInstanceState){
    super.onCreate(savedInstanceState);
    setContentView(R.layout.activity_main);
    Toolbar toolbar=(Toolbar)findViewById(R.id.toolbar_main);
    setSupportActionBar(toolbar);
    toolbar.setLogo(R.mipmap.ic_launcher);
    edtHeight=findViewById(R.id.edt_height);
    edtWeight=findViewById(R.id.edt_weight);
    musicPlay=findViewById(R.id.btn_music);
    Intent intent=new Intent(this, school.lovehealth.MusicService.class);
    startService(intent);
    musicPlay.setBackgroundResource(R.drawable.startplay);
    isMusicOn=true;
    //获取 SharedPreferences 对象 bmiData
    SharedPreferences bmiData=getSharedPreferences("data", MODE_PRIVATE);
    String sHeight=bmiData.getString("height",null);
    String sWeight=bmiData.getString("weight",null);
    if(sHeight!=null){
        edtHeight.setText(sHeight);
    }
    if(sWeight!=null){
        edtWeight.setText(sWeight);
    }
}
public void clickCalc(View v){
    String sHeight=edtHeight.getText().toString();
    String sWeight=edtWeight.getText().toString();
    float height=Float.valueOf(sHeight);
    float weight=Float.valueOf(sWeight);
    //获取 SharedPreferences 对象的编辑器
    SharedPreferences.Editor bmiDataEditor=getSharedPreferences("data", MODE_PRIVATE).edit();
    //在 SharedPreferences 对象中放入存储数据
    bmiDataEditor.putString("height", sHeight);
    bmiDataEditor.putString("weight", sWeight);
    //提交需要存储的数据
    bmiDataEditor.commit();
    float result=weight / (height * height);
    Intent i=new Intent(MainActivity.this, ResultActivity.class);
    i.putExtra("result", result);
    startActivity(i);
}
public void clickMusic(View v){
    Intent intent=new Intent(this, MusicService.class);
    if(!isMusicOn){
        startService(intent);
        musicPlay.setImageResource(R.drawable.startplay);
        isMusicOn=true;
    }else{
```

```
                    stopService(intent);
                    musicPlay.setImageResource(R.drawable.stopplay);
                    isMusicOn=false;
                }
            }
            @Override
            protected void onDestroy() {
                super.onDestroy();
                Intent intent=new Intent(this, MusicService.class);
                stopService(intent);
            }
        }
```

V91 实现微信分
享功能

6.3.4　实现"微信分享"模块

1. 创建"微信分享"菜单的布局（app\src\main\res\layout\activity_wxentry.xml）

在 app\src\main\res\layout 目录中创建文件名为 activity_wxentry、根元素为 ConstraintLayout 的布局文件，其中不需要添加任何组件。参考代码如下。

2. 创建包 school.wxapi 并实现微信分享功能

创建包的步骤详见第 4.4.1 节。本项目中，需要创建的包名为"school.wxapi"。为了实现微信分享功能，需要在新建的包目录即 app\src\main\java\school\wxapi 中，分别创建 AppRegister.java、OnResponseListener.java、WXEntryActivity.java、WXShare.java 四个类文件。

C10 "微信分
享" 布局代码

1）AppRegister.java 类文件负责将当前应用程序在微信中注册。参考代码如下。

```java
import android.content.BroadcastReceiver;
import android.content.Context;
import android.content.Intent;
import com.tencent.mm.opensdk.openapi.IWXAPI;
import com.tencent.mm.opensdk.openapi.WXAPIFactory;
public class AppRegister extends BroadcastReceiver {
    @Override
    public void onReceive(Context context, Intent intent) {
        final IWXAPI api=WXAPIFactory.createWXAPI(context, WXShare.APP_ID);
        //将该 App 注册到微信
        api.registerApp(WXShare.APP_ID);
    }
}
```

代码中 WXShare.APP_ID 定义如下。

```java
public static final String APP_ID="wxf8705829c964ff86";
```

该数值必须与申请应用时得到的 AppID 保持一致。

AppRegister 类继承自广播接收器（BroadcastReceiver）类。广播（Broadcast）是 Android 中的一种消息传递机制，可用于不同应用程序间的消息通信。广播的发送程序通过 Intent 构造需要广播消息的类型和数据，并通过 sendBroadcast()方法发送广播信息。广播的接收程序则通过实现 BroadcastReceiver 的子类，并改写其中的 onReceive()方法实现接收到广播消息的处理。

2）OnResponseListener.java 类文件用于处理分享结果的回调接口。参考代码如下。

```java
public interface OnResponseListener{
    //分享成功的回调
    void onSuccess();
    //分享取消的回调
    void onCancel();
    //分享失败的回调
    void onFail(String message);
}
```

3）WXEntryActivity.java 类文件是微信分享的界面类。

该类实现了 IWXAPIEventHandler 接口。在 WXEntryActivity 中将接收到的 Intent 及实现了 IWXAPIEventHandler 接口的对象传递给 IWXAPI 接口的 handleIntent()方法。当微信发送请求到应用时，将通过 IWXAPIEventHandler 接口的 onReq()方法进行回调。

参考代码如下。

```java
import com.tencent.mm.opensdk.modelbase.BaseReq;
import com.tencent.mm.opensdk.modelbase.BaseResp;
import com.tencent.mm.opensdk.openapi.IWXAPI;
import com.tencent.mm.opensdk.openapi.IWXAPIEventHandler;
public class WXEntryActivity extends AppCompatActivity implements IWXAPIEventHandler {
    private IWXAPI api;
    private WXShare wxShare;
    @Override
    protected void onCreate(Bundle savedInstanceState) {
        super.onCreate(savedInstanceState);
        setContentView(R.layout.activity_wxentry);
        wxShare=new WXShare(this);
        wxShare.setListener(new OnResponseListener() {
            @Override
            public void onSuccess() {
            }
            @Override
            public void onCancel() {
            }
            @Override
            public void onFail(String message) {
            }
        });
        WXShare share=new WXShare(this);
        api=share.getApi();
        wxShare.shareUrl(0,this,"https://open.weixin.qq.com","微信分享","LoveHealth APP");
        /*注意：
            第三方开发者如果使用透明界面来实现 WXEntryActivity，
            需要判断 handleIntent 的返回值，如果返回值为 false，
            则说明输入参数不合法未被 SDK 处理，应结束当前透明界面，
            避免外部通过传递非法参数的 Intent 导致停留在透明界面，引起用户的疑惑*/
        try {
            if(!api.handleIntent(getIntent(),this)) {
                finish();
            }
        }catch (Exception e) {
```

```
                e.printStackTrace();
            }
        }
        @Override
        protected void onStart() {
            super.onStart();
            wxShare.register();
        }
        @Override
        protected void onDestroy() {
            wxShare.unregister();
            super.onDestroy();
        }
        @Override
        protected void onNewIntent(Intent intent) {
            super.onNewIntent(intent);
            setIntent(intent);
            if(!api.handleIntent(intent,this)) {
                finish();
            }
        }
        @Override
        public void onReq(BaseReq baseReq) {
        }
        @Override
        public void onResp(BaseResp baseResp) {
            Intent intent=new Intent(WXShare.ACTION_SHARE_RESPONSE);
            intent.putExtra(WXShare.EXTRA_RESULT,new WXShare.Response(baseResp));
            sendBroadcast(intent);finish();
        }
    }
```

4）WXShare.java 类文件实现微信分享。其中的 share()方法用于分享文字信息，其包含两个参数，第一个参数用于确定是分享到微信好友还是朋友圈，第二个参数为分享的文字信息。参考代码如下。

```
import com.tencent.mm.opensdk.modelbase.BaseResp;
import com.tencent.mm.opensdk.modelmsg.SendMessageToWX;
import com.tencent.mm.opensdk.modelmsg.WXImageObject;
import com.tencent.mm.opensdk.modelmsg.WXMediaMessage;
import com.tencent.mm.opensdk.modelmsg.WXTextObject;
import com.tencent.mm.opensdk.modelmsg.WXWebpageObject;
import com.tencent.mm.opensdk.openapi.IWXAPI;
import com.tencent.mm.opensdk.openapi.WXAPIFactory;
public class WXShare {
    public static final String APP_ID="wxf8705829c964ff86";
    public static final String ACTION_SHARE_RESPONSE="action_wx_share_response";
    public static final String EXTRA_RESULT="result";
    private final Context context;
    private final IWXAPI api;
    private OnResponseListener listener;
    private ResponseReceiver receiver;
```

```java
public WXShare(Context context) {
    api=WXAPIFactory.createWXAPI(context,APP_ID);
    this.context=context;
}
public WXShare register() {
    //微信分享
    api.registerApp(APP_ID);
    receiver=new ResponseReceiver();
    IntentFilter filter=new IntentFilter(ACTION_SHARE_RESPONSE);
    context.registerReceiver(receiver,filter);
    return this;
}
public void unregister() {
    try {
        api.unregisterApp();
        context.unregisterReceiver(receiver);
    }catch (Exception e) {
        e.printStackTrace();
    }
}
public WXShare share(int flag, String text) {
    WXTextObject textObj=new WXTextObject();
    textObj.text=text;
    WXMediaMessage msg=new WXMediaMessage();
    msg.mediaObject=textObj;
    msg.title="Will be ignored";
    msg.description=text;
    SendMessageToWX.Req req=new SendMessageToWX.Req();
    req.transaction=buildTransaction("text");
    req.message=msg;
    req.scene=flag==0 ? SendMessageToWX.Req.WXSceneSession :
            SendMessageToWX.Req.WXSceneTimeline;
    boolean result=api.sendReq(req);
    return this;
}
//flag 用来判断是分享到微信好友还是微信朋友圈,
//0 代表分享到微信好友，1 代表分享到朋友圈
public WXShare shareUrl(int flag,Context context,String url,String title,String descroption){
    //初始化一个 WXWebpageObject 填写 url
    WXWebpageObject webpageObject=new WXWebpageObject();
    webpageObject.webpageUrl=url;
    //用 WXWebpageObject 对象初始化一个 WXMediaMessage，填写标题、描述
    WXMediaMessage msg=new WXMediaMessage(webpageObject);
    msg.title=title;msg.description=descroption;
    //需要注意图片的像素不要过大，以免内存不足
    Bitmap thumb=BitmapFactory.decodeResource(context.getResources(),
            R.drawable.ic_launcher_foreground);
    msg.setThumbImage(thumb);
    SendMessageToWX.Req req=new SendMessageToWX.Req();
    req.transaction=String.valueOf(System.currentTimeMillis());
    req.message=msg;
    req.scene=flag==0 ? SendMessageToWX.Req.WXSceneSession :
```

```java
                SendMessageToWX.Req.WXSceneTimeline;
        api.sendReq(req);
        return this;
    }
    public static byte[] bmpToByteArray(final Bitmap bmp,final boolean needRecycle) {
        ByteArrayOutputStream output=new ByteArrayOutputStream();
        bmp.compress(Bitmap.CompressFormat.PNG, 80, output);
        if(needRecycle) {
            bmp.recycle();
        }
        byte[] result=output.toByteArray();
        try {
            output.close();
        } catch (Exception e) {
            e.printStackTrace();
        }
        return result;
    }

    public IWXAPI getApi() {
        return api;
    }
    public void setListener(OnResponseListener listener) {
        this.listener=listener;
    }
    private String buildTransaction(final String type) {
        return (type==null) ? String.valueOf(System.currentTimeMillis()) :
                type +System.currentTimeMillis();
    }
    private class ResponseReceiver extends BroadcastReceiver {
        @Override public void onReceive(Context context,Intent intent) {
            Response response=intent.getParcelableExtra(EXTRA_RESULT);
            String result;
            if(listener!=null) {
                if(response.errCode==BaseResp.ErrCode.ERR_OK) {
                    listener.onSuccess();
                }else if(response.errCode==BaseResp.ErrCode.ERR_USER_CANCEL){
                    listener.onCancel();
                }else {
                    switch (response.errCode) {
                        case BaseResp.ErrCode.ERR_AUTH_DENIED:
                            result="发送被拒绝";
                            break;
                        case BaseResp.ErrCode.ERR_UNSUPPORT:
                            result="不支持错误";
                            break;
                        default:
                            result="发送返回";
                            break;
                    }
                    listener.onFail(result);
                }
```

```java
                }
            }
        }
        public static class Response extends BaseResp implements Parcelable {
            public int errCode;
            public String errStr;
            public String transaction;
            public String openId;
            private int type;
            private boolean checkResult;
            public Response(BaseResp baseResp) {
                errCode=baseResp.errCode;
                errStr=baseResp.errStr;
                transaction=baseResp.transaction;
                openId=baseResp.openId;
                type=baseResp.getType();
                checkResult=baseResp.checkArgs();
            }
            @Override
            public int getType() {
                return type;
            }
            @Override
            public boolean checkArgs() {
                return checkResult;
            }
            @Override
            public int describeContents() {
                return 0;
            }
            @Override
            public void writeToParcel(Parcel dest,int flags) {
                dest.writeInt(this.errCode);
                dest.writeString(this.errStr);
                dest.writeString(this.transaction);
                dest.writeString(this.openId);
                dest.writeInt(this.type);
                dest.writeByte(this.checkResult ? (byte)1 : (byte)0);
            }
            protected Response(Parcel in) {
                this.errCode=in.readInt();
                this.errStr=in.readString();
                this.transaction=in.readString();
                this.openId=in.readString();
                this.type=in.readInt();
                this.checkResult=in.readByte()!=0;
            }
            public static final Creator CREATOR=new Creator() {
                @Override
                public Response createFromParcel(Parcel source) {
                    return new Response(source);
                }
```

```
        @Override
        public Response[]newArray(int size) {
            return new Response[size];
        }
    };
    }
}
```

此外，为了实现微信分享，还需要在 AndroidManifest.xml 文件中添加如下权限。参考代码如下。

```
<uses-permission android:name="android.permission.INTERNET" />
<uses-permission android:name="android.permission.ACCESS_NETWORK_STATE" />
<uses-permission android:name="android.permission.ACCESS_WIFI_STATE" />
<uses-permission android:name="android.permission.READ_PHONE_STATE" />
```

6.3.5 实现"健康状况显示"模块

1．创建"健康状况显示"布局（app\src\main\res\layout\ activity_result.xml）

在 app\src\main\res\layout 目录中创建文件名为 activity_result、根元素为 LinearLayout 的布局文件。参考代码 C11。

2．实现"健康状况显示"功能（app\src\main\java\school\ lovehealth\ ResultActivity.java）

在 app\src\main\java\school\lovehealth 目录中创建 ResultActivity.java 文件，实现健康状况显示的各项功能。参考代码如下。

V92 创建"健康 状况显示"布局

C11 "健康状况 显示"布局代码

```
import school.wxapi.WXShare;
public class ResultActivity extends AppCompatActivity {
    String resultText,wxText;
    TextView tvResult;
    @Override
    protected void onCreate(Bundle savedInstanceState) {
        super.onCreate(savedInstanceState);
        setContentView(R.layout.activity_result);
        Toolbar toolbar=(Toolbar)findViewById(R.id.toolbar_result);
        setSupportActionBar(toolbar);
        toolbar.setOnMenuItemClickListener(new Toolbar.OnMenuItemClickListener() {
            @Override
            public boolean onMenuItemClick(MenuItem menuItem) {
                WXShare wxShare=new WXShare(ResultActivity.this);
                if(menuItem.getItemId()==R.id.wx_send)
                    wxShare.share(0, wxText);
                    //wxShare.sharePicture(0,R.drawable.lovehealth);
                else
                    wxShare.share(1, wxText);
                    //wxShare.sharePicture(1,R.drawable.lovehealth);
                return true;
            }
        });
        tvResult=findViewById(R.id.tvResult);
```

V93 实现"健康 状况显示"功能

205

```
        float result=getIntent().getFloatExtra("result", 0);
        if(result<18.5){
            resultText="\t 您的 BMI 偏低，请注意营养摄入，别节食了，都快变成纸片了！";
            wxText="\t 爱健康提示我的 BMI 偏低，都快变成纸片了！赶快给我买好吃的！";
        }else if(result>24){
            resultText="\t 您的 BMI 太高了，需要瘦身！加强运动，燃烧你的卡路里！";
            wxText="\t 爱健康提示我的 BMI 太高了，需要瘦身！各种运动约起来！";
        }else{
            resultText="\t 恭喜您，您的 BMI 指数正常，不胖不瘦，真让人羡慕！";
            wxText="\t 爱健康提示我的 BMI 指数正常，不胖不瘦，求赞！";
        }
        tvResult.setText(resultText);
    }
    @Override
    public boolean onCreateOptionsMenu(Menu menu) {
        getMenuInflater().inflate(R.menu.menu_main,menu);
        return true;
    }
}
```

6.3.6　AndroidManifest 配置清单

项目中多处对 AndroidManifest.xml 文件（app\src\main\AndroidManifest.
xml）进行了修改。该文件中的全部代码见代码 C12。

C12 项目六配置
清单代码

6.4　相关知识与开发技术

6.4.1　使用 Intent 传递数据

项目中进行 Activity 切换时，需要将 MainActivity 得到的 BMI 数据传递给 ResultActivity。跳转前的 Activity 可以通过调用 Intent 对象的 putExtra()方法添加需要携带的数据。参考代码如下。

```
Intent i=new Intent(MainActivity.this,ResultActivity.class);
i.putExtra("result",result);
startActivity(i);
```

对于项目中的 float 类型数据，跳转后的 Activity 可以通过调用 Intent 对象的 getFloatExtra()方法将其取出。该方法的第二个参数为数据的默认值。参考代码如下。

```
float result=getIntent().getFloatExtra("result",0);
```

如果需要传递多个数据，可以使用 Bundle 对象作为容器，将数据先存储到 Bundle 对象中，然后调用 Intent 对象的 putExtras()方法存入 Bundle 对象。参考代码如下。

```
Intent i=new Intent(MainActivity.this,ResultActivity.class);
Bundle bd=new Bundle();
bd.putFloat("result",result);
bd.putString("dataStr","hello");
i.putExtras(bd);
startActivity(i);
```

跳转后的 Activity 可以通过调用 Intent 对象的 getExtras()方法获取 Bundle 容器，并从中取出存入的数据。参考代码如下。

```
Bundle bd=getIntent().getExtras();
float result=bd.getFloat("result");
String dataStr=bd.getString("dataStr");
```

6.4.2 Toolbar 的使用方法

Toolbar 是 Android 5.0 引入的新导航组件。相比原有的 ActionBar，Toolbar 使用灵活，可以放置在布局中的任意位置。通过 Toolbar 可以定义如下可选元素，实现不同的导航栏风格，如导航按钮、Logo 图标、标题和子标题、添加一个或多个自定义组件、菜单等。

1．添加 v7 兼容包依赖

使用 Toolbar，首先需要在 app\build.gradle 文件中添加 v7 兼容包的依赖。参考代码如下。

```
implementation 'com.android.support:appcompat-v7:28.+'
```

2．去掉默认的 ActionBar

在 app\src\main\res\values\styles.xml 文件中修改名称为 "AppTheme" 的主题，将 "DarkActionBar" 修改为 "NoActionBar"。参考代码如下。

```
<resources>
    <!-- Base application theme. -->
    <style name="AppTheme" parent="Theme.AppCompat.Light.NoActionBar">
    <!-- Customize your theme here. -->
    </style>
</resources>
```

该 style 将在 AndroidManifest.xml 中作为应用的 style。参考代码如下。

```
<application
    android:allowBackup="true"
    android:icon="@mipmap/ic_launcher"
    android:label="@string/app_name"
    android:roundIcon="@mipmap/ic_launcher_round"
    android:supportsRtl="true"
    android:theme="@style/AppTheme">
```

3．布局中 Toolbar 组件的实现

在使用 Toolbar 的布局中定义 Toolbar 组件，还可以在 Toolbar 组件中添加其他组件。参考代码如下。

```
<android.support.v7.widget.Toolbar
    android:id="@+id/toolbar_main"
    android:layout_width="match_parent"
    android:layout_height="56dp"
    android:background="@color/colorPrimaryDark">
    <ImageView
        android:id="@+id/btn_music"
        android:layout_width="wrap_content"
        android:layout_height="wrap_content"
        android:layout_gravity="right"
```

```
android:adjustViewBounds="true"
android:onClick="clickMusic"
android:src="@drawable/startplay" />
</android.support.v7.widget.Toolbar>
```

可以通过设置布局中 Toolbar 组件属性的方式进行导航栏的自定义设置。Toolbar 组件的常用属性如表 6-4 所示。

表 6-4　Toolbar 组件的常用属性

编号	属性名称	说明
1	app:navigationIcon	导航按钮
2	app:title	标题
3	app:subtitle	子标题
4	app:logo	Logo 图标

4．Activity 中对 Toolbar 组件的操作

使用 Toolbar 的 Activity 需要继承自 AppCompatActivity，在指定 Activity 对应的布局之后，实例化 Toolbar 组件对象。参考代码如下。

```
Toolbar toolbar=(Toolbar) findViewById(R.id.toolbar_main);
```

实例化 Toolbar 组件对象后，需要调用 setSupportActionBar()方法，用 Toolbar 组件对象替换原有的 ActionBar 功能。参考代码如下。

```
setSupportActionBar(toolbar);
```

前面通过布局中组件属性设置的导航栏各项自定义功能，也可以通过 Toolbar 组件对象的方法进行操作。参考代码如下。

```
toolbar.setLogo(R.mipmap.ic_launcher); //设置 Toolbar 组件对象的 Logo 图标
```

Toolbar 组件对象的常用方法如表 6-5 所示。

表 6-5　Toolbar 组件对象的常用方法

编号	方法名称	说明
1	setNavigationIcon(int resId)或者 setNavigationIcon(Drawable icon)	设置导航按钮
2	setTitle(int resId)或者 setTitle(CharSequence title)	设置标题
3	setSubtitle(int resId)或者 setSubtitle(CharSequence subtitle)	设置子标题
4	setLogo(int resId)或者 setLogo(Drawable drawable)	设置 Logo 图标

5．Toolbar 菜单的实现

首先，新建菜单文件并设置菜单项。方法详见第 6.3.2 节 "4.菜单资源"。

在 Activity 中，首先实例化组件对象，并调用 setSupportActionBar()方法，用 Toolbar 组件对象替换原有的 ActionBar 功能。参考代码如下。

```
Toolbar toolbar=(Toolbar) findViewById(R.id.toolbar_result);
setSupportActionBar(toolbar);
```

然后，重写 Activity 的 onCreateOptionsMenu()方法，通过指定菜单文件的方式设置 Toolbar 对象的菜单条目。参考代码如下。

```
@Override
public boolean onCreateOptionsMenu(Menu menu) {
    getMenuInflater().inflate(R.menu.menu_main, menu);
    return true;
}
```

通过 Toolbar 组件对象的 setOnMenuItemClickListener()方法实现菜单单击事件的侦听处理。参考代码如下。

```
toolbar.setOnMenuItemClickListener(new Toolbar.OnMenuItemClickListener() {
    @Override
    public boolean onMenuItemClick(MenuItem item) {
        //菜单单击事件处理代码
        return true;
    }
});
```

6.4.3　服务（Service）的使用

1．Service 的基本概念

Service 是 Android 四大组件之一，用于实现程序的后台运行。Service 适合不需要独立显示界面的长期运行的任务，如本项目中的背景音乐播放。

2．Service 的生命周期

Service 可由其他应用组件（如 Activity）启动，服务一旦被启动将在后台一直运行。应用组件也可以绑定到服务，并与之进行交互。与 Activity 类似，Service 的生命周期如图 6-14 所示，开发者可以通过 Service 类的生命周期方法实现对 Service 的控制。

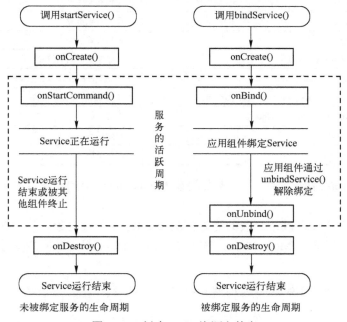

图 6-14　创建 RAW 资源文件夹

Service 类的生命周期方法如表 6-6 所示。

表 6-6　Service 类的生命周期方法

编号	方法名称	说明
1	public void onCreate()	首次创建 Service 时，系统将调用此方法
2	public void onDestroy()	Servie 被销毁时将调用此方法，由 stopService()方法触发
3	public int onStartCommand(Intent intent, int flags, int startId)	Service 启动时将调用此方法，由 startService()方法触发
4	public IBinder onBind(Intent intent)	Service 被绑定时将调用此方法，由 bindService()方法触发
5	public boolean onUnbind(Intent intent)	Service 被解除绑定时将调用此方法，由 unbindService()方法触发

6.4.4　MediaPlayer 音频播放的实现

MediaPlayer 是 Android 自带的一个多媒体播放类，为播放音视频流或者本地音视频文件提供了播放、暂停、停止和重复播放等方法。

MediaPlayer 常用的方法如表 6-7 所示。

表 6-7　MediaPlayer 常用方法

编号	方法名称	说明
1	public MediaPlayer()	无参构造函数，用来创建 MediaPlayer 对象
2	public static MediaPlayer create(Context context,int resid)	用资源 id 对应的资源文件装载音频，返回新创建的 MediaPlayer 对象
3	public static MediaPlayer create(Context context,Uri uri)	根据指定的 uri 装载音频，返回新创建的 MediaPlayer 对象
4	public boolean isPlaying()	判断是否在播放中
5	public void pause()	暂停播放
6	public void prepare()	预加载文件
7	public void release()	释放音频资源
8	public void reset()	重新设置音频
9	public void seekTo(int msec)	找到指定时间的位置
10	public void setDataSource(String path)	使用文件路径设置音频文件
11	public void setDataSource(Context context,Uri uri)	使用 uri 设置音频文件
12	public void setDisplay(SurfaceHolder sh)	设置视频显示区
13	public void start()	开始播放
14	public void stop()	停止播放

使用 MediaPlayer 播放音频时，首先要创建 MediaPlayer 类的对象，并装载音频文件。其有两种实现方法。

一种方法是使用 MediaPlayer 类的静态方法 create()来创建对象，该方法的参数包含了需要装载的音频文件。然后通过 MediaPlayer 对象的 start()、stop()等方法实现音频播放的控制。参考代码如下。

```
MediaPlayer player=MediaPlayer.create(this,R.raw.music);
player.start();
```

另一种方法是使用 MediaPlayer 的无参构造函数来创建对象，然后再使用 setDataSource()方法指定音频文件。这种情况下，MediaPlayer 并未真正装载该音频文件，还需要再调用 prepare()方法实现音频文件的预加载，才能够播放该音频文件。参考代码如下。

```
player=new MediaPlayer();
Uri uri=Uri.parse("android.resource://school.lovehealth/"+ R.raw.music);
try {
        player.setDataSource(this, uri);
        player.prepare();
} catch (IOException e) {
        e.printStackTrace();
}
player.start();
```

6.4.5 SharedPreferences 数据存储技术

1. SharedPreferences 的基本概念

SharedPreferences 是 Android 提供的轻量级数据存储方法，用于应用程序中少量数据的存储。例如，本项目中的身高和体重数据，在输入之后可以使用 SharedPreferences 保存，下次运行应用程序时，取出保存的数据，自动添加到可输入文本框中，避免重复的输入工作。

在 SharedPreferences 中，数据以"(键,值)"的形式进行保存，并且所保存的数据只能是一些基本的数据类型，如字符串型、整型、布尔型等。SharedPreferences 常用的方法如表 6-8 所示。

表 6-8 SharedPreferences 常用方法

编号	方法名称	说明
1	Editor edit()	使 SharedPreferences 对象处于可编辑状态
2	boolean contains(String key)	判断 key 是否存在
3	boolean getBoolean(String key, boolean defValue)	获取 boolean 类型的数据，指定默认值为 defValue
4	float getFloat(String key, float defValue)	获取 float 类型的数据，指定默认值为 defValue
5	int getInt(String key, int defValue)	获取 int 类型的数据，指定默认值为 defValue
6	long getLong(String key, long defValue)	获取 long 类型的数据，指定默认值为 defValue
7	String getString(String key, String defValue)	获取 String 类型的数据，指定默认值为 defValue

在写入数据时，必须首先调用 edit()方法，才可以让 SharedPreferences 对象处于可编辑状态。edit()方法的返回值是 SharedPreferences.Editor()接口的实例。在完成写入数据的编辑后，调用 SharedPreferences.Editor 接口实例的 commit()方法提交更新的数据，使写入数据生效。SharedPreferences.Editor 常用的方法如表 6-9 所示。

表 6-9 SharedPreferences.Editor 常用方法

编号	方法名称	说明
1	Editor clear()	清除所有数据
2	boolean commit()	提交更新的数据
3	Editor putBoolean(String key, boolean value)	保存 boolean 类型的数据
4	Editor putFloat(String key, float value)	保存 float 类型的数据
5	Editor putInt(String key, int value)	保存 int 类型的数据
6	Editor putLong(String key, long value)	保存 long 类型的数据
7	Editor putString(String key, String value)	保存 String 类型的数据
8	Editor remove(String key)	删除指定 key 的数据

2. 使用 SharedPreferences 存取数据

使用 SharedPreferences 存取数据的基本步骤如下。

1）调用 Context 类的 getSharedPreferences(String name, int mode)方法，指定保存数据的文件名称（不需要指定扩展名，系统自动设置为.xml）和操作模式。模式的取值可以是 MODE_PRIVATE、MODE_WORLD_READABLE 或 MODE_WORLD_WRITEABLE。参考代码如下。

```
SharedPreferences bmiData=this.getSharedPreferences("data",MODE_PRIVATE);
```

2）需要从文件读取数据时，调用 SharedPreferences 对象的 get×××()方法读取数据。参考代码如下。

```
String sHeight=bmiData.getString("height",null);
String sWeight=bmiData.getString("weight",null);
```

3）需要向文件写入数据时，调用 SharedPreferences 的 edit()方法生成 SharedPreferences.Editor 实例，向实例中写入数据并提交。参考代码如下。

```
SharedPreferences.Editor bmiDataEditor=getSharedPreferences("data",MODE_PRIVATE).edit();
bmiDataEditor.putString("height",sHeight);
bmiDataEditor.putString("weight",sWeight);
bmiDataEditor.commit();
```

6.4.6 第三方接口（微信分享）的实现

微信分享功能的实现依赖微信开放平台（https://open.weixin.qq.com）提供的第三方接口。读者可以通过微信开放平台学习微信分享的实现方法并下载范例工程。

1．在微信开放平台创建应用

在微信开放平台注册并登录，进入管理中心，单击"创建移动应用"按钮，如图 6-15 所示。

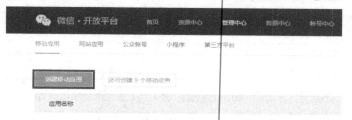

图 6-15　在微信开放平台创建应用

应用创建的具体过程这里不赘述，按照提示填写相关信息即可。本项目的相关信息如图 6-16 所示。

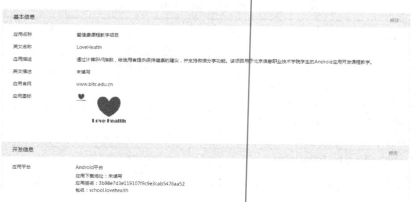

图 6-16　"爱健康"项目的相关信息

项目审核时间一般需要一周。审核通过后，将得到项目的 AppID 和 AppSecret，如图 6-17 所示。AppID 将用于应用程序向微信平台注册，AppSecret 本项目不需要使用。

爱健康课程教学项目
AppID：wxf8705829c964ff86
AppSecret：重置
已通过

图 6-17 "爱健康"项目的 AppID 和 AppSecret

在微信开放平台创建应用时，需要注意以下几点。

第一，应用的英文名称和包名应与 Android 项目保持一致。

第二，应用签名作为项目的唯一标识，是根据 app\build.gradle 文件中的项目签名信息生成的。本项目签名信息参考代码如下。

```
signingConfigs {
    release {
        storeFile file('lovehealth.jks')
        storePassword "android"
        keyAlias "lovehealth0"
        keyPassword "android"
    }
}
```

上述信息一旦改变，将导致应用签名的改变，开发者需要在微信开放平台上对该应用签名进行修改。应用签名修改页面如图 6-18 所示。

在微信开放平台上对应用签名的修改不是即时生效的，通常需要过一段时间才能进行微信分享功能的调试。

应用名称	爱健康课程教学项目
英文名称	LoveHealth
应用描述	通过计算BMI指数，给使用者提供保持健康的建议，并支持微信分享功能。该项目用于北京信息职业技术学院学生的Android应用开发课程教学。
英文描述	未填写
应用官网	www.bitc.edu.cn
应用图标	

Love Health

| 应用宝微下载链接 | - |

开发信息   修改

应用平台	Android平台
	应用下载地址：未填写
	应用签名：942c5dae67097eaafef5d31a20151b03
	包名：school.lovehealth

图 6-18 应用签名修改页面

第三，获取应用签名的方法。首先，开发者可以在微信开放平台资源中心的 Android 资源下载页面下载签名生成工具，下载页面如图 6-19 所示。

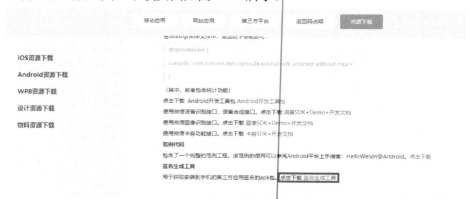

图 6-19　签名生成工具的下载页面

然后将签名生成工具安装到下载有微信分享项目的手机上，签名生成工具图标如图 6-20 所示。

最后运行签名生成工具，输入应用包名，得到应用签名，如图 6-21 所示。

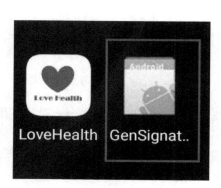

图 6-20　签名生成工具图标

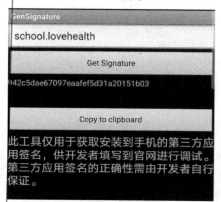

图 6-21　用签名生成工具生成签名

使用签名工具修改签名后，需要保证图 6-18 中微信开放平台上的应用签名与签名生成工具生成的签名保持一致。

2．添加依赖包

在 app\build.gradle 文件中，添加如下依赖包。

```
implementation 'com.tencent.mm.opensdk:wechat-sdk-android-with-mta:+'
```

或者

```
implementation 'com.tencent.mm.opensdk:wechat-sdk-android-without-mta:+'
```

其中，前者包含统计功能。

3．添加权限和 Activity

在 app\src\main\AndroidManifest.xml 文件中，添加微信分享功能需要的操作权限。参考代码如下。

```
<uses-permission android:name="android.permission.INTERNET" />
<uses-permission android:name="android.permission.ACCESS_NETWORK_STATE" />
<uses-permission android:name="android.permission.ACCESS_WIFI_STATE" />
<uses-permission android:name="android.permission.READ_PHONE_STATE" />
<uses-permission android:name="android.permission.WRITE_EXTERNAL_STORAGE" />
```

在 app\src\main\AndroidManifest.xml 文件中，添加 WXEntryActivity，并将 exported 属性设置为 true。参考代码如下。

```
<activity
    android:name="school.wxapi.WXEntryActivity"
    android:exported="true"
    android:launchMode="singleTop"
    android:screenOrientation="portrait" />
```

4．实现微信分享功能

在 app\src\main\java\school 目录下新建 wxapi 文件夹，并分别创建 AppRegister.java、OnResponse Listener.java、WXEntryActivity.java、WXShare.java 四个类文件。过程如第 6.3.4 节所示。

此处重点说明实现微信分享图片的功能。该方法可以参考 WXShare.java 类的 share()方法设计。方法中也需要包含两个参数，第一个参数用于确定是分享到微信好友还是朋友圈，第二个参数为要分享图片的资源 ID。参考代码如下。

```
public void sharePicture(int shareType,int id) {
    Bitmap bitmap=BitmapFactory.decodeResource(context.getResources(),id);
    WXImageObject imgObj=new WXImageObject(bitmap);
    WXMediaMessage msg=new WXMediaMessage();
    msg.mediaObject=imgObj;
    Bitmap thumbBitmap=Bitmap.createScaledBitmap(bitmap, 120, 120, true);
    msg.thumbData=bmpToByteArray(thumbBitmap,true);          //设置缩略图
    SendMessageToWX.Req req=new SendMessageToWX.Req();
    req.transaction=buildTransaction("imgshareappdata");
    req.message=msg;
    req.scene=shareType;
    api.sendReq(req);
}
```

6.5 拓展练习

1．试使用 Bundle 对象作为数据传递的容器，将 MainActivity 得到的 BMI 数据传递给 ResultActivity。

2．试修改"数据输入"界面上应用图标的实现方法，将目前实现的在代码中通过方法调用添加 Toolbar 图标的方式修改为在布局中通过添加 Toolbar 属性的方式实现。

3．试参考第 6.4.6 节"4. 实现微信分享功能"的内容，实现将现有的分享文字修改为分享应用图标 lovehealth.png 的功能。

项目7 美 食 汇

本章要点
- Android 应用程序中网格视图（GridView）、多级列表视图（ExpandableListView）的常用属性与方法。
- Java Web 服务器编程方法。
- Android 网络编程的方法与步骤。

7.1 项目简介

7.1.1 项目原型：菜谱精灵

菜谱精灵是一款菜谱手机应用程序，具有流畅的用户体验、海量的教科书式菜谱，涵盖各式家常菜、私房菜、中餐、西餐、烘焙西点，以及功能食谱、减肥食谱等个性菜谱，是厨房中的最佳助手。

应用程序运行时，首先可以看到如图 7-1 所示的主界面。

单击"分类"选项卡，可以获取并列出各种美食，如图 7-2 所示。

单击其中某一道美食，可以获取并列出该美食的制作方法，如图 7-3 所示。

图 7-1 菜谱精灵主界面

图 7-2 获取并列出各种美食

图 7-3 显示美食的制作方法

7.1.2 项目需求与概要设计

1．分析项目需求

"美食汇"项目是以菜谱为阅读内容的安卓手机应用程序。它基于 Android 平台开发，界面简洁、朴素，主要支持在线阅读。项目以"菜谱精灵"的核心 业务为蓝本，向用户提供"食材分类""详细分类""制作方法"等功能。全部阅读内容通过网络实时从服务器获取。

V94 项目七概述

2．设计模块结构

"美食汇"项目的功能主要包括"食材分类""详细分类""制作方法"。项目的模块结构如图 7-4 所示。

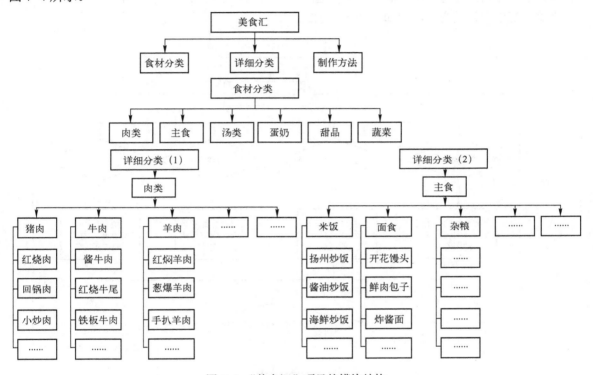

图 7-4 "美食汇"项目的模块结构

3．确定项目功能

"美食汇"项目的功能要求描述如下。

① 应用程序启动时进入"食材分类"界面，界面中将显示 6 个食材大类。

② 单击任意食材大类进入"详细分类"界面，将显示所选食材大类的全部子类。这里需要特别说明的是，"详细分类"界面中的内容不是静态的，可以根据需要在服务器端数据库中随意调整食材子类的品种，增加或减少美食种类，在手机客户端应能即时反映出服务器端数据的变化。

③ 选择"详细分类"界面中的一个具体的美食名称后，跳转到"制作方法"界面，显示所选美食的详细制作方法。

④ 项目要能够在合适的模拟器中正常运行。模拟器各参数设置如下：屏幕尺寸为 4.0in，分辨率为 480 像素×800 像素，密度为 hdpi，Android API 22。

7.2 项目设计与准备

7.2.1 设计用户交互流程

如前所述,在项目运行时,首先显示"食材分类"界面,其中包含 6 个食材大类,以网格视图的形式显示。单击其中任何一个食材大类,可以将界面切换到对应的"详细分类"界面。"详细分类"界面将所选食材大类又细分为若干子类,每个子类下包含若干具体的美食品种,所有这些子类和子类下的品种信息都来自服务器。单击某个子类下的美食名称后,界面切换到"制作方法"界面。在每一个界面下都可以通过按〈Back〉键回到上一个界面。

"美食汇"项目的交互流程如图 7-5 所示。

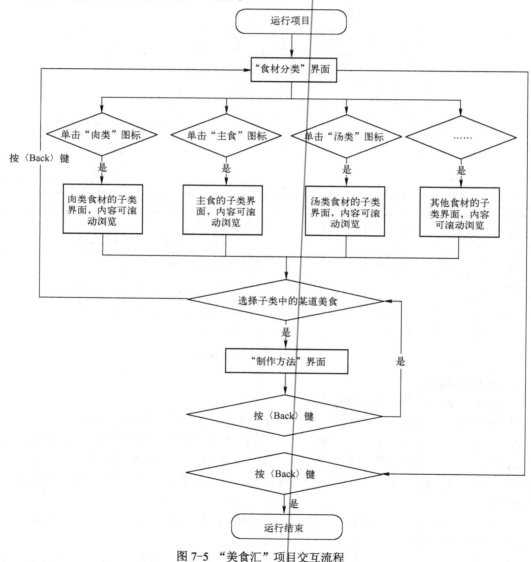

图 7-5 "美食汇"项目交互流程

7.2.2 设计用户界面

1. "食材分类"界面

"食材分类"界面是项目的第一个用户界面，在此界面中以网格视图的形式显示 6 个食材大类供用户选择。界面效果如图 7-6 所示。

2. "详细分类"界面

"详细分类"界面主要向用户展示所选食材大类的子类。肉类、主食和汤类的"详细分类"界面效果分别如图 7-7a～c 所示。

以上各界面中的食物品种和数量均来自于服务器的数据库，因此显示内容是动态的，会因服务器上数据库内容的改变而有所变化。

图 7-6 "食材分类"界面

  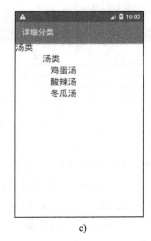

a) b) c)

图 7-7 "详细分类"界面

3. "制作方法"界面

"制作方法"界面主要向用户展示所选美食的详细制作方法。界面效果如图 7-8 所示。

7.2.3 准备项目素材

1. 图片素材

"美食汇"项目仅在主界面用到一幅背景修饰图，名称为 circle_2.jpg，尺寸为 128 像素×112 像素。其他界面中皆为文字素材。

2. 文字素材

此外，项目实施前还需要将"美食汇"中要提供给用户阅读的内容和文字准备齐全，并保存在服务器数据库中。由于篇幅所限，本书中仅提供了示意性的文字，详见第 7.3.7 节实现服务器功能的说明，此处不再赘述。

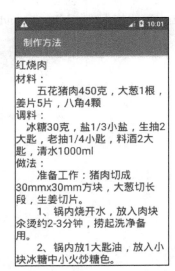

图 7-8 "制作方法"界面

7.3 项目开发与实现

本项目开发环境及版本配置如表 7-1 所示。

表 7-1 "美食汇"开发环境及版本配置

编号	软件名称	软件版本
1	操作系统	Windows 7 64 位
2	JDK	1.8.0_76
3	Android Studio	2.2.2
4	Compile SDK	API 21:Android 5.0
5	Build Tools Version	28.0.3
6	Min SDK Version	API 21:Android 5.0
7	Target SDK Version	API 28

7.3.1 创建项目

创建本项目的基本步骤及其需要设置的参数如下。

1）在 Android Studio 中新建项目，步骤同其他项目。创建项目时的各个参数值如下。

V95 创建项目七

> Application name：MobileDelicacy
> Company domain：school
> Project location：D:\MobileDelicacy
> Package name：school.mobiledelicacy

2）为项目选择运行的设备类型和最低的 SDK 版本号。本项目的运行设备为 "Phone and Tablet"，Minimum SDK 的值设置为 "API 21: Android 5.0(Lollipop)"。

3）为项目添加一个 Activity，即用户界面，此处选择 Empty Activity。

4）设置 Activity 的名称等属性。此处 "Activity Name" 的值为 "MainActivity"，"Layout Name" 的值为 "activity_main"，单击 "Finish" 按钮。

5）在项目中创建第二个 Activity，"Activity Name" 的值为 "SecondActivity"，"Layout Name" 的值为 "activity_second"，如图 7-9 所示。

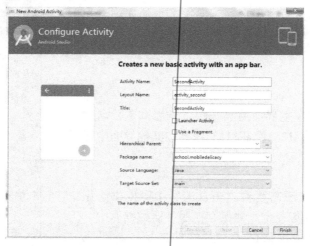

图 7-9　定义第二个 Activity

6）同上，创建第三个 Activity，"Activity Name" 的值为 "ThirdActivity"，"Layout Name" 的值为 "activity_third"，作为美食制作方法的显示界面。

7.3.2 创建与定义资源

1. 图片资源（app\src\main\res\drawable）

将图片素材 "circle_2.jpg" 复制并粘贴到项目的 app\src\main\res\drawable 目录中，即可完成图片资源的创建。

2. 字符串资源（app\src\main\res\values\strings.xml）

打开 app\src\main\res\values\strings.xml 文件，将项目中需要的文字素材按照如下代码格式整理。

```xml
<resources>
    <string name="app_name">美食汇</string>
    <string name="action_settings">Settings</string>
    <string name="title_activity_main">食材分类</string>
    <string name="title_activity_second">详细分类</string>
    <string name="title_activity_third">制作方法</string>
</resources>
```

7.3.3 实现"食材分类"模块

食材分类是本项目手机客户端的第一个模块，由"美食汇"对应的 6 个食品大类选项构成，整个界面由 GridView 实现。当单击其中一个选项时，界面将切换至第二个模块"详细分类"，详细显示所选食品大类的详细分类。

V96 实现"食材分类"模块

1. 创建"食材分类"布局（app\src\main\res\layout\activity_main.xml）

该布局根元素是 CoordinatorLayout，其中包含 content_main 子布局。参考代码 C13。

C13 "食材分类"布局代码

2. 创建"食材分类"内容页布局（app\src\main\res\layout\content_main.xml）

在 activity_main.xml 文件的 include 标签中用到了 content_main 布局，这个布局中使用网格视图（GridView）定义了 6 个食品大类图片网格，每个图片都可以响应单击事件。参考代码 C14。

C14 "食材分类"内容页布局

3. 创建网格视图中的项布局（app\src\main\res\layout\gridview_item.xml）

由于内容页布局中使用了 GridView 组件，因此还需要一个布局文件对 GridView 中的每一个项进行样式设计。这个布局文件使得 GridView 在展示网格视图中每一项时，以"图片+文本"的方式进行显示，并且文本重叠显示在图片上。由于采用了帧布局的方式，因此文本可以重叠在图片上方显示。参考代码 C15。

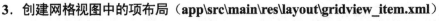

C15 网格视图项布局代码

4. 实现"食材分类"功能（app\src\main\java\school\mobiledelicacy\MainActivity.java）

"食材分类"模块的主要功能一个是用 GridView 显示 6 个食材大类，另一个就是当单击食材列表项后实现界面的跳转。为实现界面的跳转，在程序中添加了列表项被单击事件的监听器，并在事件处理程序中通过 Intent 实现界面跳转功能，跳转的目标是"详细分类"模块，携带的参数是食材大类的编号。参考代码如下。

```java
public class MainActivity extends AppCompatActivity {
    GridView grid0;
    int[] imageIds=new int[]{
            R.drawable.circle_2, R.drawable.circle_2,
            R.drawable.circle_2, R.drawable.circle_2,
            R.drawable.circle_2, R.drawable.circle_2
    };
    String name[]={"肉类","主食","汤类","蛋奶","甜品","蔬菜"};
    String dish_array[][];
    String class_array[];
    @Override
    protected void onCreate(Bundle savedInstanceState) {
        super.onCreate(savedInstanceState);
        setContentView(R.layout.activity_main);
        List<Map<String, Object>>listitems=new ArrayList<Map<String, Object>>();
        for(int i=0; i<imageIds.length; i++){
            Map<String, Object> listitem=new HashMap<String, Object>();
            listitem.put("image", imageIds[i]);
            listitem.put("text", name[i]);
            listitems.add(listitem);
        }
        SimpleAdapter simpleAdapter=new SimpleAdapter(this, listitems,
                R.layout.gridview_item, new String[]{"image","text"},
                new int[]{R.id.img, R.id.text});
        grid0=(GridView) findViewById(R.id.gridview) ;
        grid0.setAdapter(simpleAdapter);
        grid0.setOnItemClickListener(new AdapterView.OnItemClickListener() {
            @Override
            public void onItemClick(AdapterView<?> parent, View view, int position, long id) {
                Intent intent=new Intent(MainActivity.this, SecondActivity.class);
                switch (position) {
                    case 0:
                        intent.putExtra("code", "1");
                        startActivity(intent);
                        break;
                    case 1:
                        intent.putExtra("code", "2");
                        startActivity(intent);
                        break;
                    case 2:
                        intent.putExtra("code", "3");
                        startActivity(intent);
                        break;
                    case 3:
                        intent.putExtra("code", "4");
                        startActivity(intent);
                        break;
                    case 4:
```

```
                                intent.putExtra("code", "5");
                                startActivity(intent);
                                break;
                         case 5:
                                intent.putExtra("code", "6");
                                startActivity(intent);
                                break;
                         default:
                                break;
                     }
                 }
            });
            Toolbar toolbar=(Toolbar) findViewById(R.id.toolbar);
            setSupportActionBar(toolbar);
        }
        @Override
        public boolean onCreateOptionsMenu(Menu menu) {
            getMenuInflater().inflate(R.menu.menu_main, menu);
            return true;
        }
        @Override
        public boolean onOptionsItemSelected(MenuItem item) {
            int id=item.getItemId();
            if(id==R.id.action_settings) {
                return true;
            }
            return super.onOptionsItemSelected(item);
        }
    }
```

7.3.4 "详细分类"模块的数据组织与界面设计

"详细分类"模块是本项目的第二个模块,当在"食材分类"界面中选定了一个食品大类(如肉类、主食或汤类等)后,界面将切换至本模块,详细显示所选食品大类的详细分类。由于"详细分类"模块将某一食品大类细分为若干子类,每个子类又包含若干具体的美食名称,因此采用扩展列表组件来展示"详细分类"模块的界面是一个理想的选择。

1. 关于"详细分类"模块中数据的组织

"详细分类"模块中所展示的数据来自服务器,服务器根据手机客户端发来的食材分类号从数据库中查询详细的分类信息。由于分类信息比较复杂,因此采用一个合理的数据组织形式就比较重要了。

V97 详细分类–
数据组织

由于 6 个食材大类在同一个模块中统一处理,因此尽管食材完全不同,但是食材详细分类所使用的数据组织结构是完全相同的,这样才能按照统一标准显示各种食材的详细分类信息。

这里以"肉类"为例,说明食材详细分类数据的组织方式。根据生活经验可知,"肉类"食品又可以细分为"猪肉""牛肉""羊肉""鸡肉"等一系列子类,而每一个子类下又有无数美味菜肴,如"猪肉"子类下有"红烧肉""回锅肉""米粉肉"等。这些分类数据的表现形式如表 7-2 所示。

表 7-2　食材详细分类举例

食材类别（type）	菜品分类（d_class）	菜品（dishes）
肉类	猪肉	红烧肉
		回锅肉
		……
	牛肉	酱牛肉
		干煸牛肉
		……
	羊肉	红焖羊肉
		葱爆羊肉
		……
	……	……

以上是对"肉类"食材详细分类的一个实例。如果将其中的"食材类别"列中的内容替换成"主食","菜品分类"列中的内容替换成"米饭""面食",而"菜品"列中的内容替换成"炒饭""包子""面条"等,就可以很容易地得到另外一个食材类的详细分类数据。

这种分类方式特别适合使用 JSON 语法在代码中进行表达。因此本项目的服务器端将查询到的食材详细分类数据直接打包成 JSON 数据传给手机客户端,再由手机客户端对 JSON 数据进行解析后用扩展列表显示出来。

服务器发往客户端的数据格式如图 7-10 所示。

{"type":"肉类","items":[{"d_class":"猪肉","dishes":["红烧肉","回锅肉","小炒肉","青椒肉丝"]},{"d_class":"牛肉","dishes":["酱牛肉","红烧牛尾","铁板牛肉","干煸牛肉"]},{"d_class":"羊肉","dishes":["红焖羊肉","葱爆羊肉","手扒羊肉"]},{"d_class":"鸡肉","dishes":["宫保鸡丁","辣子鸡丁","酱爆鸡丁","咖喱鸡块","黄焖鸡"]}]}

图 7-10　服务器发往客户端的数据格式

图 7-10 展示的是当客户端向服务器查询食材编号为 1（1 代表"肉类"）的食材详细分类信息时,服务器向客户端回应的数据。此处客户端是浏览器,如果手机端发出同样的请求,也可得到同样格式的数据。关于 JSON 后面会有详细介绍,此处不再赘述。

2. 创建"详细分类"布局（app\src\main\res\layout\activity_second.xml）

"详细分类"界面由一个文本视图组件和一个扩展视图组件组成。参考代码 C16。

V98 详细分类-布局创建

C16 "详细分类"布局代码

3. 创建"详细分类"内容页布局（app\src\main\res\layout\content_second.xml）

由上可见,"详细分类"界面中的内容页布局文件名为 content_second.xml。这个布局根元素是 LinearLayout,其中包含一个文本视图组件和一个扩展列表组件。参考代码 C17。

4. 创建列表项布局（app\src\main\res\layout\group.xml）

分组列表项布局根元素是 LinearLayout,其中包含文本视图。参考代码 C18。

C17 "详细分类"内容页布局代码

C18 列表项布局代码

5．创建子列表项布局（app\src\main\res\layout\child.xml）

该布局的根元素为 LinearLayout，其中包含一个文本视图。参考
代码 C19。

C19 子列表项
布局代码

7.3.5 实现"详细分类"模块的功能

1．定义子列表项数据的模型类（app\src\main\java\school\mobiledelicacy\ChildInfo.java）

为子列表项定义一个用于封装子列表项数据的类。参考代码如下。

```
public class ChildInfo {
    private String name;
    public ChildInfo(String name){
        this.name=name;
    }
    public String getName(){
        return name;
    }
}
```

V99 详细分类–
数据模型类

2．定义分组数据的模型类（app\src\main\java\school\mobiledelicacy\GroupInfo.java）

该类用于封装一个分组及其子列表数据。参考代码如下。

```
import java.util.ArrayList;
public class GroupInfo {
    private String name;
    private ArrayList <ChildInfo> childList=new ArrayList<ChildInfo>();
    public GroupInfo(String name){
        this.name=name;
    }
    public void add(ChildInfo childinf){
        childList.add(childinf);
    }
    public String getName(){
        return name;
    }
    public ArrayList getList(){
        return childList;
    }
    public ChildInfo get(int position){
        return childList.get(position);
    }
}
```

3．自定义适配器（app\src\main\java\school\mobiledelicacy\MyExpandableListAdapter.java）

该类是"详细分类"扩展列表的适配器类，它继承自 BaseExpandableListAdapter，覆盖
getChildView()方法，用于给子列表项提供视图。参考代码如下。

```
public class MyExpandableListAdapter extends BaseExpandableListAdapter {
    private Context context;
    private List<GroupInfo> groupList;
    public MyExpandableListAdapter(Context context, List<GroupInfo>groupList){
```

V100 详细分类–
自定义适配器

```java
            this.context=context;
            this.groupList=groupList;
    }
    @Override
    public Object getChild(int groupPosition, int childPosition) {
        return groupList.get(groupPosition).get(childPosition);
    }
    @Override
    public long getChildId(int arg0, int arg1) {
        return 0;
    }
    @Override
    public View getChildView(int groupPosition, int childPosition,
            boolean isLastChild, View view, ViewGroup parent) {
        ChildInfo childInfo=(ChildInfo)getChild(groupPosition,childPosition);
        if(view==null){
            LayoutInflater infalInflater=(LayoutInflater)
                    context.getSystemService(Context.LAYOUT_INFLATER_SERVICE);
            view=infalInflater.inflate(R.layout.child, null);
        }
        TextView childItem=(TextView)view.findViewById(R.id.childItem);
        childItem.setText(childInfo.getName().trim());
        return view;
    }
    @Override
    public int getChildrenCount(int groupPosition) {
        return groupList.get(groupPosition).getList().size();
    }
    @Override
    public Object getGroup(int groupPostion) {
        return groupList.get(groupPostion);
    }
    @Override
    public int getGroupCount() {
        return groupList.size();
    }
    @Override
    public long getGroupId(int arg0) {
        return 0;
    }
    @Override
    public View getGroupView(int groupPosition, boolean isLastChild,
            View view, ViewGroup parent) {
        GroupInfo groupInfo=(GroupInfo)getGroup(groupPosition);
        if(view==null){
            LayoutInflater inf=(LayoutInflater)
                    context.getSystemService(Context.LAYOUT_INFLATER_SERVICE);
            view=inf.inflate(R.layout.group, null);
        }
        TextView group=(TextView)view.findViewById(R.id.group);
        group.setText(groupInfo.getName().trim());
```

```
            return view;
        }
        @Override
        public boolean hasStableIds() {
            return false;
        }
        @Override
        public boolean isChildSelectable(int arg0, int arg1) {
            return true;
        }
    }
```

上述代码中用到的 groupList 是一个动态数组，它是由显示扩展列表所需的分组列表项数据和子列表项数据填充而成。采用动态数组的原因显而易见，扩展列表中的分组数和每个分组中的子表项数都是不确定的，完全取决于服务器端的数据库内容。

V101 详细分类-
功能实现

4. 实现"详细分类"功能（app\src\main\java\school\mobiledelicacy\SecondActivity.java）

本模块用到的主要变量的名称、类型及作用如表 7-3 所示。

表 7-3 "详细分类"模块中的主要变量

编号	变量名称	变量类型	说明
1	groupList	ArrayList<GroupInfo>	扩展列表数据
2	code_str	String	食材分类代码，界面切换时由 Intent 从"食材分类"模块传递过来
3	jobj	JSONObject	从服务器传来的 JSON 数据
4	menu_list	JSONArray	从 jobj 中解析出的详细分类数据，对应于图 7-11 中的 items 数据，是一个 JSON 数组，数组中的每一个元素是一个 JSON 数据，代表了一个具体的子类
5	itemobj	JSONObject	从 menu_list 中获取的一个 JSON 数据，对应于图 7-11 中的一个 items 数据，代表了一个具体的子类
6	items_list;	JSONArray	从 itemobj 中获取的美食数据，对应于图 7-11 中的 dishes 数据，是一个 JSON 数组，数组中的每一个元素是一道美食的名称
7	groupinf[]	GroupInfo	数组，每一个数组元素存放一个扩展列表的列表项信息，如"猪肉""牛肉""羊肉"等，数组的容量取决于列表项数，即食材的子类数
8	childinf[][]	ChildInfo	数组，每一个数组元素存放扩展列表中某个列表项下的一个子表项数据，也就是一道具体的美食名称。由于既涉及列表项，又涉及表项，因此必须是一个二维数组。注意，childinf[][]与 groupinf[]之间存在对应关系。例如，如果 groupinf[0]是"猪肉"，那么，childinf[0][i]就应该是以猪肉为食材的美食，如"红烧肉"之类；同理，如果 groupinf[1]是牛肉，那么，childinf[1][i]就应该是以牛肉为食材的美食，如"干煸牛肉"之类

参考代码如下。

```
public class SecondActivity extends AppCompatActivity {
    List<GroupInfo> groupList=new ArrayList<GroupInfo>();
    String code_str;
    JSONObject jobj, itemobj;
    JSONArray menu_list, items_list;
    GroupInfo groupinf[];
    ChildInfo childinf[][];
    private Toast mToast;
    private String rcv_msg;
    private TextView text_v;
```

227

```java
    ReceiveThread rcv_t;
    @Override
    protected void onCreate(Bundle savedInstanceState) {
        super.onCreate(savedInstanceState);
        setContentView(R.layout.activity_second);
        text_v=(TextView)findViewById(R.id.tc);
        Intent intent=this.getIntent();
        code_str=intent.getStringExtra("code");
        rcv_t=new ReceiveThread(code_str);
        rcv_t.start();
        try {
            rcv_t.join();
        } catch (InterruptedException e1) {
            e1.printStackTrace();
        }
        Toolbar toolbar=(Toolbar) findViewById(R.id.toolbar);
        setSupportActionBar(toolbar);
    }
    private void showTip(String str){
        if(!TextUtils.isEmpty(str)){
            mToast=Toast.makeText(getApplicationContext(), str, Toast.LENGTH_LONG);
            mToast.show();
        }
        return;
    }
    private String dish_query(String d_code){
        String urlStr="http://192.168.1.101:8080/smp1/QM?";
        String queryString="location=" + d_code;
        urlStr+=queryString;
        try{
            URL url=new URL(urlStr);
            HttpURLConnection conn=(HttpURLConnection)url.openConnection();
            if(conn.getResponseCode()==HttpURLConnection.HTTP_OK){
                InputStream in=conn.getInputStream();
                byte[]  b=new byte[1024];
                in.read(b);
                String msg=new String(b);
                in.close();
                conn.disconnect();
                return msg;
            }
        } catch (Exception e){
            showTip(e.getMessage());
        }
        return "String is null!!!";
    }
    Handler mHandler=new Handler() {
        @Override
        public void handleMessage(Message msg) {
            super.handleMessage(msg);
            switch (msg.what) {
                case 0:
```

```java
                String data=(String)msg.obj;
                try {
                    jobj=new JSONObject(data);
                    menu_list=jobj.getJSONArray("items");
                    groupinf=new GroupInfo[menu_list.length()];
                    childinf=new ChildInfo[menu_list.length()][];
                    for(int i=0; i<menu_list.length(); i++){
                        itemobj=new JSONObject(menu_list.get(i).toString());
                        items_list=itemobj.getJSONArray("dishes");
                        groupinf[i]=new GroupInfo(itemobj.getString("d_class"));
                        childinf[i]=new ChildInfo[items_list.length()];
                        for (int j=0; j<items_list.length(); j++){
                            childinf[i][j]=new ChildInfo(items_list.get(j).toString());
                            groupinf[i].add(childinf[i][j]);
                        }
                        groupList.add(groupinf[i]);
                    }
                    text_v.setText(jobj.getString("type"));
                } catch (JSONException e) {
                    e.printStackTrace();
                }
                ExpandableListView myList=(ExpandableListView)findViewById(
                        R.id.expandableListView1);
                MyExpandableListAdapter listAdapter=
                        new MyExpandableListAdapter(SecondActivity.this, groupList);
                myList.setAdapter(listAdapter);
                myList.setOnChildClickListener(new
                    ExpandableListView.OnChildClickListener(){
                    @Override
                    public boolean onChildClick(ExpandableListView parent,
                            View v, int groupPosition,
                            int childPosition, long id) {
                        String dish_class=childinf[groupPosition][childPosition].getName();
                        Intent intent=new Intent(SecondActivity.this, ThirdActivity.class);
                        rcv_t=new ReceiveThread(dish_class);
                        rcv_t.start();
                        try {
                            rcv_t.join();
                        } catch (InterruptedException e1) {
                            e1.printStackTrace();
                        }
                        intent.putExtra("d_class", dish_class);
                        intent.putExtra("code", rcv_msg);
                        startActivity(intent);
                        return false;
                    } });
                break;
            default:
                break;
            }
        }
    };
```

```
class ReceiveThread extends Thread{
    String code;
    ReceiveThread(String code_str){
        code=code_str;
    }
    public void run(){
        rcv_msg=dish_query(code);
        Message msg=new Message();
        msg.what=0;
        msg.obj=rcv_msg;
        mHandler.sendMessage(msg);
    }
}
```

　　由于需要填充的详细分类和美食制作说明数据来源于服务器，因此需要启动网络通信线程读取服务器数据。

　　启动通信线程后，能够很快得到服务器回应的数据。服务器回应的数据是一个 JSON 数据包，需要对数据包进行解析，提取出分类组信息和每组的子数据信息，并将这些信息填入 groupList 提供给扩展列表的适配器。

　　本项目中 JSON 数据包的结构如图 7-11 所示。

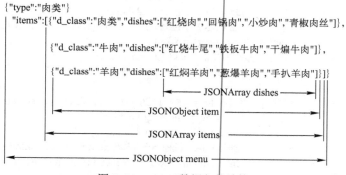

图 7-11　JSON 数据包的结构

　　这个 JSON 数据包看似比较复杂，其实它只是食材详细分类（见表 7-2）的另一种表现形式，只是更适合在代码中使用。

　　JSON 数据包解析的任务就是要把 JSON 数据包中的子类名称、对应的菜品名称全部提取出来，填入 groupList 数组供扩展列表适配器使用。

7.3.6　实现"制作方法"模块

　　"制作方法"模块是本项目的第三个模块，当在"详细分类"界面中选定了一个美食名称（如红烧肉、扬州炒饭或酸辣汤等）后，界面将切换至本模块，详细显示所选美食的制作方法。在本模块中，选择的美食名称和美食的制作方法说明被分别放在两个文本视图组件中。

　　1. 创建"制作方法"布局（app\src\main\res\layout\activity_third.xml）
　　参考代码 C20。

V102 实现"制作方法"模块

C20 "制作方法"布局代码

2. 创建"制作方法"内容页布局（**app\src\main\res\layout\content_third.xml**）

在 activity_third.xml 文件的 include 标签中用到了 content_third.xml 布局，这个布局中使用了两个文本视图组件。参考代码 C21。

C21 "制作方法"内容页布局

3. 实现"制作方法"模块的功能（**app\src\main\java\school\mobiledelicacy\ ThirdActivity.java**）

在"详细分类"模块中，用户单击了扩展列表中的某一个具体的美食名称，"详细分类"模块会以美食名称为请求参数，向服务器发起查询请求，服务器根据收到的美食名称查询数据库，得到该美食的制作方法，然后将制作方法发给"详细分类"模块。"详细分类"模块收到制作方法后，通过 Intent 启动"制作方法"模块，并将美食名称和制作方法传递给"制作方法"模块。"制作方法"模块启动后，将美食名称和制作方法显示在两个文本视图组件中。

参考代码如下。

```java
public class ThirdActivity extends AppCompatActivity {
    TextView text_t, text_c;
    @Override
    protected void onCreate(Bundle savedInstanceState) {
        super.onCreate(savedInstanceState);
        setContentView(R.layout.activity_third);
        Intent intent=this.getIntent();
        String dish_class=intent.getStringExtra("d_class");
        String code_str=intent.getStringExtra("code");
        text_t=(TextView)findViewById(R.id.tt);
        text_c=(TextView)findViewById(R.id.tc);
        text_c.setMovementMethod(ScrollingMovementMethod.getInstance());
        text_t.setText(dish_class);
        text_c.setText(code_str);
        Toolbar toolbar=(Toolbar) findViewById(R.id.toolbar);
        setSupportActionBar(toolbar);
    }
}
```

7.3.7 实现服务器功能

"美食汇"项目的系统结构如图 7-12 所示。

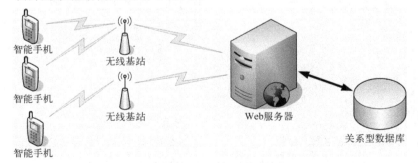

图 7-12 "美食汇"项目系统结构

"美食汇"项目采用 C/S（Client/Server，客户端/服务器端）结构，智能手机充当客户端，通过无线网络访问 Web 服务器，查询食材分类及制作方法等信息；服务器端采用 Tomcat 服务器，通过 Servlet 响应客户端查询请求，采用 JDBC 访问 Microsoft Access 关系型数据库。

1．关于数据库

"美食汇"项目采用 Microsoft Access 数据库管理系统，用来存储食材详细分类信息和美食制作方法信息。

V103 数据库结构

1）数据库结构

为了降低数据的冗余度，将食材数据分为三个数据表来存储，各个数据表的结构分别如表 7-4～表 7-6 所示。

表 7-4　食材种类数据表结构（tab_type）

编号	字段名称	数据类型	说明
1	ID	自动编号	系统自动生成
2	idt	短文本	种类编号
3	type	短文本	种类名称

表 7-5　食材详细类别数据表结构（tab_class）

编号	字段名称	数据类型	说明
1	ID	自动编号	系统自动生成
2	idt	短文本	种类编号
3	idc	短文本	详细类别编号
4	class	短文本	详细类别名称

表 7-6　美食数据表结构（tab_menu）

编号	字段名称	数据类型	说明
1	ID	自动编号	系统自动生成
2	Idc	短文本	详细类别编号
3	idm	短文本	美食编号
4	menu	短文本	美食名称
5	cooking	长文本	美食制作方法

食材种类数据表的名称为 tab_type，其中的部分数据如图 7-13 所示。

食材详细类别数据表的名称为 tab_class，其中的部分数据如图 7-14 所示。

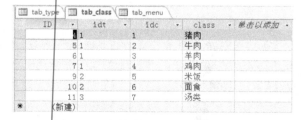

图 7-13　食材种类数据表部分数据　　　　图 7-14　食材详细类别数据表部分数据

美食数据表的名称为 tab_menu，其中的部分数据如图 7-15 所示。

2）查询数据

当客户端从"食材分类"界面切换到"详细分类"界面时，需要列出所选食材种类的详细分类。假设从"食材分类"模块中确定的种类编码是"1"

V104 数据库查询

232

（肉类），则“详细分类”模块将以该编码作为请求参数向服务器发出查询请求。

服务器将会用到以下 SQL 语句进行数据库查询。

```
SELECT tab_type.idt, tab_type.type, tab_class.idc, tab_class.class FROM tab_class INNER JOIN tab_type ON tab_type.idt=tab_class.idt WHERE tab_type.idt='1';
```

在本项目的数据库上执行该 SQL 语句后，会得到如图 7-16 所示的查询结构。

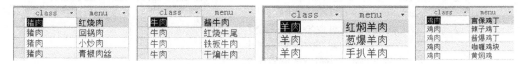

tab_type | tab_class | tab_menu

ID	idc	idm	menu	cooking	单击以添加
5	1	1	红烧肉	材料：	
6	1	2	回锅肉	主料：连皮五	
7	1	3	小炒肉		
8	1	4	青椒肉丝		
9	2	5	酱牛肉		
10	2	6	红烧牛尾		
11	2	7	铁板牛肉		
12	2	8	干煸牛肉		

图 7-15　美食数据表部分数据

idt	type	idc	class
1	肉类	1	猪肉
1	肉类	2	牛肉
1	肉类	3	羊肉
1	肉类	4	鸡肉

图 7-16　SQL 语句查询结果（1）

然而，仅有以上查询结果是不够的，在“详细分类”模块中还需要显示出每个子类下的具体美食名称，因此还需要执行以下 SQL 语句。

```
SELECT tab_class.class,tab_menu.menu FROM (tab_class INNER JOIN tab_menu ON tab_class.idc=tab_menu.idc) WHERE tab_menu.idc='1';
SELECT tab_class.class,tab_menu.menu FROM (tab_class INNER JOIN tab_menu ON tab_class.idc=tab_menu.idc) WHERE tab_menu.idc='2';
SELECT tab_class.class,tab_menu.menu FROM (tab_class INNER JOIN tab_menu ON tab_class.idc=tab_menu.idc) WHERE tab_menu.idc='3';
SELECT tab_class.class,tab_menu.menu FROM (tab_class INNER JOIN tab_menu ON tab_class.idc=tab_menu.idc) WHERE tab_menu.idc='4';
```

将得到如图 7-17 所示的查询结果。

class	menu
猪肉	红烧肉
猪肉	回锅肉
猪肉	小炒肉
猪肉	青椒肉丝

class	menu
牛肉	酱牛肉
牛肉	红烧牛尾
牛肉	铁板牛肉
牛肉	干煸牛肉

class	menu
羊肉	红焖羊肉
羊肉	葱爆羊肉
羊肉	手扒羊肉

class	menu
鸡肉	宫保鸡丁
鸡肉	辣子鸡丁
鸡肉	酱爆鸡丁
鸡肉	咖喱鸡块
鸡肉	黄焖鸡

图 7-17　SQL 语句查询结果（2）

将查询结果（1）和查询结果（2）中的数据记录提取出来，打包成 JSON 数据包，通过服务器发送给手机客户端，就可以显示出“详细分类”中的扩展列表。

在客户端“详细分类”模块中，如果单击某一食材子类下的美食名称（假设为“回锅肉”），模块将以该美食名称作为请求参数向服务器发出查询请求，服务器将会用到以下 SQL 语句进行数据库查询。

```
SELECT cooking FROM tab_menu WHERE menu='回锅肉';
```

在本项目的数据库上执行该 SQL 语句后，会得到如图 7-18 所示的数据。需要时将查询结果中的记录提取出来发送给客户端即可。

cooking
主料：连皮五花猪肉400克，青蒜2根，青椒1颗，红椒1颗，姜片5片
*

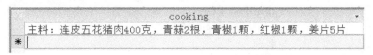

图 7-18　SQL 语句查询结果（3）

2．关于 JSON 数据

数据库中的数据记录提取出来后，在通过服务器发送到客户端之前，需要以 JSON 格式给数据打包。服务器打包与客户端解包的基本过程都是首先通过种类编号（idt）查出有多少个子分类编号（idc），然后针对每一个子分类编号，查出所有对应的美食名称（menu），这些美食名称放在一起组成一个数组 dishes[]，这个数组和对应的子类名称共同构成一个 item。每个子分类编号都会对应一个 item，所有的 item 放在一起组成一个数组 items。数组 items 包含了所有的子类及子类所对应的全部美食名称。Items 数组和食材种类的名称组合在一起就构成了最终的 JSON 数据包 json_menu。

V105 关于 JSON 数据

3．实现服务器端功能（%TOMCAT%\webapps\smp1\src\ QueryMenu.java）

服务器端程序包括获取请求参数、数据库查询、查询结果打包及数据发送几部分。参考代码如下。

V106 服务器端开始

```java
import javax.servlet.*;
import javax.servlet.http.*;
import java.io.*;
import java.util.*;
import java.sql.*;
import net.sf.json.JSONObject;
import net.sf.json.JSONArray;
public class QueryMenu extends HttpServlet {
    private static final String CONTENT_TYPE="text/html; charset=UTF-8";
    private String location;
    private String date;
    private String result;
    StringBuffer buffer=new StringBuffer();
    public void doGet(HttpServletRequest request, HttpServletResponse response) throws
            ServletException, IOException {
        response.setContentType(CONTENT_TYPE);
        location=request.getParameter("location");
        ServletContext context=getServletContext( );
        location=new String(location.getBytes("iso-8859-1"),"UTF-8");
        String idc_array[]={"","","","","","","","",""};
        JSONObject item[];
        JSONArray dishes[];
        try {
            Class.forName("sun.jdbc.odbc.JdbcOdbcDriver");
            Connection db=DriverManager.getConnection("jdbc:odbc:menu_db0","","");
            Statement sta=db.createStatement();
            String sql0="SELECT cooking FROM tab_menu WHERE menu='" +
                    location + "'";
            ResultSet rs0=sta.executeQuery(sql0);
            if(rs0.next()){
                    result=rs0.getString("cooking");
                    if(rs0!=null){
                            rs0.close();
                    }
                    if(sta!=null){
                            sta.close();
                    }
```

```java
                                if(db!=null){
                                        db.close();
                                }
                                PrintWriter out0=response.getWriter();
                                out0.print(result);
                                result="";
                                out0.close();
                                return;
                }
        String sql="SELECT tab_type.type,tab_class.idc,tab_class.class
                FROM (tab_class " +"INNER JOIN tab_type ON tab_type.idt=tab_cla
                ss.idt) " + "WHERE tab_type.idt='" + location +"'";
        ResultSet rs=sta.executeQuery(sql);
        JSONObject json_menu=new JSONObject();
        JSONArray items=new JSONArray();
        int count=0;
        if(rs.next()){
                idc_array[count++]=rs.getString("idc");
                json_menu.put("type", rs.getString("type"));
        }
        while(rs.next()){
                idc_array[count++]=rs.getString("idc");
        }
        item=new JSONObject[count];
        dishes=new JSONArray[count];
        for(int i=0; i<count; i++){
                item[i]=new JSONObject();
                dishes[i]=new JSONArray();
                sql="SELECT tab_class.class,tab_menu.menu FROM (tab_class " +
                        "INNER JOIN tab_menu ON tab_class.idc=tab_menu.idc) " +
                        "WHERE tab_menu.idc='" + idc_array[i] + "'";
                rs=sta.executeQuery(sql);
                        if(rs.next()){
                                item[i].put("d_class", rs.getString("class"));
                                dishes[i].add(rs.getString("menu"));
                        }
                        while (rs.next()){
                                dishes[i].add(rs.getString("menu"));
                        }
                        if(0!=dishes[i].size()){
                                item[i].put("dishes", dishes[i]);
                                items.add(item[i]);
                        }
        }
json_menu.put("items", items);
if(rs!=null){
    rs.close();
}
if(sta!=null){
    sta.close();
}
```

```
                if(db!=null){
                    db.close();
                }
                result=json_menu.toString();
        } catch (Exception e) {   }
        buffer=new StringBuffer();
        PrintWriter out=response.getWriter();
        out.print(result);
        result="";
        out.close();
    }
    public void doPost(HttpServletRequest request,
                HttpServletResponse response) throws ServletException, IOException {
            doGet(request, response);
        }
    }
```

7.4 相关知识与开发技术

7.4.1 基于 Android-J2EE 技术实现的数据通信

"美食汇"项目基于 Android-J2EE 技术，系统采用 C/S 架构。手机作为 HTTP 客户端根据用户输入信息向 HTTP 服务器发出查询服务请求，服务器收到请求后查询数据库，然后将查询到的数据打包发往手机客户端，手机客户端收到服务器回应的数据包后，对数据包进行解析，然后将解析后的结果显示在屏幕上。整个系统架构如图 7-19 所示。

手机端的网络编程有多种方式，可基于 TCP/IP 协议编程，也可基于 HTTP 协议编程。由于本项目中手机是作为 Web 服务器的客户端使用的，因此此处仅关注 Android HTTP 客户端的编程方法。

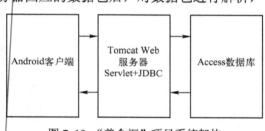

图 7-19 "美食汇"项目系统架构

1. 线程通信

Android 平台规定访问网络必须在子线程中进行，也就是说，手机客户端与服务器之间的数据传送必须放在子线程中实现。但是同时它又要求子线程不能访问主线程中的界面组件，这就需要用到 Handler 的消息传递机制，将子线程收到的数据发送给主线程用于更新手机界面。

参考代码如下。

```
private String dish_query(String d_code){
    String urlStr="http://192.168.1.101:8080/smp1/QM?";
    String queryString="location=" + d_code;
    urlStr+=queryString;
    try{
        URL url=new URL(urlStr);
        HttpURLConnection conn=(HttpURLConnection)url.openConnection();
        if(conn.getResponseCode()==HttpURLConnection.HTTP_OK){
            InputStream in=conn.getInputStream();
```

```
            byte[]   b=new byte[1024];
            in.read(b);
            String msg=new String(b);
            in.close();
            conn.disconnect();
            return msg;
        }
    } catch (Exception e){
        showTip(e.getMessage());
    }
    return "String is null!!!";
}
class ReceiveThread extends Thread{
    String code;
    ReceiveThread(String code_str){
        code=code_str;
    }
    public void run(){
        rcv_msg=dish_query(code);
        Message msg=new Message();
        msg.what=0;
        msg.obj=rcv_msg;
        mHandler.sendMessage(msg);
    }
}
```

2．设定网络访问权限（app\src\main\AndroidManifest.xml）

在 Android 平台上开发网络应用程序还需要在 AndroidManifest.xml 文件中设置网络相关权限。参考代码 C22。

以上设置表示该应用程序获得了访问互联网、网络状态和 WiFi 状态的权限。如果不设置网络访问权限，那么应用程序在遇到网络通信操作时就会报错。

C22 项目七配置
清单代码

7.4.2　Java Web 服务器编程技术

1．JDBC 与数据库访问

基于 Web 的数据库应用采用三层客户/服务器模式。第一层为客户端（可以是浏览器，也可以是手机），第二层为 Web 服务器，第三层为数据库服务器，如图 7-20 所示。

图 7-20　基于 Web 的数据库应用模式

浏览器或手机端屏幕均可作为与用户交互的介质，用于接收用户输入的数据，向用户显示结果等。用户将数据提交并发送到 Web 服务器，Web 服务器应用程序接受并处理用户的数据，通过数据库服务器从数据库中查询需要的数据送到 Web 服务器，Web 服务器把返回的结果传送到客户端并显示出来。

应用程序向数据库服务器请求服务时，首先必须和数据库建立连接。不同的厂家开发的产品有较大差异。微软公司开发的一套数据库系统应用程序接口规范支持应用程序以标准的 ODBC 函数和 SQL 语句操作各种不同类型的数据库。ODBC 驱动程序负责将应用程序发来的标准 SQL 语句转换为数据库相关的指令并传送给各种数据库驱动程序处理，再将处理结果送回应用程序。

为了支持 Java 程序的数据库操作功能，Java 语言采用了专门的数据库编程接口 JDBC。JDBC 支持基本 SQL 语句，为不同数据库提供统一的操作界面。JDBC 的工作原理如图 7-21 所示。

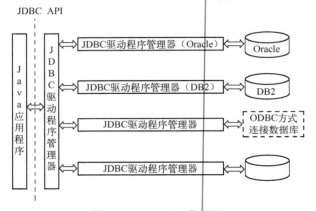

图 7-21　JDBC 工作原理

JDBC 驱动程序管理器的作用是根据目标数据库的种类选择相应的 JDBC 驱动程序。JDBC 起到应用程序与不同种类数据库间连接桥梁的作用。以下是常用的 JDBC 类与其对应的常用方法。

（1）java.sql.DriverManager 类

该类负责管理 JDBC 驱动程序，它的常用方法如表 7-7 所示。

表 7-7　java.sql.DriverManager 类常用方法

编号	方法名称	说明
1	Class.forName(String driver)	加载注册驱动程序
2	Static Connection getConnection(String url, String user, String password) throws SQLException	取得数据库的连接
3	Static Driver getDriver(String url) throws SQLException	在已经注册的驱动程序中寻找一个能够打开 url 所指定的数据库的驱动程序

（2）Connection 类

该类负责维护 Java 数据库程序和数据库之间的连接，它的常用方法如表 7-8 所示。

表 7-8　Connection 类常用方法

编号	方法名称	说明
1	Statement createStatement(int resultSetType, int resultSetConcurrency) throws SQLException	建立 Statement 类对象
2	DatabaseMetaData getMetaData() throws SQLException	获取 DatabaseMetaData 类对象
3	PreparedStatement prepareStatement(String sql) throws SQLException	建立 PreparedStatement 类对象

（3）Statement 类。

通过 Statement 类所提供的方法，可以利用标准的 SQL 命令，对数据库直接进行增、删、改操作。

（4）ResultSet 类。

该类负责存储查询数据库的结果并提供一系列方法对数据库进行增、删、改操作。它还负责维护一个记录指针，记录指针指向数据表中的某个记录，通过适当移动记录指针，可以随心所欲地存取数据库。

JDBC 编程的基本步骤如下。

1）加载驱动程序。使用 Class.forName()方法加载驱动程序类到内存中，如"Class. forName ("oracle.jdbc.driver.OracleDriver");"。

2）建立数据库连接。使用 DriverManager 类的静态方法 getConnection()建立数据库连接。该方法使用 URL 字符串作为参数，在连接过程中会用到前面已经加载的驱动程序类。

3）提交数据库查询。建立连接后，使用返回的 Connection 对象的 createStatement()方法获取 Statement 对象，就可以进行 SQL 操作了。

4）取得查询结果。executeQuery()方法的返回值类型 ResultSet 是 JDBC 编程中最常使用的数据结构，它以零到多条记录的形式包含查询结果，可以通过隐含的游标（指针）来定位数据。 ResultSet 接口提供的 get×××()方法用于从当前记录中获取指定列的信息，可以通过指定列索引号或列名两种方式指定要读取的列。

2．Java HTTP 服务器的安装与配置

（1）下载相关软件

首先下载两个软件：JDK 和 Tomcat。以 JDK 1.5 为例，其下载地址是https://www.oracle.com/technetwork/java/javaee/downloads/index.html。以 Tomcat 5.0 为例，其下载地址是http://tomcat.apache.org。

（2）安装配置软件

首先，参考本书第 1 章内容，安装并配置 JDK。

然后，按照以下步骤安装、配置 Tomcat。

安装 Tomcat 时可以选择免安装版，这种情况下直接在指定文件夹下将下载的压缩包解压缩即可。现假设其安装路径为 F:\WorkProgram\Tomcat 5.0，可参考以下步骤配置环境变量。

① 新建系统变量。右键单击"我的电脑"图标（或"计算机"图标），在弹出的快捷菜单中选择"属性"命令，打开"系统"窗口，选择其中的"高级系统设置"，在弹出的"系统属性"对话框中选择"高级"选项卡，然后单击"环境变量"按钮，在"环境变量"对话框中单击"新建"按钮，在弹出的"新建系统变量"对话框中，将变量名设置为"CATALINA_HOME"，将变量值设置为 Tomcat 的安装目录，如"F:\WorkProgram\Tomcat 5.0"。

② 编辑 CLASSPATH 变量。在"环境变量"对话框中选择"CLASSPATH"变量，单击"编辑"按钮，在弹出的"编辑系统变量"对话框中，在变量值的最后添加";%CATALINA_HOME%\common\lib"。

③ 编辑 PATH 变量。在"环境变量"对话框中选择"PATH"变量，单击"编辑"按钮，在弹出的"编辑系统变量"对话框中，在变量值的最后添加";%CATALINA_HOME%\bin"。

④ 关闭配置对话框。依次单击"环境变量"和"系统属性"对话框中的"确定"按钮，关闭这两个对话框。

⑤ 验证环境变量配置的正确性。双击 Tomcat 文件夹下的 startup.bat 文件，运行 Tomcat，打开浏览器，在地址栏中输入"http://localhost:8080"后按〈Enter〉键，如果能打开 Tomcat 网页，说明安装和配置正确，如图 7-22 所示。

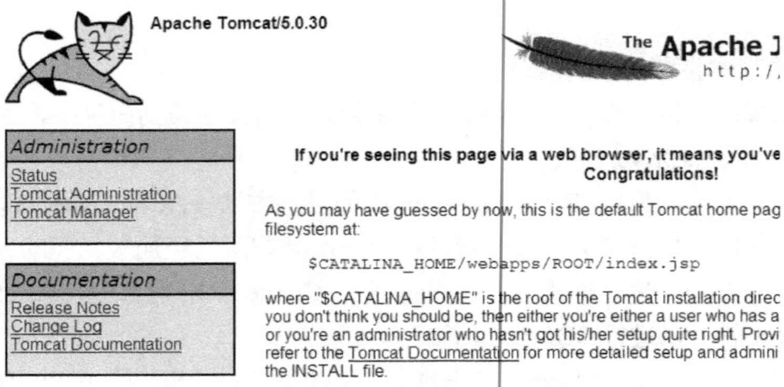

Apache Tomcat/5.0.30

The Apache J
http:/.

Administration

Status
Tomcat Administration
Tomcat Manager

Documentation

Release Notes
Change Log
Tomcat Documentation

If you're seeing this page via a web browser, it means you've
Congratulations!

As you may have guessed by now, this is the default Tomcat home pag
filesystem at:

$CATALINA_HOME/webapps/ROOT/index.jsp

where "$CATALINA_HOME" is the root of the Tomcat installation direc
you don't think you should be, then either you're either a user who has a
or you're an administrator who hasn't got his/her setup quite right. Provi
refer to the Tomcat Documentation for more detailed setup and admini
the INSTALL file.

图 7-22　Tomcat 网页

3．Java Web 服务器编程原理

通过浏览器上网的过程，实际上就是浏览器通过 HTTP 和 Web 服务器进行交互的过程。网络资源存在于服务器端，客户端发出请求，服务器端对请求做出响应，将用户请求的资源发送到客户端。现在用户所访问的网络资源不仅仅局限于服务器硬盘上的静态网页，更多的应用需要根据用户的请求动态生成页面信息。例如，可能需要查询数据库，根据一定的规则进行统计计算，生成报表页面发往请求者的浏览器端。这样的增强功能，就需要服务器端的软件来实现了。

实现上述功能有以下两种方法。

方法一：遵循 HTTP 实现一个服务器端软件。这种方法较为复杂，且不能适应应用的变化。就像一个人要销售计算机，先给自己盖一栋计算机销售大厦，这无论是从资金还是复杂度来说，都是一般人做不到的。

方法二：已经实现 HTTP 的 Web 服务器端软件预留了扩展接口，用户只须遵循一定的规则即可提供相应的扩展功能。这种方式的好处是不需要对 HTTP 有过多的了解，HTTP 的实现由 Web 服务器完成，用户只须根据应用需求开发相应模块。在用户看来，Web 服务器端就是一个整体，是 Web 服务器在为他提供服务。这种方式就像一个人想销售计算机，他可以到电子商厦去租用柜台，租用的柜台其实就是电子商厦预留的扩展商位，他只要遵守电子商厦的运营规则，并提供自己的特色产品，就达到了销售计算机的目的。电子商厦也完成了功能扩展，在顾客看来，电子商厦就是一个整体，是电子商厦在为他服务。这样做最大的好处是简单，不需要大量资金和工程，而且对于电子商厦来说，商品销售的相关流程已经非常成熟，租户不需要成为这方面的专家，只要充分利用好这些流程为顾客服务就行了。

Java 提供了编写扩展功能的技术——Servelet。Servlet 是运行在服务器端的 Java 程序，用于生成动态网页，为 Web 服务器提供动态的交互性。Servlet 的运行需要 Servlet 容器的支持，Servlet 容器是 Web 服务器的一部分。Tomcat 服务器就是一种非常流行的带有 Servlet 容器的 Web 服务器，它能将客户端请求的 URL 传递给 Servlet。每个 Servlet 都需要在 Servlet 容器上注册，表明自己接受哪些请求，做哪些处理。然后，Servlet 容器将会根据这些信息调用和管理 Servlet。

在服务器端，当用户请求到达时，Web 服务器接收该请求并将其转发给专门处理该请求的 Servlet。当 Servlet 返回响应的时候，它将应答返回给 Web 服务器，Web 服务器再将从 Servlet 收到的应答发送给客户端。

Servlet 是一种动态网页技术，利用 Servlet API，程序员可以在静态 HTML 中加入动态内容。这些动态内容中根据用户的请求调用商业逻辑处理，并根据得到的结果动态地生成对用户的响应。

　　基于 HTTP 的 Servlet 需要同时引入 javax.servlet 和 javax.servlet.http。这两个数据包中包含 Servlet API，定义了 Servlet 与 Web 服务器交互的接口。所有的 Servlet 类必须实现 javax.servlet.Servlet 接口。Servlet 接口的方法如表 7-9 所示。

表 7-9　Servlet 接口的方法

编号	方法名称	说明
1	void init(Servlet Request request, ServletResponse response)	初始化方法，完成加载数据库驱动、初始化变量等工作
2	void service(ServletRequest request, ServletResponse response)	有客户端发来请求时调用该方法。容器会传递给该方法一个请求对象和一个响应对象作为参数。通过请求对象可以获取客户端信息，如 IP 地址、HTTP 请求类型等。通过响应对象完成 Servlet 对客户端的回应。先调用 getOutputStream()方法取得向客户端的输出流，然后向客户端发送数据
3	void destroy()	在 Servlet 实例消失之前调用该方法，利用该方法释放占用的资源
4	ServletConfig getServletConfig()	该方法返回初始化参数和 Servlet 环境信息
5	java.lang.String getServletInfo()	获取 Servlet 的信息，如作者、版本等

　　对于继承自 HttpServlet 的 Servlet 来说，父类 HttpServlet 已经实现了以上 5 个方法，而且其中的 service()方法是通过调用 doGet()方法或 doPost()方法（统称调用 do 方法）实现的。所以 Servlet 对象不必重写父类的 service()方法，只需要重写相应的 do 方法即可。具体应该重写 doGet() 还是 doPost()，是由浏览器发来的 HTTP 请求方法决定的。HTTP 请求方法主要有两种，一种是 GET 方法，另一种是 POST 方法。GET 方法比较常用，但浏览器能向服务器发送的信息量比较少；POST 方法比较安全，且允许浏览器向服务器发送的信息量比较大。当浏览器使用 GET 请求方法时，Servlet 应重写 doGET()；当浏览器使用 Post 请求方法时，Servlet 应重写 doPost()。

　　由此可见，在 Servlet 子类中，程序员要做的事情就是根据业务需求重写 do 方法，将解决实际问题的逻辑在 do 方法中实现。

　　以下是 do 方法的原型。

```
public void doGet(HttpServletRequest req, HttpServletResponse resp)
public void doPost(HttpServletRequest req, HttpServletResponse resp)
```

　　doGet()方法和 doPost()方法的参数相同。其中，HttpServletRequest 参数表示浏览器请求，可以通过这个类获取浏览器发送到服务器的任何信息，包括请求命令、请求参数等。HttpServletResponse 参数表示服务器应答，可以通过这个类获取输出通道，设置字符编码，将处理结果发送给客户端。

　　写好了 Servlet 代码之后，还要完成正确的编译和部署才能通过客户端对其进行访问。下面通过一个简单的例子说明 Servlet 编写的完整过程。

　　例如，编写一个 Servlet 类，向客户端输出字符串"Hello World"，步骤如下。

　　1）编写 SimpleHello.java 文件。

　　编写 Servlet，实际上就是编写一个实现了 javax.servlet.Servlet 接口的类。Servlet API 中提供了支持 HTTP 的 javax.servlet.http.HttpServlet 类，只要从 HttpServlet 类中派生一个子类，在子类中完成相应的功能就可以了。

　　将 Tomcat 服务器软件的安装目录记为%CATALINA_HOME%。那么首先在%CATALINA_

HOME%\webapps 目录下新建一个子目录 smp1,然后用文本编辑器编写 SimpleHello.java 源文件,将编好的 SimpleHello.java 源文件放到%CATALINA_HOME%\webapps\smp1\src 目录下。完整的源代码如下。

```
import javax.servlet.ServletException;
import java.io.*;
import javax.servlet.http.*;
public class SimpleHello extends HttpServlet{
    public void doGet(HttpServletRequest req,
        HttpServletResponse resp) throws ServletException, IOException {
            PrintWriter out=resp.getWriter();
        out.println("Hello World");
        out.close();
        }
}
```

2)编译 SimpleHello.java 文件。

如图 7-23 所示,打开命令行窗口,转到 SimpleHello.java 所在的目录%CATALINA_HOME%\webapps\smp1\src 下,然后执行"javac SimpleHello.java"命令,生成 SimpleHello.class 文件。

图 7-23 生成 SimpleHello.class 文件

注意,如果 Java 编译器没有找到 javax.servlet 和 java.serlet.http 这两个数据包就会产生错误。其实在 Tomcat 中已经包含 ServletAPI 库了,是以 JAR 文件形式提供的,其完整路径是%CATALINA_HOME%\common\lib\servlet-api.jar,需要通过设置环境变量让 Java 编译器知道 Servlet API 库所在的位置。

因此,在系统的 CLASSPATH 环境变量中添加这个 JAR 文件的路径就可以了。

环境变量 CLASSPATH 设置如下:C:\Program Files\Apache Software Foundation\Tomcat 5.0\common\lib\servlet-api.jar。

3)部署 Servlet。

一个 Web 应用程序以结构化、有层次的目录形式存在。Web 应用程序的资源文件都要部署在相应的目录层次中。通常将 Web 应用程序的目录放到%CATALINA_HOME%\webapps 目录下。要新建一个 Web 应用程序,可以先在 webapps 目录下建一个目录。本例中所建的目录是 smp1,作为 Web 应用程序的根。

Servlet 规范中定义的 Web 应用程序目录结构如图 7-24 所示。

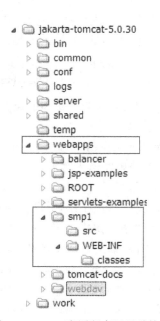

图 7-24 Web 应用程序目录结构

图 7-24 中各目录的作用如下。

● \smp1：Web 应用程序根目录，属于此 Web 应用程序的所有文件都存放在该目录下。

● \smp1\WEB-INF：存放 Web 应用程序的部署描述文件 Web.xml。

● \smp1\WEB-INF\classes：存放 Servlet 和其他有用的类文件。

将编译生成的 SimpleHello.class 文件放到%CATALINA_ HOME%\webapps\smp1\ WEB-INF\ classes 目录下。

接下来，需要部署这个 Servlet。

Web 应用程序的配置和部署是通过 web.xml 文件来完成的。web.xml 被称为 Web 应用程序的部署描述符，其放在%CATALINA_HOME%\webapps\smp1\ WEB-INF 目录下。

在 web.xml 中使用<servlet>和<servlet-mapping>元素来部署 Servlet 参考代码如下。

```
<servlet>
    <servlet-name>helloworld</servlet-name>
    <servlet-class>SimpleHello</servlet-class>
</servlet>
<servlet-mapping>
    <servlet-name>helloworld</servlet-name>
    <url-pattern>/hello</url-pattern>
</servlet-mapping>
```

<servlet>元素用来声明 Servlet，其中<servlet-name>子元素用来指定 Servlet 的名字。Servlet 的名字可以随意指定，只要保证名字的唯一性即可。例如，虽然本例 Servlet 的源代码文件名是 SimpleHello.java，但是 Servlet 名字却指定为 helloworld，所以写成：

```
<servlet-name>helloworld</servlet-name>
```

<servlet-class>子元素用于指定 Servlet 类的完整限定名，也就是编译生成的 class 文件名。如果有包名，还要在 class 文件名前加上包名。本例中没有包名，只有 class 文件名 SimpleHello.class，所以写成：

```
<servlet-class>SimpleHello</servlet-class>
```

<servlet-mapping>元素用于在 Servlet 和 URL 样式之间定义一个映射，也就是指定用什么样的 URL 来访问 Servlet。它的子元素<servlet-name>指定将被访问的 Servlet 名字，这个名字必须和<servlet>元素中的子元素<servlet-name>给出的名字相同，所以写成：

```
<servlet-name>helloworld</servlet-name>
```

<url-pattern>子元素用于指定对应于 Servlet 的 URL 路径，该路径是相对于 Web 应用程序的路径，也就是相对于%CATALINA_HOME%\webapps\smp1 的路径，smp1 是应用程序的根，所以写成：

```
<url-pattern>/hello</url-pattern>
```

其中 hello 是一个与前面指定的 Servlet，也就是 helloworld，相关联的符号，这样今后在浏览器上就要使用 hello 这个符号来访问名为 helloworld 的 Servlet。

经过这样的配置后，就可以通过地址 http://localhost:8080/smp1/hello 来访问 SimpleHello 这个 Servlet 了。这里因为浏览器和服务器在同一台计算机上，所以可以用本机回环地址 localhost。如果浏览器和服务器不在同一台机器上，则需要将 localhost 换成服务器 IP 地址。

4）访问 SimpleHello。

当部署好 Servlet 后，对客户端来说，访问 Servlet 和访问静态页面没有什么区别。

启动 Tomcat 服务器，如图 7-25 所示。

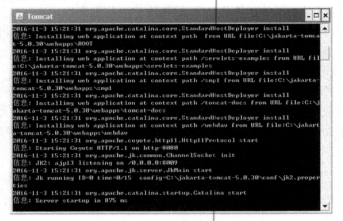

图 7-25　启动 Tomcat 服务器

启动浏览器，并在地址栏中输入"http://localhost:8080/smp1/hello"后按〈Enter〉键，结果如图 7-26 所示。

图 7-26　Servlet 运行结果

7.4.3　Android HTTP 网络编程

Java.net 包里面的类是用于网络编程的，其中 java.net.URL 类和 java.net.URLConection 类使编程者可以方便地利用 URL 在互联网上进行网络通信。HttpURLConnection 是 URLConnection 的子类，是支持 HTTP 特定功能的 URLConnection。

如果知道访问资源的 URL，并且是基于 HTTP 的，那么就可以使用 HttpURLConnection 类。通过 HttpURLConnection 可以发送请求并获得响应。

使用 HttpURLConnection 的步骤是，先实例化一个 URL 对象；然后通过 URL 的 openConnection() 方法建立连接，发送请求并实例化 HttpURLConnection 对象；通过调用 HttpURLConnection 对象的 getResponse() 方法判断是否请求成功；如果成功，则通过调用 HttpURLConnection 对象的 getInputStream() 方法获得输入流，从服务器端读取信息。

这里的关键问题是如何才能将请求参数传递给服务器。这里假设需要一个用户登录功能的服务器程序，名叫 LoginServer，如果在部署时 URL 映射直接设定为 http://localhost:8080/smp1/login，那么这样只是能够访问服务器端的 LoginServer，但是用户名和密码信息并没有能够作为请求参数发送给 LoginServer。

下面看一下通过浏览器如何访问 LoginServer。

首先访问一个静态网页 Login_get.html，静态网页中插入了表单，表单用于收集用户名和密码信息；然后通过浏览器用 GET 请求方法将表单提交给服务器上的 Servlet，Servlet 将请求中的用户名和密码参数提取出来，进行合法性判断；最后将判断结果发回浏览器。

首先访问网页 Login_get.html，在网页中填写用户名和密码信息，如图 7-27 所示。

图 7-27　访问静态网页 Login_get.html

单击"Login"按钮，向服务器发送登录请求，如图 7-28 所示。

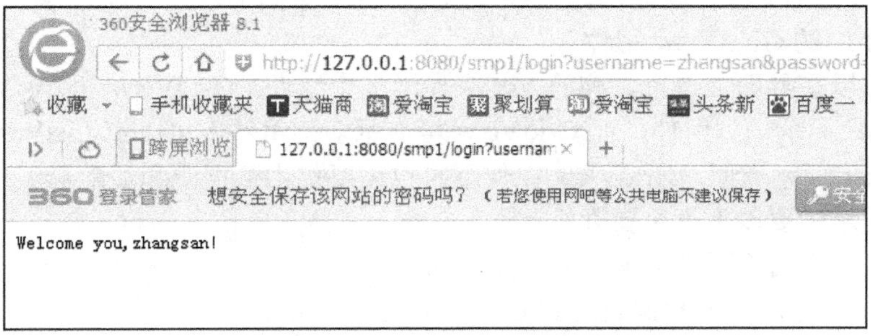

图 7-28　Servlet 返回判断结果

观察浏览器的 URL，发现 URL 的内容并不是http://127.0.0.1:8080/smp1/login，而是 http://127.0.0.1:8080/smp1/login?username=zhangsan&password=123456。实际上，这就是 GET 请求方法传递参数的形式，即浏览器在 URL 地址后以"？"形式带上数据，多个数据之间以"&"分隔。

在手机客户端编程中，也可以模仿这种方法发送 GET 请求。具体代码如图 7-29 所示。

```
private void login(String username, String password){
    String urlStr = "http://10.0.2.2:8080/smp1/login?";
    String queryString = "username=" + username + "&password="+ password;
    urlStr += queryString;

    try {
        URL url = new URL(urlStr);
        HttpURLConnection conn = (HttpURLConnection)url.openConnection();
        if (conn.getResponseCode() == HttpURLConnection.HTTP_OK){
            InputStream in = conn.getInputStream();
            byte[] b = new byte[in.available()];
            in.read(b);
            String msg = new String(b);
            showDialog(msg);
            in.close();
        }
        conn.disconnect();
    } catch (Exception e){
        showDialog(e.getMessage());
    }
}
```

图 7-29　Android 客户端向服务器发送 GET 请求

其中，地址 10.0.2.2 是 Android 访问本地服务器的特定地址，与浏览器访问 127.0.0.1 类似。从代码中可以看到，服务器端 LoginServer 的 URL 地址和请求参数 username、password 通过"？"和"&"拼接在了一起。这是 GET 方法提交请求参数的标准形式。将拼接好的 URL 字符串作为参数生成 URL 对象，然后调用 URL 对象的 openConnection()方法建立连接，同时生成了 HttpURLConnection 对象 conn，通过调用 HttpURLConnection 对象的 getResponseCode()方法，可以检查请求是否成功。如果成功则通过该对象获取服务器到手机客户端的输入通道，手机客户端通过该输入通道读取服务器发送过来的信息。

另外，在 Android HTTP 客户端编程时需要注意以下两点。

1）访问网络不能在主线程中进行，而子线程不能访问主线程中的界面组件，这就要用到 Handler 的消息传递机制。

2）在编写访问网络的应用程序时，要在 AndroidManifest.xml 文件中设置相应的网络访问权限。

7.4.4 Android 中的 GridView 和 ExpandListView 组件

1. Android 中的 GridView 组件

GridView 可以在界面上按行、列的方式来显示多个组件。GridView 和 ListView 有一定的相似性，ListView 只显示一列组件，而 GridView 可显示多列组件，可以说 ListView 是一种特殊的 GridView。与 ListView 类似，GridView 在使用时也需要提供数据源和适配器。

GridView 显示需要以下三个要素。

1）GridView。这是用来展示网格视图的 View。

2）适配器。这是用来把数据映射到 ListView 上的中介。

3）数据。这是具体的将被映射的字符串、图片等。

GridView 的常用 XML 属性如表 7-10 所示。

表 7-10　GridView 常用的 XML 属性

编号	XML 属性	相关方法	说明
1	android:columnWidth	setColumnWidth(int)	指定列的宽度
2	android:gravity	setGravity(int)	指定对齐方式
3	android:horizontalSpacing	setHorizontalSpacing(int)	指定列与列之间的水平间隔
4	android:numColumns	setNumColumns(int)	指定列的数量
5	android:stretchMode	setStretchMode(int)	指定列的拉伸模式
6	android:verticalSpacing	setVerticalSpacing(int)	表示行与行之间的垂直距离

需要注意的是，GridView 的行是随着列表总数和列的数量而自动计算的，列的数量可以是一个正整数，也可以是"-1(auto_fit)"。"-1(auto_fit)"表示列的数量取决于容器的宽度和列宽。

此外，android:stretchMode 属性支持以下几个属性值：NO_STRETCH 表示禁用拉伸；STRETCH_SPACING 表示元素间的空白被拉伸；STRETCH_COLUMN_WIDTH 表示元素本身被等距离拉伸；STRETCH_SPACING_UNIFORM 表示元素本身、元素之间的间距被均匀拉伸。

在"美食汇"项目中，采用 SimpleAdapter 为 GridView 提供数据。

<GridView

```
android:id="@+id/gridview"
android:layout_width="match_parent"
android:layout_height="wrap_content"
android:layout_marginTop="10dp"
android:columnWidth="100dp"
android:stretchMode="spacingWidthUniform"
android:numColumns="2" />
```

上面的布局文件中简单定义了一个 GridView，定义时指定了"android:numColumns="2""，这意味着该网格包含 2 列。而网格的行则由 GridView 对应的 Adapter 决定。例如：

```
public class MainActivity extends AppCompatActivity {
    GridView grid0;
    int[] imageIds=new int[]{
            R.drawable.circle_2, R.drawable.circle_2,
            R.drawable.circle_2, R.drawable.circle_2,
            R.drawable.circle_2, R.drawable.circle_2
    };
    String name[]={"肉类","主食","汤类","蛋奶","甜品","蔬菜"};
    String dish_array[][],class_array[];
    @Override
    protected void onCreate(Bundle savedInstanceState) {
        super.onCreate(savedInstanceState);
        setContentView(R.layout.activity_main);
        List<Map<String, Object>> listitems=new ArrayList<Map<String, Object>>();
        for(int i=0; i<imageIds.length; i++){           //为 GridView 准备数据
            Map<String, Object> listitem=new HashMap<String, Object>();
            listitem.put("image", imageIds[i]);
            listitem.put("text", name[i]);
            listitems.add(listitem);
        }
        SimpleAdapter simpleAdapter=new SimpleAdapter(this,
                listitems,                              //为 GridView 准备好的数据
                R.layout.gridview_item,                 //使用 gridview_item.xml 作为列表项的布局
                new String[]{"image","text"},           //显示的数据在 listitems 中对应元素的 key
                new int[]{R.id.img, R.id.text}          //列表项布局中用于显示数据的组件的 id
                );
        grid0=(GridView) findViewById(R.id.gridview) ;
        grid0.setAdapter(simpleAdapter);
        …
    }
    …
}
```

上述代码中的 SimpleAdapter 保存了一个长度为 6 的 List 集合 listitems。这意味着该 GridView 一共需要显示 6 个组件。从布局可知 GridView 共有 2 列，所以该 GridView 包含 3 行。

listitems 的每一个元素都是一个 Map 映射集合，Map 映射集合中保存了一个图片和一个字符串。listitems 中的每一个元素都要显示在 GridView 中的一个列表项中，也就是说，GridView 的每一个列表项既包含图片，也包含字符串。在上述代码中，SimpleAdapter 创建时指定使用 R.layout.gridview_item 作为列表项布局，因此还要在/res/layout 目录下定义一个 gridview_item.xml

界面布局文件，该布局中须包含 ImageView 组件和 TextView 组件。

单击 GridView 的列表项可以产生单击事件，如果需要处理单击事件，需要添加列表项被单击的事件监听器。添加事件监听器的参考代码如下。

```
grid0.setOnItemClickListener(new AdapterView.OnItemClickListener() {
    @Override
    public void onItemClick(AdapterView<?> parent, View view, int position, long id) {
        …
    });
}
```

2．Android 中的 ExpandListView 组件

ExpandListView 是 ListView 的子类，在普通 ListView 的基础上进行了扩展，所以也被称为扩展列表。扩展列表把应用中的列表项分为几组，每组又可包含多个列表项。

扩展列表的用法与普通 ListView 的用法类似，只是所使用的适配器有所区别。基本的使用步骤仍然是，先使用<ExpandListView>标签进行布局，然后自定义适配器为 ExpandListView 提供数据，最后使用自定义适配器显示 ExpandListView。

在"美食汇"项目中，采用扩展 BaseExpandableListAdapter 实现 ExpandListViewAdapter。在此过程中，关键是实现如表 7-11 所示的方法。

表 7-11　BaseExpandableListAdapter 中需要重写的方法

编号	方法名称	说明
1	getGroupCount()	该方法返回包含的组列表项的数量
2	getGroupView()	该方法返回的 View 对象将作为组列表项。在代码中指定了布局文件 group.xml 来设置组列表项的显示样式。这里 group.xml 中仅包含一个文本视图 TextView，因此在该方法中，只要根据组列表项的序号，从准备好的数据中取出对应于组列表项序号的字符串填入 TextView 组件就可以了
3	getChildrenCount()	该方法返回特定组所包含的子列表项的数量
4	getChildView()	该方法返回的 View 对象将作为特定组、特定位置的子列表项。在代码中指定了布局文件 child.xml 来设置组列表项的显示样式。这里 child.xml 中仅包含一个文本视图 TextView，因此在该方法中，只要根据组列表项的序号和子列表项的序号，从准备好的数据中取出对应于组列表项序号和子列表项序号的字符串填入 TextView 组件就可以了

7.4.5　JSON 简介

JSON 是一种轻量级的文本数据交换格式，类似于 XML，但比 XML 更小、更快、更易解析，它独立于语言和平台。JSON 解析器和 JSON 库支持许多不同的编程语言，使得 JSON 成为理想的数据交换语言，易于阅读和编写，同时也易于机器解析和生成。

1. JSON 用于描述数据结构的形式

JSON 用于描述数据结构时有以下两种形式。

（1）"名称/值"对的集合

"名称/值"对的集合形式又称 JSONObject。其名称和值之间使用 "："分隔，一般的形式为 {name:value}。例如，{"Width":"100", "Height":"50"}。其中名称是字符串；值可以是字符串、数值、对象、布尔值、有序列表或 null 值。

（2）值的有序列表

值的有序列表形式又称 JSONArray。在大部分语言中，值的有序列表被理解为数组

（array），一个或多个值用"，"分隔后，再使用"["和"]"括起来，形式为"[collection, collection]"。例如：

```
{
    "学生": [
        { "姓名":"张三" , "年龄":"16" },
        {"姓名":"李四" , "年龄":"18" },
        {"姓名":"王五" , "年龄":"17" }
    ]
}
```

2. JSON 打包与解析

要想在服务器和客户端之间通过 JSON 传送对象，需要在服务器端用 JSON 把信息全部打包之后将 JSONObject 转换为 String 类型发送给客户端。之后在客户端进行解析，读取通过 JSON 传送来的信息。主要的 JSON 类如表 7-12 所示。

表 7-12　主要的 JSON 类

编号	JSON 类	说明
1	JSONObject	它代表一个 JSON 对象。这是系统中有关 JSON 定义的基本单元，即前面提到的"名称/值"对
2	JSONArray	它代表一组有序的数值。将其转换为 String 类型输出(toString)所表现的形式是用方括号包括，值之间以逗号","分隔，即前面提到的值的有序列表
3	JSONException	JSON 中涉及的异常

1）JSON 打包

以下是用 JSONObject、JSONArray 构建 JSON 文本的例子。需要构建的文本如下。

```
{
    "Strings" : { "Strings1" : "TestStrings1", "Strings2" : "TestStrings2" },
    "Number" : ["111111", "222222","333333"],
    "String" : "hello",
    "Int" : 100,
    "Boolean" : false
}
```

上面的 JSON 对象中包含了 5 个"名称/值"对，其中名称为 Strings 的对象值是一个包含 2 个"名称/值"对的 JSONObject；名称为 Number 的对象值为一个 JSONArray；名称为 String 的对象值为一个字符串；名称为 Int 的对象值为一个整型数据；名称为 Boolean 的对象值为布尔型数据。构建上述文本的参考代码如下。

```
try {
    JSONObject mJSONObject=new JSONObject();     //创建 JSONObject 对象
    JSONObject Strings=new JSONObject();          //为 Strings 创建 JSONObject 对象
    Strings.put("Strings1", " TestStrings1");     //为 Strings JSONObject 对象添加第一个"名称/值"对
    Strings.put("Strings2", " TestStrings2");     //为 Strings JSONObject 对象添加第二个"名称/值"对
    mJSONObject.put("Strings", Strings);          //将 Strings 添加到 mJSONObject 中
    JSONArray Number=new JSONArray();             //为 Number 创建 JSONArray 对象
    Number.put("111111").put("222222").put("333333") ;   //将有序列表添加到 Number 中
    mJSONObject.put("Number", Number);            //将 Number 添加到 mJSONObject 中
    mJSONObject.put("String","hello" );           //将 String "名称/值"对添加到 mJSONObject 中
    mJSONObject.put("Int", 100);                  //将 Int "名称/值"对添加到 mJSONObject 中
```

```
            mJSONObject.put("Boolean", false);              //将 Boolean "名称/值" 对添加到 mJSONObject 中
        } catch (JSONException ex) {
            throw new RuntimeException(ex);                  //进行异常处理
        }
```

2）JSON 解析

下面是一个 JSONObject 和 JSONArray 的混合文本。demoJson 为 JSONObject 名称，其对应的值为 JSONArray，JSONArray 中包含的对象为 JSONObject。其文本表示如下。

{"员工":[{"姓名":"张三"},{"姓名":"李四"}]}

此文本的解析方法如下。

```
JSONObject demoJson=new JSONObject(jsonString);              //jsonString 字符串为上面的文本
JSONArray numberList=demoJson.getJSONArray("员工");          //获取名为 "员工" 的对象对应的值
for(int i=0; i<numberList.length(); i++){                    //依次取出 JSONArray 中的值
    System.out.println(numberList.getJSONObject(i).getString("姓名"));}
```

7.5 拓展练习

1．在 Tomcat 服务器软件安装目录下的 webapps 目录下，新建一个 MobileDelicacy 目录，将本项目的服务器端应用程序重新部署在该目录下，并与手机客户端程序进行联调得出正确结果。

2．从互联网上搜集相关数据，补充数据库内容，使得本项目运行效果更加完整。

3．从互联网上搜集相关图片，替换本项目主界面的图片，实现类似图 7-1 的界面效果。

4．将服务器、数据库和手机客户端分别部署在不同的计算机上进行联调，并得出正确结果。

5．试运用 JSON 格式的数据改写 "故事夹" 项目，要求将 "故事夹" 项目中的全部数据都用 JSON 格式通信和存储。